徐州易涝农田灌排蓄渗降系统治理创新技术研究与应用

梁　森　朱玲玲　王琳芳　韩　莉
刘敏昊　曹　滨　李慧娴　余莹莹　**编　著**
连　伟　王馥莉

中国矿业大学出版社

·徐州·

内 容 提 要

本书以"十六字"治水思路为指导,以区域"以水定地"可用水资源量作为最大的刚性约束目标,优化农业水资源配置方案;根据区域农业可分配水量、耕地面积、涝渍风险度评估和供排水条件,确定灌溉发展规模和作物种植布局;依据作物生长所需的农田水分适宜指标(灌溉指标、涝渍综合排水指标),通过灌排蓄渗降工程技术创新,将超设计标准暴雨入渗或错峰排水实现源头减排,将雨水资源的时空分布不均通过土壤储蓄实现时空均衡调节,从而达到农田蓄雨、排涝、降渍、防污和保证灌溉水有效利用的综合效果。这也是新形势下全面落实"十六字"治水思路、推动农田水利科技进步的重要措施。徐州市地处黄淮海平原,位于南北方过渡地带、南水北调东线受水区,区域水旱灾害突出,具有良好的区域代表性,徐州易涝农田灌排蓄渗降系统治理创新技术的研究与实践,可为黄淮海平原及全国农田水利建设管理提供重要依据。

审图号:苏 C(2023)06 号

图书在版编目(C I P)数据

徐州易涝农田灌排蓄渗降系统治理创新技术研究与应用/梁森等编著. —徐州:中国矿业大学出版社,2023.11

ISBN 978 - 7 - 5646 - 5924 - 0

Ⅰ. ①徐… Ⅱ. ①梁… Ⅲ. ①农田灌溉-研究-徐州②农田水利-排水-研究-徐州 Ⅳ. ①S274②S276

中国国家版本馆 CIP 数据核字(2023)第 155597 号

书 名	徐州易涝农田灌排蓄渗降系统治理创新技术研究与应用	
编 著 者	梁 森 朱玲玲 王琳芳 韩 莉 刘敏昊	
	曹 滨 李慧娴 余莹莹 连 伟 王馥莉	
责任编辑	李 敬	
出版发行	中国矿业大学出版社有限责任公司	
	(江苏省徐州市解放南路 邮编 221008)	
营销热线	(0516)83885370 83884103	
出版服务	(0516)83995789 83884920	
网 址	http://www.cumtp.com E-mail:cumtpvip@cumtp.com	
印 刷	徐州中矿大印发科技有限公司	
开 本	787 mm×1092 mm 1/16 印张 14 字数 358 千字	
版次印次	2023 年 11 月第 1 版 2023 年 11 月第 1 次印刷	
定 价	60.00 元	

(图书出现印装质量问题,本社负责调换)

《徐州易涝农田灌排蓄渗降系统治理创新技术研究与应用》编著人员名单及分工

编著者　　梁　森　　朱玲玲　　王琳芳　　韩　莉　　刘敏昊
　　　　　曹　滨　　李慧娴　　余莹莹　　连　伟　　王馥莉
第 1 章　梁　森　　连　伟
第 2 章　梁　森
第 3 章　王琳芳　　曹　滨　　梁　森
第 4 章　梁　森　　余莹莹
第 5 章　朱玲玲　　刘敏昊　　梁　森
第 6 章　梁　森　　韩　莉　　朱玲玲　　刘敏昊　　王馥莉
第 7 章　梁　森　　李慧娴
第 8 章　梁　森

前　言

习近平总书记提出的"节水优先、空间均衡、系统治理、两手发力"的"十六字"治水思路，是习近平新时代中国特色社会主义思想的组成部分，内涵丰富，全面深刻，具有极强的理论性、思想性、实践性，成为新时代指导我国水治理、推动我国水生态文明建设的核心理念。

徐州市地处我国三大易涝区之一——黄淮海平原的东南部，是我国主要粮食作物种植区，属暖温带湿润性季风气候向半湿润性季风气候的过渡区域，降雨主要集中在 6—9 月，多以暴雨或连阴雨的形式出现，涝渍灾害时有发生；在农田水利建设中，虽然按照一定的设计排涝标准（5～10 年一遇）建设了相对完善的农田排水降渍系统，但当发生超设计标准暴雨或连阴雨时，排水沟道排涝降渍能力不足；同时由于徐州市 90% 的地区属于黄泛冲积平原或沂沭冲积平原，不同冲积扇重复叠加，全新统沉积物以砂、泥为主，按"急砂慢淤"水力分选规律，砂性土层、壤土层与黏性土层相互叠加；农田土壤一般均有犁底滞水层、黏土隔层等弱透水层结构，土壤垂直透水性弱，降雨自然下渗能力一般较小，导致农田积水，农作物因涝渍减产甚至绝收，同时造成大量的农田水利水毁工程。如 2018 年受 18 号台风"温比亚"影响，8 月 16 日至 18 日，徐州市丰县、沛县、铜山区西部等地出现强降水，全市农作物受灾面积261.2 万亩，其中农作物成灾面积 107.14 万亩，农作物绝收面积 41.25 万亩；本次丰县平均降雨量 326 mm，部分地区达到 456 mm，农田大面积积水，部分农田积水雨后 4～5 d 方才排出，农业成灾面积 39.3 万亩。虽然徐州各地降雨量等于或略小于水面蒸发能力，但由于降雨时空分布不均，多数年份不能满足作物生长发育需要，需要补充灌溉；而且徐州地区一般土层深厚，浅层地下水位一般埋深较大（丰县、沛县为 4～5 m，睢宁县、铜山区为 3～4 m，新沂市为 2～3 m，邳州市为 1～2 m），地下水位以上的土壤具有巨大的储蓄水潜力，是降雨的最大调蓄场所。因此，在现状农田水利灌排工程体系的基础上，探索如何将农田雨水资源储蓄，提高雨水资源利用率，减少灌溉水，补充地下水，减少排水量及排水工程的排水压力，减少氮磷等农业面源污染物的排放对河道水环境的污染，提高农作物的产量和品质，是当前徐州农田水利亟须解决的重要问题。

本书以"十六字"治水思路为指导，以区域"以水定地"可用水资源量作为最大的刚性约束目标，优化农业水资源配置方案；根据区域农业可分配水量、耕地面积、涝渍风险度评估及供排水条件，确定灌溉发展规模和作物种植布局；依据作物生长所需的农田水分适宜指标（灌溉指标、涝渍综合排水指标），通过灌排蓄渗降工程技术创新，将超设计标准暴雨入渗或错峰排水实现源头减排,将雨水资源的时空分布不均通过土壤储蓄实现时空均衡调节,从而达到农田蓄雨、排涝、降渍、防污和保证灌溉水有效利用的综合效果。这也是新形势下全面落实"十六字"治水思路、推动农田水利科技进步的重要措施。徐州市地处黄淮海平原,位于南北方过渡地带、南水北调东线受水区,区域水旱灾害突出,具有良好的区域代表性,徐州易涝农田灌排蓄渗降系统治理创新技术的研究与实践,可为黄淮海平原及全国农田水利建设管理提供重要依据。

本书共分为8章。第1章分析了徐州自然概况;第2章在分析徐州农田灌排存在问题的基础上,提出了本书研究的主要内容;第3章依据徐州骨干河道及农田排涝能力、地势地貌、土壤质地、水文气象、浅层地下水埋深和社会经济现状等因素,进行了涝渍灾害风险度分区区划;第4章以全国首批水资源刚性约束"四定"试点县——沛县为研究对象,在农业节水潜力分析的基础上,"以水定地"合理确定各镇灌溉发展规模及作物种植布局,应用于《沛县农田灌溉发展规划(2021—2035年)》;第5章介绍了玉米、小麦、大豆、油菜4种农作物涝渍综合排水指标试验,研究水胁迫条件下作物生长和产量的响应特征,确定主要生育阶段适宜的涝渍综合排水指标;第6章介绍了本项目组研发的灌、排、蓄、渗、降10项专利设施的试验应用效果,提出了适宜的技术应用模式;第7章以区域"以水定地"农业可用水资源量作为最大的刚性约束目标,根据各地涝渍风险度评估结果、主要农作物涝渍综合排水指标、灌排蓄渗降创新技术设施的应用模式,通过技术集成,提出了徐州易涝农田灌排蓄渗降系统治理创新技术体系,形成了5种不同类型易涝农田适宜的系统治理模式及适宜的农业种植布局;第8章介绍了本书的研究结论及展望。

本书在编写过程中,得到江苏省水利厅、河海大学、徐州市水务局、徐州市科学技术局、沛县水务局等单位的大力支持与帮助,在此表示衷心的感谢!限于编者的水平,书中难免存在不足与疏漏之处,恳请同行与读者批评指正。

本书项目组

2023年1月

目　　录

1　徐州自然概况

1.1　地形地貌

徐州市位于东经 $116°22'\sim118°40'$、北纬 $33°43'\sim34°58'$。东西长约 210 km,南北宽约 140 km,总面积为 11 765 km²,占江苏省总面积的 11%,属黄淮海平原东南部。徐州市地貌根据成因和区域特征大致可分为低山丘陵和孤山残丘、废黄河和大沙河垄状高地、黄泛冲积平原、沂沭冲积平原、丘陵相间平原 5 个地貌区。全市地形以平原为主,约占全市总面积的 90.6%,地势低平,海拔一般为 20～50 m,大致由西北向东南降低,系黄河、淮河支流长期合力冲积而成;丘陵岗地约占 9.4%,为鲁中南低山丘陵向南延续部分,海拔高度一般为 100～300 m,多属顶平坡缓的侵蚀残丘。

1.2　河流水系

徐州市地处沂沭泗水系中下游。沂河、沭河与泗水均发源于山东沂蒙山区,下游进入苏北平原。泗水原来是这个水系的主要河道,汇沂河、沭河流经徐州、泗阳、淮阴注入古淮河。1128 年黄河夺淮后,泥沙将汴泗河淤积成地上悬河,由于下游被占,水系破坏,改变了地形地貌,打乱了沂沭泗水系,徐州上下潴积形成南四湖、骆马湖,形成了目前以故黄河为界的 3 个独立水系,即故黄河自成水系,其北为沂沭泗水系,南为濉安河水系。沂沭泗水系总面积为 7.96 万 km²,徐州市境内面积为 8 479 km²,经南四湖、中运河、沂河、总沭河和骆马湖承泄上游地区洪水。故黄河是历史上的黄河故道,地势高亢,上段起于河南兰考三义寨至丰县二坝,流域面积为 2 571 km²,来水经大沙河入南四湖上级湖;二坝以下至徐洪河,全长为 192.7 km,流域面积为 891 km²,其中徐州市境内面积为 759 km²。濉安河水系排水入洪泽湖,徐州市境内面积为 2 020 km²,包括徐州市区和铜山区境内的奎濉河水系与睢宁县境内的安河水系。

1.3　气候特征

徐州市位居中纬度地区,属暖温带季风气候区,既受东南季风影响,又受西北季风控制,气候资源较为丰富,有利于农作物的生长。其主要气候特点是:四季分明,光照充足,雨热同期。春季多风少雨,夏季高温多雨,秋季天高气爽,冬季寒冷干燥、雨雪稀少。以中运河为界,东部属暖温带湿润季风区,西部属暖温带半湿润季风区。全市平均日照时数在 2 100 h 左右,日照率为 52%～57%,年平均气温为 14 ℃左右。

1.4 水文特征

1.4.1 降水量的地域分布

由于受地理位置、地形地貌和气候条件的影响,全市降水量地域分布欠均匀,其分布的总趋势为自西北向东南方向递增,全市多年平均降水量为 825.2 mm,西北部的丰县闸站多年平均降水量为 740.8 mm,到东南部的睢宁站多年平均降水量递增为 880.8 mm。从流域分布看,东部沂沭区、洪泽湖水系的降水量大于西部泗运区的降水量,东部地区的邳州市、新沂市、睢宁县的多年平均降水量为 800~900 mm,而西部丰县、沛县的多年平均降水量为 700~800 mm。

1.4.2 降水量的年际变化

由于受大气环境的影响,徐州市降水量四季变化明显,年内分配很不均匀,春冬少、夏秋多,年内降水量主要集中在主汛期(6—9 月),其平均降水量为 564.1 mm,占全年降水量的 68.4%,非汛期的 1—3 月和 11—12 月降水量只占全年降水量的 18.7%。6—7 月间常有冷暖气团遭遇,产生锋面低压和静止锋,形成阴雨连绵的梅雨期;7、8 月降水最多,两个月降水量之和占年降水量的 46.5%,其中 7 月降水量最大,占全年降水量的 27.5%,特大暴雨也常发生在 7、8 月,暴雨主要由黄淮气旋切变线(包括冷切变、暖切变和涡切变)、台风低压和台风倒槽等天气系统造成。降水量年际间变化幅度较大,丰、枯水年周期变化也比较明显。

(1)丰、枯水年变化幅度大:从各站多年资料系列统计结果得出历年最大年降水量与最小年降水量比值为 2.5~3.5,极值差一般为 700~1 000 mm;极值比最大值为 3.24,出现在丰县闸;极值差最大为 931.6 mm,出现在睢宁站;极值比最小值为 2.53,出现在蔺家坝站;极值差最小为 782.8 mm,出现在港上站。

(2)丰、枯水年的变化周期:本区降水有连丰、连枯和丰枯交替的特点。连丰、连枯 2 年出现的机会多,最长的连丰期是 5 年,为 1960—1964 年,$K_{丰值}$(丰水期平均年降水量与多年平均降水量系列的比值)的变幅为 1.12~1.44。最长的连枯期是 4 年,为 1986—1989 年,$K_{枯值}$(枯水期平均年降水量与多年平均降水量系列的比值)的变幅为 0.61~0.88。丰枯交替小的周期为 2~5 年;大的周期为 8~15 年,平均周期在 11 年左右。

1.4.3 近 4 年降水量的时空分布

1.4.3.1 2018 年降水量的时空分布

全市年降水量为 547.2~1 234.5 mm,年平均降水量为 936.7 mm,折合降水总量为 103.92 亿 m³,比多年平均降水量偏大 10.7%,比 2017 年降水量偏大 10.4%,在多年系列降序排列中居第 16 位,属于偏丰水年份。

全年降水地区分布很不均匀,空间分布呈自北向南递增趋势。各区域中丰沛区年降水量为 810~1 192.4 mm,骆上区年降水量为 652.8~1 167.6 mm,安河区年降水量为 905.1~1 234.5 mm,沂北区年降水量为 547.2~668.3 mm。与多年平均降水量比较,丰沛区偏多 34.8%,骆上区偏多 6.2%,安河区偏多 14.3%,沂北区偏少 27.3%。全年最大降水点睢宁徐洪河凌城站的降水量为 1 234.5 mm,最小降水量点新沂淋头河阿湖水库站的降水量为 547.2 mm,前者为后者的 2.26 倍。

降水量年内分配不均匀,全市汛期(6—9 月)总降水量为 381.6～1 008.0 mm,汛期平均降水量约为 742 mm,约占全年平均降水量的 79.2%,较多年平均降水量偏多,约为多年平均降水量的 1.1 倍。

汛期总降水量最大发生在沛县鹿口河孟庄站,降水量为 1 008.0 mm,最小在新沂淋头河阿湖水库站,降水量为 381.6 mm。

8 月 18 日暴雨:8 月台风"云雀"和"摩羯"相继影响徐州,1 日至 17 日徐州市平均降水量为 149.9 mm。8 月 17 日,受台风"温比亚"影响发生全区域降雨。18 日 8 时至 19 日 8 时丰县、沛县、市区及铜山区西部大暴雨,沛县苏北堤河以西、丰县特大暴雨,丰沛地区 16 个省级报汛站中 14 站最大 1 日、3 日降水量均为 1963 年以来历史最大。降水量最大点在沛县栖山站,为 394.5 mm,其次是沛县孟庄站,为 392.5 mm,第三是沛县邹庄站,为 382.0 mm。本次最大 1 h、3 h 和 6 h 降水量均为历史最大,均发生在沛县栖山站,降水量分别为 126.5 mm、196.5 mm 和 278.0 mm。17 日至 20 日全市 3 日累积面雨量为 135.9 mm,折合水量约 16 亿 m³,径流约 6.7 亿 m³。

1.4.3.2　2019 年降水量的时空分布

2019 年全市年降水量为 487.0～862.6 mm,年平均降水量为 663.0 mm,折合降水总量为 75.85 亿 m³,比多年平均降水量偏小 19.0%,属于偏枯水年份。

全年降水量地区分布很不均匀,在空间分布上呈自北向南递增趋势。各区域中丰沛区年降水量为 523.0～727.8 mm,骆上区年降水量为 487.0～862.6 mm,安河区年降水量为 495.0～765.7 mm,沂北区年降水量为 635.9～705.1 mm。与多年平均降水量比较,丰沛区偏少 12.5%,骆上区偏少 19.2%,安河区偏少 25.8%,沂北区偏少 20.8%。

1.4.3.3　2020 年降水量的时空分布

2020 年,全市年平均降水量为 1 023.3 mm,折合降水总量 115.48 亿 m³,比多年平均降水量(1956—2020 年系列)偏大 23.0%,比 2019 年偏大 54.3%,在 1956—2020 年降水量系列降序排列中居第 9 位,属于丰水年份。

全年降水空间分布很不均匀,降水量为 831.6～1 200.5 mm,呈现自南向北递减的规律。各区域中,丰沛区年降水量为 895.6～1 098.2 mm,骆上区年降水量为 831.6～1 196.3 mm,安河区年降水量为 954～1 200.5 mm,沂北区年降水量为 1 028.4～1 161.9 mm。与多年平均降水量比较,2020 年降水量丰沛区偏大 52.1%,骆上区偏大 46.9%,安河区偏大 57.3%,沂北区偏大 60.8%。实测全年最大降水量在铜山区玉带河汉王站,年降水量为 1 200.5 mm;最小降水量在邳州市大运河滩上集站,降水量为 831.6 mm;前者为后者的 1.44 倍。

降水量年内分配不均匀,全市汛期(6—9 月)总降水量为 632.5～998.4 mm,汛期平均降水量为 810.6 mm,约占全年平均降水量的 79.2%,较多年平均降水量偏多,约为多年平均降水量的 1.3 倍。

汛期总降水量最大发生在邳州市大运河运河站,降水量为 998.4 mm,最小发生在沛县沿河鹿楼站,降水量为 632.5 mm。

1.4.3.4　2021年降水量的时空分布

2021年全市年降水量为983.0～1525.0 mm,年平均降水量为1247.6 mm,折合降水总量146.7亿 m³,比多年平均降水量(1956—2021年系列)偏大49.4%,比2020年偏大21.9%,在1956—2021年降水量系列降序排列中居第1位,属于丰水年份。

全年降水量地区分布不均匀,在空间分布上整体呈自西北向东南递增趋势。各区域中丰沛区年降水量为983.0～1382.0 mm,骆上区年降水量为1157.2～1525.0 mm,安河区年降水量为1092.5～1317.0 mm,沂北区年降水量为1163.6～1404.2 mm。与多年平均降水量比较,2021年降水量丰沛区偏大53.7%,骆上区偏大47.2%,安河区偏大68.6%,沂北区偏大49.7%。实测全年最大降水量在邳州市邳苍分洪道林子站,降水量为1525.0 mm;最小降水量在沛县大沙河城子庙站,降水量为983.0 mm;前者为后者的1.55倍。

降水量年内分配不均匀,全市汛期总降水量为807.5～1346.8 mm,汛期平均降水量约为1071.5 mm,约占全年平均降水量的85.9%,较多年平均降水量偏多,约为多年平均降水量的1.7倍。汛期降水量最大点在邳州市邳苍分洪道林子站,降水量为1346.8 mm;最小点在沛县挖工庄河安国站,降水量为807.5 mm。

2018—2021年降水量等值线图如图1-1～图1-4所示。

图1-1　2018年降水量等值线图

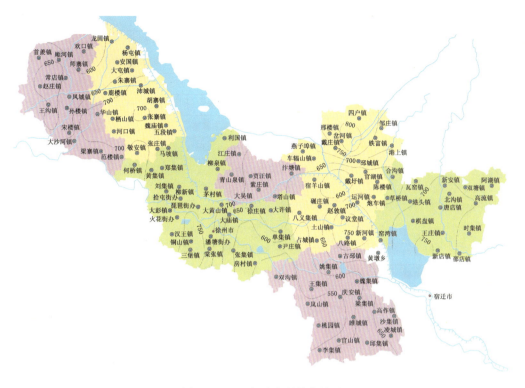

图 1-2　2019 年降水量等值线图

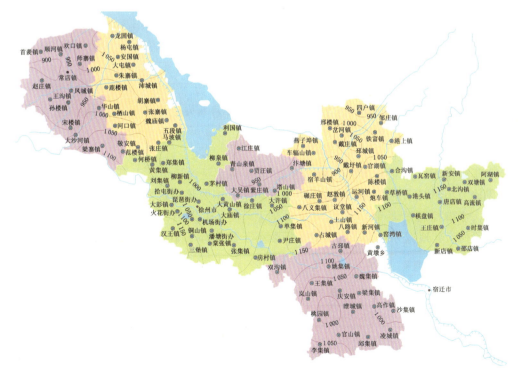

图 1-3　2020 年降水量等值线图

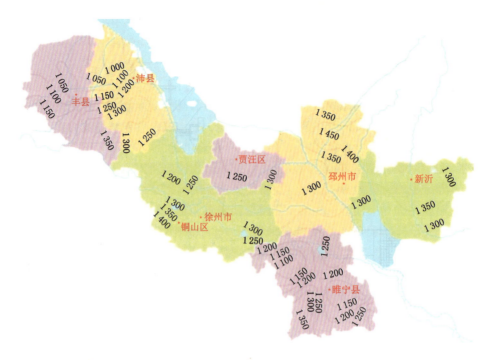

图 1-4　2021 年降水量等值线图

1.4.4　蒸发

全市多年平均水面蒸发量为 873.9 mm(采用 E601 型蒸发器进行蒸发量观测,统计了 30 多年的蒸发资料),最大年蒸发量为 1 140.8 mm,发生在 1978 年的沛城闸站;最小年蒸发量为 669.8 mm,发生在 2003 年的新安站;月最大蒸发量为 189.6 mm,发生在 1977 年 7 月的沛城闸站。蒸发量在年内分布很不均匀,全年蒸发主要集中在 4—9 月,其蒸发量占全年蒸发量的 69.0%～73.6%。1 月蒸发量最小,6 月蒸发量最大,两者相差约 5.8 倍。

1.4.5　干旱指数

干旱指数为年蒸发能力(即水面蒸发量)与年降水量的比值。干旱指数小于 1 表明该地区蒸发能力小于降水量,气候湿润;干旱指数大于 1 表明该地区蒸发能力大于降水量,气候偏干燥。本市控制站多年平均干旱指数在 1.0～1.1,属于湿润-半湿润气候过渡带,如表 1-1 所列。其地域分布为东南部干旱指数小于西北部干旱指数,说明东南部地区较西北部地区湿润。

表 1-1　徐州市代表站干旱指数

站名	年降水量/mm	年蒸发量/mm	干旱指数	资料年限/年
邳州市运河站	873.8	878.5	1.0	36
沛县沛城闸站	764.1	876.6	1.1	36
新沂市新安站	847.0	866.6	1.0	33

1.5 地层及第四系地质

徐州地区属华北地层区,地层发育较全,以郯庐断裂为界,西侧为鲁西分区,东侧为连云港~泗洪分区。太古界(泰山群)~下元古界(胶东群)为区域中深变质岩系,以片麻岩类为主,受不同的混合岩化作用,组成华北准地台的基底。泰山群仅在郯庐断裂以西的丰、沛一带,呈近东西向展布。胶东群仅在郯庐断裂以东,新沂、东海一带零星出露,剥蚀成垄岗、平川。中元古界(长城系、蓟县系)缺失。上元古界(淮河群、震旦系~古生界)缺失。奥陶系(上统~石炭系下统)组成华北准地台的主要盖层,不整合于泰山群之上;以海相沉积为主,海陆交互相和陆相沉积次之。石炭系上统~二叠系是主要含煤地层。中新生界(缺失三叠系、侏罗系中下统)为孤零内陆盆地,以陆相碎屑岩为主。

第四系广泛发育,属黄淮流域,以冲积相为主,分下更新统、中更新统、上更新统、全新统。中、下更新统零星出露于东部低山丘陵地带,上更新统主要出露于山麓地带和河流两岸组成阶地,全新统分布面积最广,组成广阔的平原。具体见表 1-2 徐州第四系地层综合柱状图。

表 1-2 徐州第四系地层综合柱状图

界	系	统	符号	层次	柱状图	厚度/m	主要岩性描述
晚新生界	第四系	全新统	Q_4	上段	..........f...	0~15	黄色粉砂、粉土,松散,表层干燥,风吹易扬。地下水位以下松散、饱和、地震液化,夹 2~3 层亚黏土,常见粉砂与粉土或亚黏土互层,具水平层理,底部常有一层淤泥质亚黏土
				中段	......f... ///////// ......fx... /////////	0~12	粉砂多为青灰色、稍密,黏性土为浅褐黄色亚黏土,湖西以黏土为主,中夹砂、细砂透镜体。沂沭河流域上部为浅棕色粉砂质亚黏土,下部为灰黄色粉砂
				下段	///////// ///////// ///////// ....f-c...	1~6	黑灰色亚黏土、黏土,软~可塑,向下过渡为青灰~褐灰色亚黏土,含小豆状铁锰结核,其下有约 0.2~0.6 m 黑色土层。沂沭泗冲洪积平原区及丘陵区可见粉~粗砂砂体,韵律清晰
		上更新统	Q_3	上段	////*//// //*////*/ ....fx...... /////////	6~37	棕黄、褐色粉质亚黏土、黏土,含钙质结核,常富集成层,局部地段具膨胀性。丰沛区为灰绿、灰褐、浅棕色,含钙质结核相对较少。丘陵区及沂沭泗冲洪积平原区常夹有 1~2 层粉砂
				中段	....fx... ///////// ...。。...	3~11	灰黄、灰色粉砂,丰沛平原区为褐黄、灰黑色亚黏土,局部夹黏土质粉砂,大沙河与废黄河交汇地区多见粉砂与亚黏土交互成层。沂沭河区为砂砾层
				下段	////*//// ///////// //。/。//	8~13	黄、灰黄、灰棕色亚黏土、黏土,局部夹黏土质粉砂,含少量钙质结核,丘陵区主要为黄棕、橘黄色砾石层,含砾亚黏土,主要分布在新沂马陵山及沂沭河两岸

表 1-2（续）

界	系	统	符号	层次	柱状图	厚度/m	主要岩性描述
晚新生界	第四系	中更新统	Q_2	上段	/////// ///////	7～12	丘陵区上部为棕褐色、褐黄色亚黏土，局部含砾。丰沛平原区为一套河湖相～海陆过渡相的砂泥质沉积，岩性为棕黄色含黏土粉砂
				下段	/。/。/。 ///////	0～26.2	丘陵区为棕红色泥砾、砾石和亚黏土混杂。丰沛平原区为褐黄、棕黄、浅棕色亚黏土，局部棕红色
		下更新统	Q_1		.....fx.... ......zc... 。。。。。。 /////// ///////	>1～<30 21～90	丘陵区主要为黄灰、灰白黏土质粉砂，棕黄、褐黄、灰白色粗砂、粉砂，局部含砾或夹砂砾石层，厚度数米至二十余米。丰沛平原区上部为棕黄色中细砂、粉砂，含砾粗砂，夹较厚的黏土，下部为杂色亚黏土，夹少量含砾粗砂

根据本区第四系沉积环境和沉积物特点，主要分布以下几个地质分区。

（1）低山丘陵区：徐州复背斜范围内，出露地层以淮河群、寒武系、奥陶系海相碳酸盐岩为主，组成低山丘陵，河流发育山前平原，上更新统地层出露于山前坡地及河流阶地。邳州北部，灰岩、石英砂岩组成低山，上更新统地层普遍出露，亚黏土含钙质结核，细～粗砂含砾，土体强度大但土质均匀性差。

（2）不牢河冲洪积平原区：山间平原，上部为亚砂土 3～4 m，中间为黑灰色黏土、亚黏土，Q_3 地层在阶地坡地出露，山前 Q_3 亚黏土夹钙质结核，局部具弱～中等膨胀性。

（3）废黄河冲洪积平原区：山前冲积平原，上部为粉砂、亚砂土，厚度大，密度低，多具地震液化的可能性，夹软弱黏性土层，下部为一般黏性土 2～5 m，工程性质一般，上部粉砂防渗抗冲能力很差，渗透破坏形式以流土为主。

（4）沂沭河冲洪积平原区：郯庐断裂带以东上元古界变质岩组成低山丘陵，郯庐断裂带内白垩系王氏砂岩组成低山丘陵。在丘陵坡地、河流沟谷、阶地，下、中、上更新统均有出露；郯庐断裂带东侧断层切割上更新统地层。

（5）丰沛平原区：以湖相、湖沼相沉积为主，表层为粉砂、粉土，其下多为黏土、亚黏土、淤泥质土，土质均匀而软弱，厚度较大。

徐州地区地质分区图如图 1-5 所示。

1.5.1 典型土层结构及岩性

根据《淮河流域重点平原洼地近期治理工程南四湖湖西洼地治理工程地质勘察报告（初步设计阶段）》（2019 年 6 月）以及《南水北调东线徐州市截污导流工程工程地质勘察报告（初设阶段）》（2008 年 7 月），选取丰县、沛县、铜山区、邳州市及新沂市等地区 15 m 以浅钻孔揭示典型土层分述如下。

1.5.1.1 丰县段土层条件

①层：砂壤土（Q_4^{al+pl}），黄、黄灰色，夹壤土、淤泥质壤土团块，局部呈互混状，土质不均匀。饱和，松散，摇振反应迅速。层厚 2.8～5.3 m，层底高程 32.12～35.80 m。

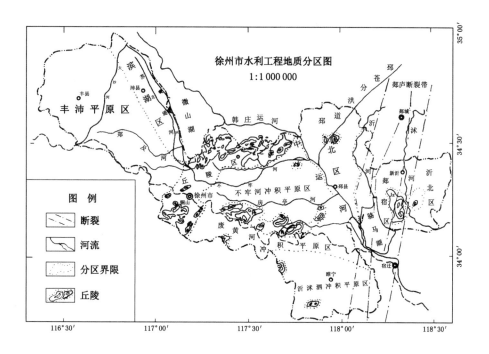

图 1-5　徐州地区地质分区图

①$_{-1}$层：淤泥质壤土（Q$_4^{al+pl}$），黄、黄夹灰色，夹淤泥质土薄层或团块，局部呈互层状，土质不均匀。湿～饱和，可塑，干强度与韧性中等。层厚 0.6～1.1 m，层底高程 32.835～35.200 m。该层为①层夹层，呈透镜体分布。

②层：淤泥质壤土，黄、黄夹灰色，夹淤泥质土薄层或团块，局部呈互层状，土质不均匀。湿～饱和，可塑，干强度与韧性中等。揭示层厚 2.6 m，层底高程 29.52 m。该层在选取断面内分布不连续。

③层：粉砂夹砂壤土（Q$_4^{al+pl}$），黄、黄灰色，夹壤土、淤泥质壤土团块，局部呈互混状，土质不均匀。饱和，松散，摇振反应迅速。揭示层厚 5.2 m，层底高程 29.59～30.70 m。该层在选取断面内分布不连续。

④层：淤泥质壤土（Q$_4^{al+pl}$），黄灰、灰黑色，局部混砂壤土，夹壤土、淤泥质壤土团块，土质不均匀。饱和，流塑。揭示层厚 0.7～1.8 m，层底高程 28.89～29.30 m。该层在选取断面内分布不连续。

⑤层：壤土（Q$_4^{al+pl}$），黄褐、黄灰色，切面光滑、有光泽，干强度及韧性高。饱和，可塑。揭示层厚 3.0 m。

⑥层：含砂礓壤土（Q$_3^{al+pl}$），黄夹灰白色，含砂礓及铁锰结核，局部砂礓富集，局部夹粉砂薄层，切面稍有光泽，干强度及韧性中等。饱和，硬塑，局部为可塑状。揭示层厚 1.6 m。

丰县段（南四湖洼地治理工程）工程地质剖面图见图 1-6，丰县段土层物理力学指标成果见表 1-3。

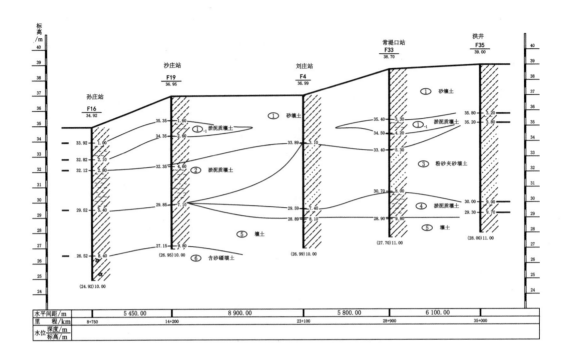

图 1-6　丰县段(南四湖洼地治理工程)工程地质剖面图

表 1-3　丰县段土层物理力学指标成果表

层号	岩土名称	含水率/%	湿密度/(g/cm³)	孔隙比	渗透系数 K_V/(cm/s)	渗透等级
①	砂壤土	24.6 30.4	1.71 1.96	0.69 1.00	1.49×10^{-4} 5.41×10^{-4}	中等透水
①₋₁	淤泥质壤土	44.7 52.0	1.68 1.74	1.24 1.42	3.56×10^{-7} 4.73×10^{-6}	微～极微透水
②	淤泥质壤土	44.6 52.6	1.67 1.74	1.22 1.44	2.76×10^{-7} 5.52×10^{-6}	微～极微透水
③	粉砂夹砂壤土	25.0 30.6	1.88 1.97	0.67 0.82	1.88×10^{-3} 3.36×10^{-3}	中等透水
④	淤泥质壤土	44.5 51.3	1.68 1.74	1.22 1.41	2.74×10^{-7} 6.71×10^{-7}	极微透水
⑤	壤土	26.1 31.0	1.89 1.97	0.71 0.85	2.69×10^{-6} 6.12×10^{-6}	微透水
⑥	含砂礓壤土	22.9 28.3	1.93 2.02	0.62 0.77	2.95×10^{-6} 5.66×10^{-5}	

1.5.1.2 沛县段土层条件

①层:砂壤土(Q_4^{al+pl}),黄、黄夹灰色,夹淤泥质壤土薄层或团块,局部呈互层状,土质不均匀。饱和,松散,摇振反应迅速。层厚1.1~2.7 m,层底高程33.09~34.09 m。

①$_{-2}$层:壤土(Q_4^{al+pl}),黄褐色,切面稍有光泽,干强度及韧性中等。饱和,可塑。层厚1.9~2.5 m,层底高程31.25~32.30 m。该层为①层夹层,呈透镜体分布。

②层:淤泥质壤土(Q_4^{al+pl}),黄灰、灰黑色,局部为淤泥质砂壤土,夹砂壤土、粉砂团块及薄层,土质不均匀。饱和,流塑,干强度与韧性中等。层厚0.6~2.6 m,层底高程30.78~32.49 m。该层分布不连续。

③层:粉砂夹砂壤土(Q_4^{al+pl}),黄、黄灰色,夹粉土、壤土、淤泥质壤土团块,局部呈互混状,土质不均匀。饱和,稍密,摇振反应迅速。层厚2.0~3.8 m,层底高程27.99~30.30 m,全场地分布。

③$_{-1}$层:淤泥质壤土(Q_4^{al+pl}),黄灰、灰黑色,局部混砂壤土,夹壤土、淤泥质壤土团块,土质不均匀。饱和,流塑。层厚0.9 m,层底高程29.40 m,该层为③层夹层,呈透镜体分布。

④层:淤泥质壤土(Q_4^{al+pl}),黄灰、灰黑色,局部混砂壤土,夹壤土团块,土质不均匀。饱和,流塑。层厚1.0~2.2 m,层底高程27.20~27.75 m,该层在局部地段缺失。

⑤层:壤土(Q_4^{al+pl}),黄褐、黄灰色,切面光滑、有光泽,干强度及韧性高。饱和,可塑。揭示层厚2.7 m,该层全场地分布。

⑥层:含砂礓壤土(Q_3^{al+pl}),黄夹灰白色,含砂礓及铁锰结核,局部砂礓富集,局部夹粉砂薄层,切面稍有光泽,干强度及韧性中等。饱和,硬塑,局部为可塑状。揭示厚度2.5 m。

沛县段(南四湖洼地治理工程)工程地质剖面图见图1-7,沛县段土层物理力学指标成果见表1-4。

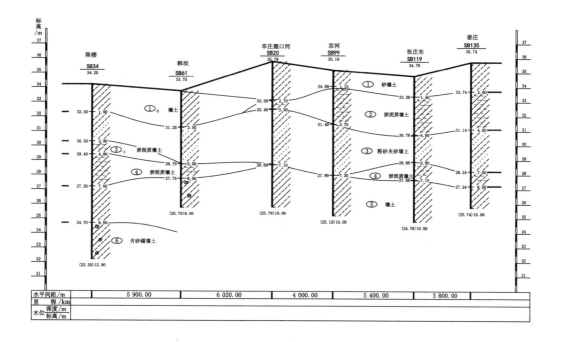

图1-7 沛县段(南四湖洼地治理工程)工程地质剖面图

表 1-4 沛县段土层物理力学指标成果表

层号	岩土名称	含水率/%	湿密度/(g/cm³)	孔隙比	渗透系数 K_V/(cm/s)	渗透等级
①	砂壤土	26.8 29.1	1.81 1.84	0.82 0.89	2.87×10^{-4} 3.99×10^{-4}	中等透水
①-2	壤土	27.3 29.6	1.88 1.93	0.76 0.84	3.33×10^{-6} 4.28×10^{-6}	微透水
②	淤泥质壤土	48.8 52.3	1.67 1.74	1.29 1.44	2.99×10^{-6} 5.12×10^{-6}	微透水
③	粉砂夹砂壤土	27.1 31.1	1.86 1.95	0.71 0.85	2.77×10^{-3} 5.65×10^{-3}	中等透水
③-1	淤泥质壤土	49.2 52.9	1.68 1.72	1.32 1.42	2.55×10^{-6} 4.52×10^{-6}	微透水
④	淤泥质壤土	47.2 49.1	1.65 1.68	1.36 1.39	3.58×10^{-6} 4.32×10^{-6}	微透水
⑤	壤土	27.0 29.5	1.89 1.94	0.75 0.83	2.56×10^{-6} 5.87×10^{-6}	微透水
⑥	含砂礓壤土	24.3 29.6	1.84 1.94	0.71 0.87	2.78×10^{-6} 5.99×10^{-5}	

1.5.1.3 铜山区段土层条件

①层:壤土(Q_4^{al+pl}),褐色、灰褐色,可塑,夹粉土层,局部粉土含量较高,切面稍光滑,无光泽,干强度与韧性中等。层厚 1.8～2.9 m,层底高程 29.81～31.22 m。该层土质不均匀,局部土质稍软,局部揭示。

②层:粉土(Q_4^{al+pl}),黄色、黄夹灰色,夹壤土、淤泥质土薄层,局部可为粉砂。松软,饱和,摇振反应迅速。层厚 1.0～6.2 m,层底高程 20.81～30.69 m。该层土质极不均匀,分布不连续。

③层:粉砂(Q_4^{al+pl}),黄、黄灰色,夹壤土薄层,局部夹粉土层。松散～稍密,摇振反应迅速。层厚 3.5～8.1 m,层底高程 21.18～24.73 m。该层土质极不均匀,分布不连续。

③-1层:淤泥质壤土夹粉砂(Q_4^{al+pl}),灰色、灰黄色,壤土软塑～流塑,粉砂松散,饱和,干强度与韧性低。层厚 3.5～3.7 m,层底高程 17.48～21.23 m。该层为③层粉砂夹层,以透镜体形式分布。

④层:壤土(Q_4^{al+pl}),褐色～深灰色,可塑,切面稍光滑,无光泽,干强度与韧性中等,局部夹少量铁锰结核。层厚 1.1～1.8 m,层底高程 15.18～29.42 m。

⑤层:含砂礓壤土(Q_3^{al+pl}),褐黄、黄、黄夹灰色,夹砂礓及小豆状铁锰结核,砂礓局部富集,砂礓直径 1～10 cm 不等。硬塑,切面光滑,有光泽,干强度高,韧性高。该层控制层厚 2.2 m。

⑦层:石灰岩($\in_3$、O_1),灰色、灰黄色、青灰色,岩层以寒武系、奥陶系灰岩为主,夹泥质

白云岩、燧石结核等,呈薄～中厚层状,微～中等风化,表层裂隙发育,充填黏性土。该层在本地质段仅茅村桥以东场地内揭露,揭露厚度 1.4 m。

　　铜山区段(南水北调尾水工程)工程地质剖面图见图 1-8,铜山区段土层物理力学指标成果见表 1-5。

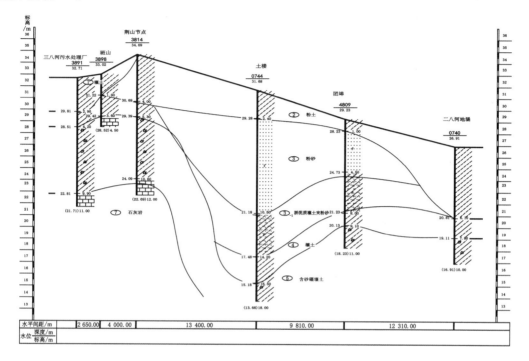

图 1-8　铜山区段(南水北调尾水工程)工程地质剖面图

表 1-5　铜山区段土层物理力学指标成果表

层号	岩土名称	含水率/%	湿密度/(g/cm³)	孔隙比	渗透系数 K_V/(cm/s)	渗透等级
①	壤土	31.5 35.5	1.84 1.86	0.95 0.99	$2.51×10^{-6}$ $8.22×10^{-6}$	微透水
②	粉土	27.0 31.2	1.83 1.93	0.80 0.90	$4.37×10^{-5}$ $6.45×10^{-4}$	弱～中等透水
③	粉砂	22.1 26.1	1.93 2.00	0.64 0.74	$1.01×10^{-5}$ $3.20×10^{-3}$	中等透水
③₋₁	淤泥质壤土夹粉砂	38.5 45.2	1.76 1.87	1.04 1.21	$3.25×10^{-4}$ $6.08×10^{-5}$	弱透水
④	壤土	29.3 31.9	1.91 1.96	0.78 0.87	$9.52×10^{-7}$ $2.07×10^{-6}$	微～极微透水
⑤	含砂礓壤土	25.0 28.2	1.94 2.02	0.69 0.80	$6.81×10^{-7}$ $3.52×10^{-5}$	

1.5.1.4 邳州市段土层条件

①层:壤土(Q_4^{1+al}),黄褐～灰褐色,局部为黏土,夹薄层粉砂。可塑,切面稍光滑,干强度与韧性中等。层厚1.7～4.3 m,层底高程18.12～25.34 m。该层全线分布。

②层:粉土(Q_4^{al+pl}),黄、灰黄色,夹少量壤土薄层。松散,饱和,摇振反应迅速。层厚2.1～6.2 m,层底高程17.84～19.17 m。该层全线分布。

②$_{-1}$层:淤泥质壤土(Q_4^{al+pl}),灰色、灰褐色、灰黑色。饱和,流塑～软塑,夹淤泥质粉土薄层,干强度低、韧性低。层厚0.6 m,层底高程18.42 m。该层为②层夹层,分布不连续。

③层:粉砂(Q_4^{al+pl}),黄夹灰、灰色,局部夹壤土薄层与粉土。松散～稍密。层厚2.7 m,层底高程15.42 m。该层分布不连续。

④层:壤土(Q_4^{al+pl}),褐色、灰褐色,下部含少量铁锰结核,可塑,切面稍光滑,稍有光泽,干强度与韧性中等。层厚1.0～1.6 m,层底高程13.82～18.14 m。该层全线分布。

⑤层:含砂礓壤土(Q_3^{al+pl}),棕黄、黄褐、黄夹灰色,局部为壤土,夹薄砂层,夹铁锰结核及砂礓,砂礓直径1～15 cm不等,砂礓局部富集,胶结成盘。硬塑～坚硬,切面较光滑,稍有光泽,干强度与韧性高。该层全线分布,局部未揭穿。

⑤$_{-2}$层:中砂(Q_3^{al+pl}),黄、黄白色,局部为粗砂,含砾石,夹黏土薄层及黏土团块,饱和,密实。揭示层厚1.2～3.0 m,相对层底高程12.84～14.37 m。该层为⑤层夹层,以透镜体形式分布。

邳州市段(南水北调尾水工程)工程地质剖面图见图1-9,邳州市段土层物理力学指标成果见表1-6。

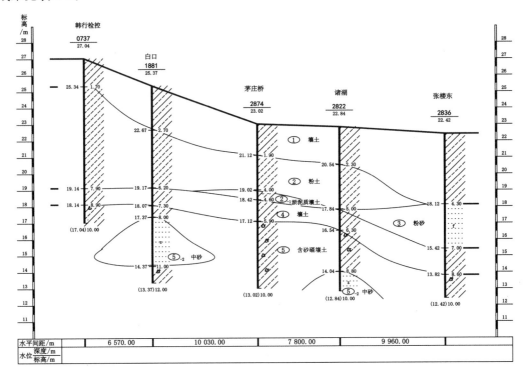

图1-9 邳州市段(南水北调尾水工程)工程地质剖面图

表 1-6　邳州市段土层物理力学指标成果表

层号	岩土名称	含水率/%	湿密度/(g/cm³)	孔隙比	渗透系数 K_V/(cm/s)	渗透等级
①	壤土	26.6 33.8	1.88 1.93	0.81 0.94	1.05×10^{-6} 1.29×10^{-5}	微透水
②	粉土	25.2 32.5	1.87 1.95	0.75 0.91	1.78×10^{-4} 3.32×10^{-3}	中等透水
②₋₁	淤泥质壤土	43.6 61.6	1.64 1.80	1.02 1.26	2.05×10^{-6} 2.43×10^{-5}	微透水
③	粉砂	16.4 28.4	1.89 1.93	0.63 0.85	1.78×10^{-3} 3.02×10^{-3}	中等透水
④	壤土	30.1 31.6	1.90 1.95	0.82 0.88	4.65×10^{-6} 2.24×10^{-5}	微透水
⑤	含砂礓壤土	17.5 30.5	1.91 2.05	0.56 0.86	2.15×10^{-6} 2.78×10^{-5}	微透水
⑤₋₂	中砂	14.3 24.1	1.94 1.97	0.55 0.70	2.68×10^{-3} 2.32×10^{-2}	中等~强透水

1.5.1.5　新沂市段土层条件

①层:壤土(Q_4^{al+pl}),棕黄、灰黄、浅褐色,夹粉土层。软塑~可塑,切面稍光滑,干强度与韧性低~中等。层厚 1.0~4.0 m,层底高程 17.99~20.02 m。该层土质不均匀,全线分布。

①₋₁层:淤泥质壤土(Q_4^{al+pl}),灰、灰黑色,夹粉土薄层,局部为淤泥质黏土。饱和,流塑,干强度与韧性低。层厚 2.2 m,层底高程 17.00 m。该层为①层夹层,以透镜体形式分布。

④层:壤土(Q_4^{al+pl}),灰黄、浅灰、褐色,夹粉砂薄层,局部夹砂粒、铁锰结核。可塑,切面稍光滑,干强度与韧性中等。层厚 2.5~2.7 m,层底高程 14.30~16.13 m。该层分布不连续。

⑤层:含砂礓壤土(Q_3^{al+pl}),黄色、黄夹浅灰、褐夹浅灰色,局部为黏土,夹薄砂层,局部夹粗砂粒,夹铁锰结核及砂礓,砂礓局部富集。硬塑,切面较光滑,干强度与韧性高。该层全线分布,局部未揭穿。

⑤₋₁层:粉砂(Q_3^{1+al}),黄色,夹黏土层及黏土团块,饱和,中密。层厚 4.9 m,层底高程 13.45 m。该层为⑤层夹层,分布不连续,以透镜体形式分布。

新沂市段(南水北调尾水工程)工程地质剖面图见图 1-10,新沂市段土层物理力学指标成果见表 1-7。

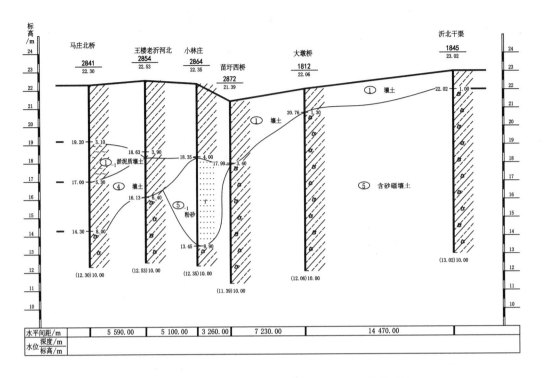

图 1-10　新沂市段(南水北调尾水工程)工程地质剖面图

表 1-7　新沂市段土层物理力学指标成果表

层号	岩土名称	含水率/%	湿密度/(g/cm³)	孔隙比	渗透系数 K_V/(cm/s)	渗透等级
①	壤土	29.5 34.5	1.85 1.91	0.85 0.98	5.65×10^{-6} 2.05×10^{-5}	微透水
①—1	淤泥质壤土	46.7 53.4	1.71 1.77	1.28 1.44	1.74×10^{-6} 6.52×10^{-6}	微透水
④	壤土	29.6 31.5	1.92 1.95	0.81 0.86	6.60×10^{-6} 3.29×10^{-5}	微透水
⑤	含砂礓壤土	25.5 28.4	1.96 2.02	0.70 0.78	2.72×10^{-6} 1.20×10^{-5}	
⑤—1	粉砂	21.7 24.3	1.91 1.96	0.66 0.74	3.78×10^{-3}	中等透水

1.5.2　土层条件分析与评价

　　徐州地区属华北地层区,第四系广泛发育,属黄淮流域,以冲积相为主。全新统分布面积最广,组成广阔的平原,以黄泛冲积平原、沂沭冲积平原为主,局部为冲积平原、低山丘陵和湖泊洼地相互交错插接地带。成因以冲积、冲洪积为主,不同冲积扇重复叠加,按"急砂慢淤"水力分选规律,大部分土层构型复杂,存在多层异质结构,砂性土层、壤土层与黏性土层相互叠加。

徐州平原区全新统沉积物以砂、泥质为主，主要土壤类型为潮土类、砂礓黑土类、水稻土类。地表及浅层多为新近沉积的软弱黏性土和松散砂性土(①层壤土及其夹层，②层粉土、砂壤土及其夹层，③层粉砂及其夹层)，粉砂、粉土占很大比例，土质不均匀，透水性等级以中等透水为主，为区内上部主要的含水层，局部夹软弱黏性土层，透水性相对较弱，构成相对的弱透水层，可富存上层滞水;淤泥质软土层透水性以微～极微为主，构成区内相对的隔水层。

其下则以一般黏性土(④层壤土)为主，透水性等级以微透水为主，构成相对的隔水层，局部分布粉细砂层，透水性为中等透水。

上更新统土层以含砂礓壤土(⑤层含砂礓壤土)为主，夹砂性土薄层或透镜体，砂性土多为粉、细砂，偶夹中、粗砂薄层或透镜体，水平方向变化大，壤土多在东部地区山麓及河流阶地出露。含砂礓壤土透水性与砂礓富集程度有关，砂礓富集处透水性相对较强，砂性土透镜体透水性中等～强透水。该层主要分属于徐州农田土壤的砂礓黑土。

徐州地区农田土壤一般均有垂直透水性较弱的犁底滞水层、黏土隔层等弱～微透水层结构，降雨自然下渗能力一般较小，暴雨易导致农田积水受涝。潮土类部分低洼区域砂质土壤存在黏心或黏底构造，能托水托肥，但也影响上下通透，并易造成包浆和表层积盐，易旱易涝，旱时作物易枯死，涝时易包浆，作物受渍枯瘦发黄;棕褐壤土中的铁锰结核(白浆层、"铁炉底"、紫泥层，褐土中的黏盘、铁砂层)以及砂礓黑土中的钙质结核层(砂礓)等障碍层，都妨碍农作物水分渗透、耕作深入和植物根系下扎。部分潮土区、砂礓土区的水稻种植区域随着水稻种植历时的延续，土壤性状发生了巨大变化，已形成熟化、犁底和渗育等层次明显分异的特有剖面，主要为渗育型水稻土亚类。

1.6 浅层地下水

徐州市浅层地下水以全新统孔隙水为主，广布于黄泛冲积平原及沂沭河冲洪积平原区，厚度仅在大沙河沿岸及故黄河高漫滩潘塘以西段大于 15 m，但不超过 20 m，其他地区一般小于 15 m。含水层岩性主要为亚砂土夹亚黏土薄层，局部地区为粉细砂，结构松散，透水性较好。在邳州市徐楼—赵墩—胡圩一线以西地区，底部有一层淤泥质亚黏土，厚 2～8 m，分布稳定，透水性弱，可视为本层孔隙水的相对隔水底板。上述一线以东地区，可以上更新统上部厚层含钙质结核亚黏土为隔水底板。

徐州市浅层地下水主要接受大气降水、河水和其他地表水的入渗补给，以自然蒸发、人工开采和侧向径流以及层间越流补给为主要排泄方式。地下水与河水联系密切，地下水位受季节性降水及河水影响较大，总体上丰水期地下水接受大气降水及河水补给，枯水期地下水补给河水，地下水动态变化大，年变幅 2～3 m。

徐州地区浅层地下水受大气降水入渗补给影响显著。降水量对地下水的补给具有滞后性，但水位曲线与降水量曲线形态变化基本趋于一致，多年水位曲线均无明显的趋势性升降，即总体上一年内表现出一个升降周期，一般 7—10 月地下水位最高，4—6 月最低，1—3 月及 11—12 月则表现为缓慢下降状态，年变幅 2～3 m。地下水位平均埋深:丰县、沛县 4～5 m，睢宁县、铜山区 3～4 m，新沂市 2～3 m，邳州市 1～2 m。综上所述，地下水位以上的土壤具有巨大的储蓄水潜力，是降雨的最大调蓄场所。

1.6.1 2018 年浅层地下水位变化

据《徐州市水资源公报》(2018 年),2018 年全市年降水量为 547.2～1 234.5 mm,年平均降水量为 936.7 mm,比多年平均降水量偏大 10.7%,属于偏丰水年份。汛前平均埋深为 3.46 m,汛后平均埋深为 2.43 m。如图 1-11 和图 1-12 所示。

图 1-11　2018 年汛初浅层地下水位埋深等值线图

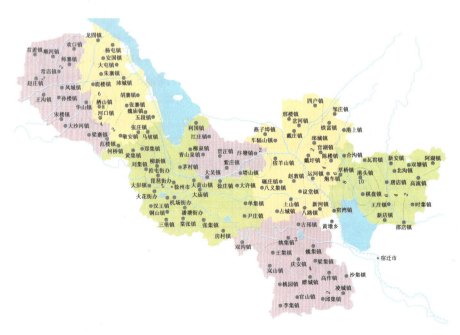

图 1-12　2018 年汛末浅层地下水位埋深等值线图

1.6.2 2019 年浅层地下水动态

2019 年,浅层地下水埋深大多在 1～6 m,年初平均埋深为 3.21 m,年末平均埋深为 3.47 m;汛前平均埋深为 3.56 m,汛后平均埋深为 3.38 m。如图 1-13 和图 1-14 所示。

图 1-13　2019 年汛初浅层地下水位埋深等值线图

图 1-14　2019 年汛末浅层地下水位埋深等值线图

1.6.3　2020年浅层地下水动态

2020年,全市浅层地下水埋深大多在1～6 m,年初平均埋深为3.98 m,年末平均埋深为3.28 m;汛前平均埋深为4.11 m,汛后平均埋深为3.19 m。如图1-15和图1-16所示。

图1-15　2020年汛初浅层地下水位埋深等值线图

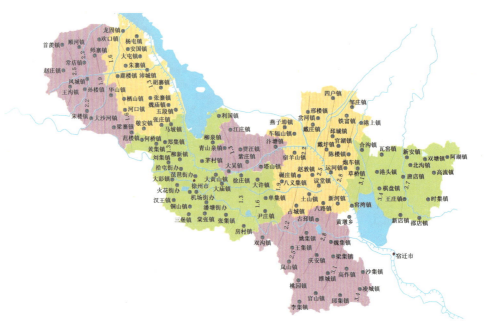

图1-16　2020年汛末浅层地下水位埋深等值线图

1.6.4 2021 年浅层地下水动态

2021 年,全市浅层地下水埋深大多在 1～6 m,年初平均埋深为 3.48 m,年末平均埋深为 3.15 m;汛前平均埋深为 3.63 m,汛后平均埋深为 2.18 m。如图 1-17 和图 1-18 所示。

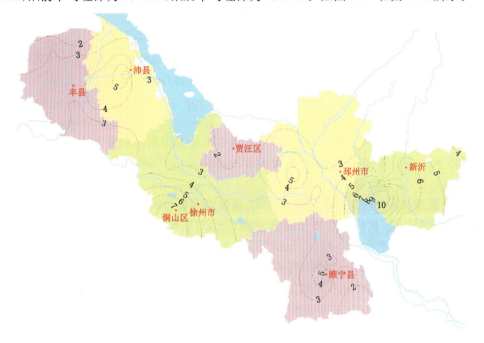

图 1-17　2021 年汛初浅层地下水位埋深等值线图

图 1-18　2021 年汛末浅层地下水位埋深等值线图

1.7 作物需水量

1.7.1 小麦需水量

根据徐州站小麦需水量灌溉试验成果,徐州冬小麦需水量为 424.2～476.4 mm(283～318 m³/亩),多年平均需水量为 450 mm(300 m³/亩),一般干旱年份(75%)为 575 mm(383 m³/亩),特别干旱年份(90%)为 600 mm(400 m³/亩)。

1.7.2 水稻需水量

根据徐州站水稻需水量灌溉试验成果,徐州市水稻本田期需水量为 343.7～652.9 mm(230～435 m³/亩),多年平均需水量为 550 mm(367 m³/亩),一般干旱年份(75%)为 575 mm(385 m³/亩),特别干旱年份(90%)为 600 mm(400 m³/亩)。由于水稻需水量和同期水面蒸发量均受各种气象因素的综合影响,采取需水量与同期水面蒸发量的比值 α 计算,具有一定的实用价值,从计算结果看,α 值变幅不大,历年均值为 1.17 左右。

全市多年降水量平均值为 825.5 mm(1956—2000 年),年变化量为 519.0～1 204.0 mm;6—9 月降水量为 252.7～922.0 mm,其平均值为 551.4 mm,占全年降水量的 67.2%,与水稻本田期多年平均需水量 550 mm 相当。由于降雨时空分布不均,造成田间排水及深层渗漏,降雨不能满足水稻的生育需要;根据徐州站灌溉试验资料,徐州市水稻本田期多年平均缺水量在 200 mm 左右(东部为 180 mm,西部为 230 mm),缺水量约 135 m³/亩,现状徐州水稻多年平均净灌溉定额在 450 m³/亩,水稻本田期节水潜力很大。

1.7.3 玉米需水量

根据徐州站玉米需水量灌溉试验成果,徐州市夏玉米需水量为 350～400 mm,多年平均需水量为 366.7 mm,一般干旱年份(75%)生育期降水量为 450 mm,降水量大于需水量,能够满足生长发育需要,不需要灌溉。

2 徐州易涝农田灌排蓄渗降系统治理创新技术研究内容

2.1 水利现状及存在的主要问题与分析

2.1.1 徐州市水利现状

徐州的地理位置、气候条件和水系特点,造成徐州历史上洪涝并发、先旱后涝、涝渍同现等水旱灾害频发,素有"洪水走廊"之称,历史上饱尝"水涝"之害。

中华人民共和国成立后,徐州坚持不懈地进行了大规模水利工程建设,其间主要经历了20世纪50年代、70年代以及90年代三次水利建设高潮,水利综合保障水平不断提高。在构建流域防洪工程体系的基础上,开展了区域洪涝渍碱治理,基本形成区域洪涝防治体系。从20世纪50—60年代开始,按照"洪涝分治,高低分排,自排为主,抽排为辅"的治理原则,加强以平原、丘陵、洼地洪涝为主的区域治理工程建设,提高区域排水能力和平原洼地抵御洪涝灾害的能力。20世纪70—80年代,区域治理全面展开,继续完善平原地区引排河道,大规模开启老圩区改造,实施圩内河道疏浚、联圩并圩、加固圩堤、整治圩内河网、发展机电排灌,除涝工程体系初步建成,抗灾能力明显提高。

2011年以来,中小河流治理、水库除险加固、大型灌排泵站更新改造等工程相继实施,骨干河道治理及大中型病险水闸加固有序推进,徐州区域治理能力得到恢复、巩固。区域内部防洪标准达到10年一遇至20年一遇;区域治涝标准,沂沭泗水系达到3年一遇至5年一遇。奎濉河水系基本达到5年一遇。在建设跨流域调水工程体系的同时,开展区域调配水工程建设,基本形成区域灌溉供水体系。

2021年,徐州市耕地面积为874.10万亩,分布于44个灌区,其中大型灌区4处、中型灌区40处;现状灌溉面积为703.87万亩,其中耕地灌溉面积为547.50万亩。全市节水灌溉面积累计实施391.96万亩,高效节水面积59.33万亩。农田灌排工程布置基本合理,全市有20.44万座小沟级以上建筑物,其中中沟以上建筑物有52 643座,中沟以下建筑物有151 715座,农田灌溉保证率在70%左右,农田灌溉水有效利用系数达到0.625,农田水利工程保障体系基本形成。

经过70年艰苦卓绝的水利建设,"洪、涝、旱、渍、碱"兼治,徐州基本建成了防洪、排涝、灌溉、降渍、调水五大水利工程体系,为全市国民经济和社会发展提供了重要的支撑和保障。进入21世纪,徐州全面加强了水资源管理与保护,党的十八大以来,贯彻落实新发展理念,遵循"节水优先、空间均衡、系统治理、两手发力"治水思路,全面加快水生态文明建设,水利发展内涵、发展模式发生了深刻变化,水利治理步伐加快,取得显著成效,有力保障和促进了全市经济社会的快速发展。目前已基本形成了流域、区域、城市和农村四个层次的相互依托、相互关联、相互影响的水利工程体系。

2.1.2 现状农田水旱灾害情况

目前徐州农田"水多、水少"的问题依然突出。

(1) 渍涝灾害频发。由于受季风气候影响,降雨时空分布不均,超设计暴雨造成涝灾仍时有发生,渍害面广量大。

(2) 干旱问题较严重。徐州市现状旱地面积有 326.6 万亩,占耕地面积的 37.4%,比重大,制约农业增产稳产;降雨量不足和灌溉系统不完善,导致在干旱年份或干旱季节供水不足,已建灌溉面积灌溉保证率低,争水抢水问题依然突出。

根据《徐州市水利志》,从秦汉到中华人民共和国成立前,据可查到的资料记载,徐州共发生大的水、旱灾害 302 年、352 次(不包含黄河泛滥为害),其中洪涝灾害 225 次,干旱灾害 88 次,雷电冰雹灾害 35 次,暴雪灾害 2 次,雨雾灾害 2 次。中华人民共和国成立后到 2000 年,6 年风调雨顺,45 年发生不同程度的水旱灾害 65 次,其中区域性暴雨灾害 45 次、部分干旱成灾 20 次。

以处于徐州中部的铜山区为例(《铜山县水利志》):① 水灾。水灾是铜山区自然灾害中最多、最为严重的灾害,自公元前 27 年起至 1949 年,共发生大的水灾 207 次,占各类自然灾害的 59.5%;1950 年至 1977 年共发生水灾 13 次;1978 年至 2008 年共发生水灾 20 次。② 旱灾。自公元 75 年至 1949 年,有记载的较大旱灾为 45 次;1950 年至 1977 年全区大的旱灾为 7 次;1978 年至 2008 年全区大的旱灾为 14 次。

随着徐州水利治理体系的不断完善,呈现水旱灾害面积减少、灾情减小的趋势。目前涝渍为主灾,暴雨为主源,还与地形地貌、水文地质、农业种植布局、灌排工程模式、现状耕作方式有关。

2.1.3 农田水旱灾害主要成因

徐州受气候条件影响,灾害性天气频发,春夏之交易受梅雨影响,夏秋之际多台风暴雨,属于易产生大暴雨季风气候区。徐州位于淮河流域沂沭泗水系的下游,地势低平,位于我国三大易涝区之一——黄淮海涝区的东南部,受涝渍灾害比重较大,秋冬春季常持续干旱,且易发生旱涝急转,常发生洪涝干旱灾害。

(1) 内涝:① 区域防洪排涝标准较低(区域防洪标准为 10～20 年一遇,治涝标准为 3～5 年一遇),平原地面平缓,排泄缓慢,区域内农田积水,作物受涝;② 低洼圩区排水自排无出路,机排能力低;③ 河岸堤内农田排水受阻;④ 实心田内三沟缺失导致积水;⑤ 农田平整度不够,农田大平小不平,局部低洼圩块排水困难。

(2) 渍涝:① 受季风气候影响,长历时降雨,导致土壤饱和,作物受渍害;② 土壤构型复杂,多层异质组合,土壤存在黏心滞水层,雨后包浆滞水,耕层土壤饱和;③ 耕作层浅,物理性状差普遍,徐州农田耕层厚度为 17～20 cm 的占 48.3%,13～17 cm 的占 46.3%,小于 13 cm 的占 5.4%,犁底层下部土壤密实,下渗强度小,内三沟缺失,降渍困难,耕层土壤饱和;④ 部分区域土壤质地黏重密实,通透性差,下渗强度小,土壤饱和。

(3) 干旱:徐州市位于江苏省西北部,距离海洋较远,季风带来的降雨相对其他地区较少,加上雨量年内分配不均,气象干旱时有发生。虽然江淮水北调能够覆盖徐州大部分平原区域,但在区域水资源总量控制条件下,农田灌溉资源性缺水和工程性缺水仍然存在。农田土壤普遍存在黏心滞水层,降低了土壤的渗透性,阻碍了降雨和灌溉水对深层土壤及地下水的补给,造成土壤储蓄水能力小,有效降雨利用率低,地下水位较低,土壤水调节能力差,作物易受旱受涝。

2.1.4 农田灌排存在的主要问题

目前,徐州市部分建成了 1958 年省委提出的"大引、大排、大蓄、大调度"的工程格局。进入新时代,践行新发展理念,"十六字"治水思路是习近平生态文明思想的重要组成部分,是科学严谨、逻辑严密的治水理论体系,为统筹解决新老水问题、实现人水和谐共生提供了科学指南。我们要准确把握水利改革发展的方向,对标找差,及时转变治水思路,改变治水模式。农田灌排是节水优先、空间均衡、系统治理的重要源头和关键环节,也是农业节水、排涝、防污最薄弱的环节。对照"十六字"治水思路,徐州农田灌排目前存在的主要问题是:

(1)农业节水方面:虽然已经重视采取管道输水、渠道防渗等节水工程措施,提高输水过程的渠系水利用系数,但是田间灌水由于无自动控制进水口门和计量设施,人工灌水随意性大,灌水口启闭不及时,无法落实节水灌溉制度,造成次灌水定额大,田间灌溉水利用系数低,灌溉节水潜力较大;田间由于无控制排水口门拦蓄地表径流,排水量大,有效降雨利用率低;沟网缺少拦蓄节制建筑物,加大地表径流和土壤水流失。

(2)农业水资源的时空均衡方面:徐州降雨量较丰富但时空分布不均,降雨主要集中在汛期(6—9月),旱涝灾害时有发生,灌溉和排涝降渍的需求并存;由于引调拦蓄水源工程不足,旱地面积比重大;田间缺少拦蓄雨水技术和设施,有效降雨利用率低;农田土壤普遍存在黏心滞水层,降低了土壤的渗透性,阻碍了降雨和灌溉水对深层土壤及地下水的补给,造成土壤储蓄水能力小,土壤水调节能力差,地下水位较低,难以实现本地雨水资源的时空均衡调节,作物易受旱受涝。

(3)区域水利治理方面:流域水利治理是区域水利治理的基础,农田水利治理是流域、区域水利治理的源头和末端,流域、区域水利治理为农田水利治理创造了条件,区域水利处于上下连通的关键地位。徐州水利治理复杂,境内地势低平、河湖成网,平原洼地占90.6%,低山丘陵占 9.4%,是沂沭泗流域"洪水走廊"。区域内部也存在地形高差,洪涝问题交织,流域洪水与区域洪涝经常同步发生,"因洪致涝"问题突出;由于本地水资源丰枯不均,水量不足,蓄水条件差,沂沭泗来水可用不可靠,水资源供给依赖长江、淮河长距离跨流域、跨区域调水,工程建设与运行成本高;平原地区河网多具有引、排功能,复杂的地形特点和水资源开发利用方式使得水利治理尤为复杂。根据《江苏省区域水利治理规划》,规划目标为:到2030 年,区域性骨干河道防洪标准达到 20 年一遇。区域治涝标准达到或接近 10 年一遇;农业圩区治涝标准为 5~10 年一遇,城镇圩区治涝标准一般为 10~20 年一遇。农业灌溉供水保证率达到 75%左右。以上规划目标低于目前水利部门实施的大中型灌区续建配套与节水改造项目和农业部门实施的高标准农田的防洪排涝建设标准,农田水利建设标准与区域水利治理标准不协调;目前区域洪涝治理总体滞后,标准较低,已成为全市水利治理的短板,影响流域防洪治涝工程体系综合效益的发挥。

（4）农田灌排的系统治理方面：平原灌区河网多具有引、排功能，实行大引大排的工程模式，节制建筑物配套率低，旱时通过灌溉系统迅速输水充分灌溉，涝时通过排水沟河迅速排水降渍，灌排不能统筹兼顾，灌、排水量大，有效降雨利用率低。

（5）农业面源污染治理方面：徐州多年纯量化肥施用量在 60 万～70 万 t，纯量化肥施用量为 55～77 kg/亩，远高于全国平均 15 kg/亩的水平，化肥有效利用率不到 20%，大量氮、磷营养元素随农田排水进入河道、湖泊水体，造成水体水质富营养化，水功能区不达标，水体生态环境尚未根本好转。

（6）耕地质量提升方面：徐州现状耕地质量主要存在"浅"（耕层变浅）、"瘦"（土壤有机质含量降低）、"板"（土壤结构破坏，土壤板结严重）问题。"浅"：自 20 世纪 80 年代实行家庭承包责任田，原来集体建设的方块田变成以家庭为单位的条田，不便于大型农机具作业，及因怕最后的犁沟影响耕种，很多土地多年没有深犁过，更少深松，长期依靠旋耕机作业，以旋代耕代管现象极为普遍，现在多数农田土壤耕层的有效活土层在 20 cm 以下，有的不足15 cm，犁底层越来越厚，加之长期机械碾压，以及降雨、灌水沉实，犁底层已成坚硬深厚的阻隔层，阻碍土壤水分、养分和空气的上下运行，阻碍作物根系下扎延伸，因而出现了土壤蓄水越来越少，抗旱性能不断下降，土壤肥力越来越差，农田杂草危害越来越严重的现象，甚至出现"只长杂草不长庄稼，除草剂也除不掉杂草"的田块。"瘦"：目前土壤有机质含量一般不足 1%。其原因首先是"重用轻养"，家庭散养农畜越来越少，有机肥源缺乏，农民怕脏怕麻烦，丢弃了积攒使用有机肥习惯，因而农田长期缺少农家肥，秸秆还田量不足，中国传统农业精髓的种植绿肥不搞了，而商品有机肥价格又太高，大量使用代价太高，所以土壤有机质补充严重不足；其次是长期追求高产和超量施用化学氮肥，加剧了土壤碳的耗竭，据研究，每多施 1 份化学氮，就多消耗 25 份土壤碳；最后，由于土壤有机质长期得不到补充更新，不仅土壤有机质含量降低，土壤有机质品质也在下降，土壤腐殖质的生理活性下降，土壤有机质减少会引发一系列土壤问题，如土壤酸化和次生盐碱化，土壤结构破坏，土壤肥力低下，土传病害加剧。"板"：首先是由于缺乏有机肥补充，大量使用化学氮肥又导致土壤有机质大量消耗，使土壤有机胶体数量不断减少，品质变差；其次是长期超量使用氮磷钾化肥，链接土壤有机无机胶体上的 2 价阳离子被化肥 1 价养分离子代替并流失，造成有机无机胶体分散；最后，长期超量使用化肥农药污染土壤，使土壤生物锐减，生物改造土壤的能力减弱甚至消失，以及不合理耕作和不合理灌溉加剧了土壤团粒结构的破坏，致使土壤板结越来越严重，土壤板结会引发一系列土壤病症如缺氧、欠肥、缺水出现，土壤物质转化朝着有害方向发展，有害物质增加并积累。

2.2 开展研究的必要性

2.2.1 贯彻落实"十六字"治水思路的要求

习近平总书记提出"节水优先、空间均衡、系统治理、两手发力"的治水思路。习近平总书记在研究部署进一步推动长江经济带高质量发展、黄河流域生态保护和高质量发展、推进南水北调后续工程高质量发展及河湖长制、节水工作等时作出一系列重要讲话指示，都始终贯穿了"十六字"治水思路这条主线。"十六字"治水思路是习近平生态文明思想的重要组成部分,是科学严谨、逻辑严密的治水理论体系,为统筹解决新老水问题、实现人水和谐共生提供了科学指南。我们要从贯彻新发展理念的高度,理解和把握"十六字"治水思路,深入领会其中一以贯之、一脉相承的精神实质。如何完整、准确、全面抓好贯彻落实,创新农田水利系统治理技术,扎实推进系统治水,实现徐州农田水利高质量发展,是亟待研究的原则问题。

2.2.2　高质量推进徐州系统治水的要求

徐州市水利系统深入践行"十六字"治水思路,开启系统治水新征程,形成"山水林田湖生命共同体"的治水理念共识,不断深化治水广度、深度和力度,高质量推进徐州系统治水行动,对徐州农田水利"灌、排、蓄、渗、降"系统治理提出新要求。

2.2.3　减少农田水旱灾害的需要

目前徐州地区流域、区域、城市、农村四个层次的洪涝治理不平衡、不协调,流域和城市防洪治涝标准相对较高,而区域、农村的洪涝治理总体滞后,标准较低,已成为全市水利治理的短板,影响防洪治涝工程体系综合效益的发挥。随着城镇化、工业化发展,下垫面不透水面积增加,河湖围占、填埋、淤积问题仍然突出,城镇、圩区抽排动力不断增加,导致相同暴雨情况下河湖洪涝水位不断抬升、灾害加剧。因此,开展农田灌排蓄渗降系统治理,加快补齐区域、农村水利治理短板,尽快形成流域—区域—城市—农村相协调的防洪治涝工程体系,增强防洪除涝能力、减少农田水旱灾害十分必要。

2.2.4　保护河湖水生态环境的需要

徐州市处于南水北调东线受水区,全市城镇雨污分流工程、生产生活污水收集处理系统基本建成,沿线区域的农村生活污水收集处理工程在 2022 年年底已全部建成运行。农田排水已成为影响徐州段水质控制断面的主要因素。目前徐州市正在大力推进大中型灌区续建配套与节水改造、生态河道和高标准农田建设,大中型灌区续建配套与节水改造项目要求建设节水减污型生态灌区,高标准农田建设要求建设灌溉尾水回用和耕地质量提升试点区,徐州市农田排水尚未有成熟的减排治污模式,农田排水严重影响徐州段水质控制断面的水质质量和稳定性。本书研究探索实现灌区农田节水减排减污、降低暴雨造成的农田涝渍灾害,对于打造低碳、绿色、循环的生态灌区和高标准农田建设提供可借鉴、可复制、可推广的徐州经验,对改善河湖水生态环境十分必要。

2.2.5　落实打好农业污染防治攻坚战决策部署的需要

《徐州市农业农村污染治理攻坚战实施方案》提出:以水定肥、以肥调水,提高肥料和水资源利用效率。充分利用现有沟、塘、渠等,建设生态缓冲带、生态沟渠、地表径流集蓄与再利用设施,有效拦截和消纳农田退水中各类污染物,净化农田退水及地表径流,也是对农田水利系统治理的要求。《徐州市稻田综合种养发展工作实施方案》是徐州市政府落实农业供给侧结构性改革的重要举措,开展以蓄、灌为主的沟洫圩田稻渔综合种养模式研究,是扎实推进徐州市稻田综合种养发展的需要。

2.3 易涝农田灌排蓄渗降系统治理的内涵

在徐州（黄淮地区）农田灌排实践中，现状灌排模式不能较彻底解决农田节水管理、超设计标准暴雨造成的涝渍灾害和控制面源污染问题，导致灌排效率降低、涝渍灾害频发、水肥资源浪费、水环境难以根本改善等问题。因此，本书提出易涝农田灌排蓄渗降系统治理的概念，即：以"十六字"治水思路为指导，以"以水定地"可用水资源量作为最大的刚性约束目标，优化农业水资源配置方案；根据农业可分配水量、耕地面积、涝渍风险度评估及供排水条件，确定灌溉发展规模和农业种植布局；依据农田水土条件和作物生长所需的农田水分适宜指标（灌溉指标、涝渍综合排水指标），通过灌排蓄渗降工程技术创新，以达到农田灌水、蓄雨、排涝、降渍、防污和灌溉水有效利用的综合效果，从而取得农业最佳经济效益、社会效益和环境效益。其内涵主要体现在以下几个方面。

2.3.1 在农田灌溉规模方面，落实"以水定地"刚性约束

水是生命之源、生产之要、生态之基。2019年9月，习近平总书记在郑州主持召开黄河流域生态保护和高质量发展座谈会并强调指出，"要推进水资源节约集约利用……坚持以水定城、以水定地、以水定人、以水定产，把水资源作为最大的刚性约束，合理规划人口、城市和产业发展，坚决抑制不合理用水需求，大力发展节水产业和技术，大力推进农业节水，实施全社会节水行动，推动用水方式由粗放向节约集约转变"。2021年10月22日，习近平总书记在山东省济南市主持召开深入推动黄河流域生态保护和高质量发展座谈会并强调指出，"全方位贯彻'四水四定'原则。要坚决落实以水定城、以水定地、以水定人、以水定产，走好水安全有效保障、水资源高效利用、水生态明显改善的集约节约发展之路"。党的十九届五中全会明确提出"建立水资源刚性约束制度"要求，同时将建立水资源刚性约束制度纳入国民经济和社会发展"十四五"规划，这为各省市践行新发展理念，强化水资源节约集约利用，促进经济社会高质量发展指明了方向。2020年11月，习近平总书记视察江苏时，对江苏提出"争当表率、争做示范、走在前列"的嘱托，并强调要"以水定城、以水定业"。

为贯彻落实党的十九届五中全会精神和习近平总书记的重要讲话指示精神，江苏省水利厅印发《江苏省水利厅关于开展水资源刚性约束"四定"试点工作的通知》，确定徐州市丰县和沛县等地区作为全省首批水资源刚性约束"四定"试点地区，探索水资源刚性约束指标体系构建与相关制度建设，为全省和全国建立水资源刚性约束制度积累经验，为全省经济社会高质量发展提供水资源支撑和保障。

徐州市为南水北调东线受水区，在江苏属于水资源相对缺乏地区。试点地区在分析水资源现状、水资源开发利用现状及水资源管理现状的基础上，总结了近年来水资源问题、节水成效和存在的问题，在水资源刚性约束条件下，分析了现状水资源相关管控指标的管控情况，从"城、地、人、产"等社会经济要素出发，建立试点县水资源刚性约束指标体系；根据区域节水评价技术要求，提出节水评价建议；按照"经济社会发展、水资源需水预测、水资源供需平衡分析"的思路，研究制订了各地水资源配置方案；以水资源作为最大的刚性约束目标，坚持总量和强度双控，探索了经济社会发展由被动"先发展后适应"转变为主动"先约束后发展"的新路径、新模式，构建水资源刚性约束制度体系。

2.3.2 在农业种植布局方面,实施涝渍风险度评估

依据徐州市各地骨干河道及农田排涝能力、地势地貌、土壤质地、水文气象、浅层地下水埋深和社会经济现状等因素,开展以镇为单元的涝渍风险度评估,根据各地涝渍风险度评估结果、农业可用水资源量、耕地面积、土壤及水文地质条件,优化农作物种植布局。

(1) 在灌溉可用水源丰富、地下水位较低、土壤渗透性弱的涝渍中、低风险区域,发展水稻、小麦粮食作物种植面积。

(2) 在灌溉可用水源丰富、地下水位较高、土壤渗透性弱的涝渍中、高风险区域,发展水稻、大蒜(洋葱)种植面积。

(3) 在灌溉可用水源丰富、水质优良、地下水位高的涝渍高风险区域,根据《徐州市稻田综合种养发展工作方案》的要求,按照《稻渔综合种养技术规范 通则》(SC/T 1135.1—2017)、《稻田综合种养技术要点》,推广稻渔综合种养面积。

(4) 在灌溉可用水源不足、区域排涝标准低、地下水位较低、土壤渗透性弱的易旱易涝渍中、高风险区,扩大优质小麦、旱作水稻、大豆等旱作物种植面积。

(5) 在灌溉可用水源较好、区域排涝标准低、地下水位低、土壤渗透性弱的易旱易涝渍中风险区,发展高效经济作物种植面积(如丰县大沙河果树区、故黄河沿线蔬菜种植区)。

(6) 在灌溉可用水源不足、区域排涝标准高、土壤渗透性强的易旱地区,发展喷灌、管道高效节水灌溉,扩大旱作优质粮食作物种植面积。

2.3.3 在农田灌排工程方面,实施灌排蓄渗降系统治理

2.3.3.1 作物生长的水分环境

农作物的生长发育需要有适宜的水分环境,大量的研究表明,旱作物根系(计划湿润层)的土壤适宜含水量为 $60\%\sim100\%$ 的田持量;水稻生长在不同生育阶段的水分要求是返青期薄水层(10~30 mm),分蘖期至乳熟期干湿交替,黄熟期田面无水层并自然落干。

如果作物田间水分状况低于其适宜水分下限则需要人工补水(灌溉),若高于其适宜水分上限则需要排水(水稻在高于其允许蓄水深度和历时时则需要排水)。

徐州各地降雨量等于或略小于水面蒸发能力,但降雨时空分布不均,灌溉与排水是保证农作物高产稳产的重要措施。

2.3.3.2 农田传统灌排带来的负面问题

农田传统灌排带来的负面问题如图 2-1 所示。

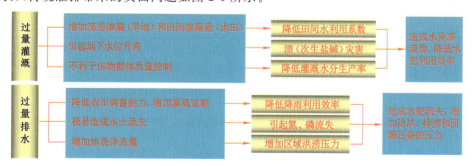

图 2-1 农田传统灌排带来的负面问题

2.3.3.3　易涝农田灌排蓄渗降系统治理

（1）合理布局灌排工程,提高水资源利用效率

① 优化灌区骨干灌排工程布置。加快推进大中型灌区现代化改造步伐,根据"四水四定"确定的灌区灌溉发展规模和农业种植布局,优化灌区骨干灌排工程布置,全面实施灌排渠系及其配套建筑物更新改造,做到引水有口门、分水有闸、蓄水有控制,减少输水损失,提高渠系水利用系数,控制排水,拦蓄径流,提高水资源利用效率;加强灌区生态环境质量和现代化管理手段,做到运行安全、管理方便,建立节水增效、智能管理、可持续发展的现代化生态灌区。

② 建设配套齐全的田间灌排工程。根据农田供排水条件,优化农业种植布局,大力推进高标准农田建设,落实国家下大力气提高建设标准和质量的要求,严格执行《高标准农田建设 通则》(GB/T 30600—2022)和《江苏省高标准农田建设标准》(苏政办发〔2021〕21号),坚持水土田林路电综合配套,按照"沟渠标准化、设施装备化、灌溉科学化、管理规范化"的要求,完善灌区水利基础设施网络,合理布局末级引排水沟渠,推广渠道防渗、管道输水及装配式建筑物,建设配套齐全、功能完善的田间灌排工程体系,推行节水、节地等管道输水灌溉和智能化灌溉技术。

（2）创新农田灌排蓄渗降系统治理技术体系

在农渠(小沟)控制田块范围内,采用自动控制精量灌水、自动控制精确排水、沟凼蓄水、深层土壤渗蓄、渗井降渍除涝等创新技术设施,实施农田灌排蓄渗降系统治理。

① 自动控制精量灌水:实施先进节水灌溉制度(水稻沟田协同灌溉技术、水稻蓄水控灌技术、旱作物地面节水灌溉技术),根据不同作物的节水灌溉技术指标,采用田间自动控制进水口门、渠灌田间放水口门毕托管差压分流文丘里管量水计,实施精量控制灌水,实现灌水定额管理和总量控制目标。

② 自动控制精确排水:实施先进田间排水制度,根据不同作物排水指标(水稻沟田协同灌溉田间蓄排水指标、水稻蓄水控灌田间蓄排水指标、旱作物涝渍综合排水指标),采用田间自动排水口门、农田排水轻型渗井,实现田间排水的自动精确控制,减少田间排水和养分损失,提高水肥资源的利用效率。

③ 沟凼蓄水:根据不同作物蓄排水指标(水稻沟田协同灌溉田间蓄水指标、水稻蓄水控灌田间蓄水指标、旱作物涝渍综合排水指标),加高田埂、开挖内三沟,建设沟凼畦(圩)田蓄水;采用农沟自动控制蓄排水闸,利用生态农沟拦蓄田间径流,实现农沟蓄水的自动控制,提高雨水资源的利用效率,减少农田排水引起的河湖水体面源污染。

④ 深层土壤渗蓄:采用农田排水轻型渗井,将田间多余的水分导入深层土壤,提高土壤调蓄水能力,实现田间土壤水分的垂直调节。

⑤ 渗井补充地下水:根据不同作物蓄排水指标(水稻沟田协同灌溉田间蓄水指标、水稻蓄水控灌田间蓄水指标、旱作物涝渍综合排水指标),采用农田排水轻型渗井、农田排水降渍轻型渗井,将田间土壤中多余水分补给浅层地下水,减少田间排水对河湖水体的面源污染。

2.3.4　协调推进耕地质量提升和农田生态环境保护与改善

采取"改、培、保、控"综合技术措施,改良土壤、培肥地力、保水保肥、控污修复,提升耕地质量。

（1）"改"：改良土壤。针对耕地土壤障碍因素，改进耕作、栽培方式，改良酸化、盐渍化土壤，改善土壤理化性状。

（2）"培"：培肥地力。通过增施有机肥，实施秸秆还田培肥，开展测土配方施肥，提高土壤有机质含量，平衡土壤养分；通过固氮还田、种植绿肥，实现用地与养地结合，持续提升耕地基础地力。

（3）"保"：保水保肥。通过耕作层深松深耕（包括深翻和翻松旋轮耕），打破犁底层，加深耕作层，推广保护性耕作，改善耕地理化性状，增强耕地保水保肥能力。

（4）"控"：控污修复。推行测土配方、合理替代、机械深施、水肥耦合、土壤培肥等技术，把过量的氮磷化肥用量降下来，同时注意培育土壤以减少农田对化肥投入的依赖，达到减少农田化肥施用、稳定提升耕地综合产能、优化生态环境质量的目标；控施农药，阻控重金属和有机污染，控制农膜残留，减少不合理投入数量。

2.4　研究内容

（1）徐州市涝渍区区划研究

依据徐州市各地骨干河道及农田排涝能力、地势地貌、土壤质地、水文气象、浅层地下水埋深和社会经济现状等因素，以镇为单元，进行涝渍区风险度评估及区划。

（2）农田灌溉发展规模和作物种植布局研究

以全省首批水资源刚性约束"四定"试点县的优化配置方案为基础，以区域"以水定地"农业可用水资源量作为最大的刚性约束目标，研究各镇农田灌溉发展规模和作物种植布局，落实"以水定地"刚性约束。

（3）主要农作物对涝渍胁迫敏感性试验研究

对小麦、玉米、大豆、油菜等主要农作物开展涝渍综合排水指标试验，研究水胁迫条件下作物生长和产量的响应特征，确定主要生育阶段适宜的涝渍综合排水指标。

（4）灌排蓄渗降水利设施研发与应用模式研究

将本项目组研发的10项专利产品进行灌溉和蓄排水效果试验，验证其应用效果和应用条件，对存在的不足进行改进，提出适宜的技术应用模式。

（5）易涝农田灌排蓄渗降系统治理技术体系及治理模式研究

以"以水定地"农业可用水资源量作为最大的刚性约束目标，根据各地涝渍风险度评估结果、主要农作物涝渍综合排水指标、灌排蓄渗降水利创新技术设施的应用效果，通过技术集成，提出易涝农田灌排蓄渗降系统治理技术体系，形成徐州不同类型易涝农田适宜系统治理模式和作物种植布局。

3　徐州易涝渍区区划研究

徐州市位居中纬度地区,属暖温带湿润～半湿润季风气候区,既受东南季风影响,又受西北季风控制,由于受大气环境的影响,徐州市降水量四季变化明显,年内分配很不均匀,春冬少,夏秋多,年内降水量主要集中在主汛期(6—9月),暴雨主要发生在7—8月。徐州属于黄泛冲积平原或沂沭冲积平原,是冲积平原、低山丘陵和湖泊洼地相互交错插接地带;徐州的地理位置、气候条件和水系特点,造成徐州历史上洪涝并发、先旱后涝、涝渍同现等水旱灾害频发,素有"洪水走廊"之称,历史上饱尝"水涝"之害。目前徐州市的"水涝"主要分为区域洪涝和局部涝渍。区域洪涝主要是:① 区域洼地防洪排涝标准较低(区域防洪标准10～20年一遇,治涝标准3～5年一遇),平原地面平缓,排泄缓慢,区域内农田积水,作物受涝;② 低洼圩区排水自排无出路,机排能力低。局部涝渍主要是:① 内涝,河岸堤内农田地势低洼,排水受阻;实心田内三沟缺失导致积水;农田平整度不够,农田大平小不平,局部低洼田块排水困难。② 渍害,长历时降雨导致土壤饱和;田间排水工程不完善与土壤入渗性能差,导致雨后土壤含水量过高。入渗性能差的主要原因包括:① 土壤存在黏心滞水层;② 犁底层下部土壤密实;③ 部分农田质地过于黏重。土壤入渗能力不足,还会减少对深层土壤以及地下水的补给,土壤蓄水能力降低,加剧旱情发生。

3.1　主要水灾害区特点

随着徐州水利治理体系的不断完善,呈现水旱灾害面积减少、灾情减小的趋势,目前涝渍为主灾,主要发生在平原洼地区。徐州市重点平原洼地面积为4 717.43 km²,占徐州市总面积的41.9%,主要受地形地貌、降雨和区域骨干河道排水能力的影响,是徐州主要易涝片区。根据《徐州市水利志》、《淮河流域重点平原洼地除涝规划报告》(2008年)及《江苏省淮河流域重点平原洼地近期治理工程可行性研究报告》(2015年),徐州市区域平原洼地主要为5大片区,分别为南四湖湖西洼地(1 019 km²)、邳苍郯新洼地(1 384 km²)、废黄河洼地(99.6 km²)、沿运洼地(1 662 km²)和黄墩湖洼地(552.83 km²)。

3.1.1　南四湖湖西洼地

徐州市南四湖湖西地区位于江苏省最西北部,东经116°40′～117°08′,北纬34°27′～34°58′,地处苏鲁豫皖四省交界处,东靠微山湖和山东省微山县,北邻山东省鱼台县,西与安徽省为邻,南及废黄河。徐州市南四湖湖西地区行政区划涉及沛县、丰县全部及铜山区北部地区,总面积约为3 225 km²,其中洼地面积为1 019 km²。南四湖湖西洼地位于南四湖西侧近代冲-湖积平原之上,历史上黄河夺淮穿过该区,多次决溢、泥沙淤积,地势西南高东北低,由50.0 m逐渐降至32.5 m。每遇暴雨,积水滚坡而下汇入南四湖,又因南四湖湖水顶托,涝灾频繁。经数十年治理,目前该区基本形成了分片分级排水布局,以大沙河为界分东、西两片,大沙河以西由复新河、姚楼河等水系排水入上级湖,大沙河以东大体上循 37 m、35 m、32.5 m 等高线开挖的徐沛河、苏北堤河、顺堤河将该片分为三级排水。湖西地区受灾主要是由于南四湖高水位持续时间长、涝水无法排出,洼地因洪致涝较为突出;入湖河道标准低、抽排动力不足;省际边界河道治理标准偏低。湖西洼地主要包括复新河流域洼地、顺堤河流域洼地及苏北堤河流域洼地。

3.1.1.1 现状排涝工程体系

江苏省南四湖湖西地区以湖西大堤为防洪屏障,区域内复新河、姚楼河、大沙河、杨屯河、沿河、鹿口河、郑集河等 7 条入湖港河共同组成湖西地区防洪排涝水系。区内地势低洼,南高北低,西高东低,平原坡水区和圩区并存,排水出路直接受南四湖水位的影响。当南四湖水位为常水位时,圩区可相机自排,当南四湖水位高于常水位时,圩区需开机抽排,根据区域地形特点及排水条件,分为复新河流域、苏北堤河流域及顺堤河流域三个排水片区。湖西地区排涝分区范围示意图见图 3-1。

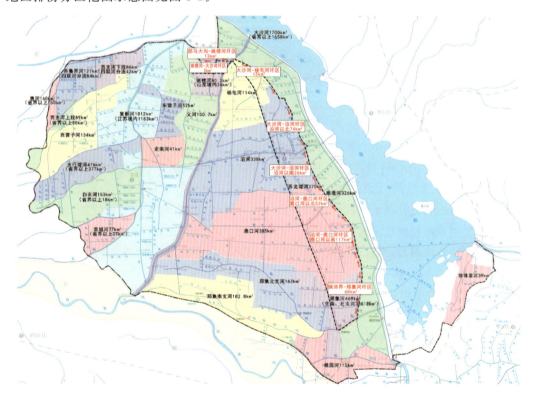

图 3-1 南四湖湖西地区排涝分区示意图

复新河流域洼地总面积为 395 km²,分布于丰县西北部,其中 37 m 等高线以下的范围北至苏鲁界河、西至四联河、南至太行堤河和史南河、东至东营子河和义河,总面积为 321 km²;37 m 等高线以上的范围北至太行堤河和史南河、西至谷庄—马楼—叶庄—蔡楼、南至城南二号沟和丰徐河、东至沙支河,总面积为 74 km²。

顺堤河流域洼地分布于沛县东部和铜山西北部,均位于 37 m 等高线以下。顺堤河流域洼地范围北至姚楼河、西至苏北堤河、南至郑集河、东至顺堤河,总面积为 254 km²。

苏北堤河流域洼地分布于沛县东部和铜山西北部,均位于 37 m 等高线以下。苏北堤河流域洼地范围北至姚楼河、西至徐沛河、南至郑集河、东至顺堤河,总面积为 370 km²。

3.1.1.2 南四湖湖西洼地治理(2022 年完成)

治理标准:除涝标准达到 5 年一遇(设计最大 3 日面平均雨量为 148.37 mm),圩堤防洪标准 10～20 年一遇。

规划布局:复新河洼地,针对因洪致涝的原因,对复新河、苏鲁界河、太行堤河等外河进行疏浚及配套建筑物工程。圩区治理工程,原则上复新河流域北部高程 36.0 m 以下圩区以机排为主,相机自排;高程 36.0～37.0 m 圩区以自排为主,辅以机排。鉴于圩区现状排水不畅等具体问题,规划对圩区进行"合圩连圩"调整,完善排水体系,打通排水线路。顺堤河洼地,改、扩建沿线地涵,以利承泄苏北堤河以东地区涝水。低洼地区疏通水系,新建、扩建和更新改造抽排站、圩口涵闸,增加抽排动力,自排与抽排相结合,逐步提高涝洼区的排涝标准。苏北堤河洼地,苏北堤河、陈楼河河道疏浚,沿线节制闸新、改建,排涝站增容、改建,圩口闸修建等。

3.1.2 黄墩湖洼地

黄墩湖地区位于骆马湖西侧,北以房亭河南堤为界,南至废黄河北堤,东到中运河西堤、骆马湖二线堤防,西至邳睢公路。其地理位置为东经 117°45′～118°19′,北纬 33°57′～34°20′,位于徐淮黄泛平原区,地貌类型属废黄河、淮河泛滥及冲积平原。地貌类型为堤外洼地平原,滞洪区地势低洼,西北高、东南低,大约 89% 的面积为平原坡地。地面高程为 20.0～22.0 m,最低处约为 19.0 m。黄墩湖地区地势低洼,西北高、东南低,区域涝水由民便河、邳洪河排入皂河闸下中运河;排水受骆马湖排洪影响,每遇流域洪水,因洪致涝,当皂河闸下中运河水位超过 19.5 m 时,就有部分洼地不能自排,而一旦退守宿迁大控制,除极少部分区域通过抽排入废黄河外,其余绝大部分地区将完全失去排水出路。特殊的地理位置、地形特点和排水条件,导致黄墩湖地区洪涝灾害频发。黄墩湖地区洼地治理范围为邳洪河(民便河)治涝区和黄墩小河(小闫河)治涝区,涉及徐州、宿迁两市,分属邳州、睢宁、湖滨新区三县(市、区)。

3.1.2.1 现状排涝工程体系

黄墩湖地区位于中运河以西、白马河改道段以东、房亭河以南、废黄河以北及房亭河地涵以上彭河流域,总集水面积为 757.5 km²,涉及徐州、宿迁两市,分属邳州、睢宁和湖滨新区三县(市、区)。根据区域地形特点及排水条件,分为邳洪河(民便河)流域和黄墩小河(小闫河)流域。邳洪河承接民便河和房北彭湖流域高水,黄墩小河则承接小闫河片低水,邳洪河、黄墩小河高低两股涝水最终通过邳洪河闸汇入骆南中运河。邳洪河流域汇水面积 609.33 km²,包括民便河排水区、房亭河以北排水区以及沿邳洪河自排区。民便河片汇水面积 399.67 km²,其中民便河机站排水区 44.4 km²,民便河节制闸以西地区地面高程 21.6～24.0 m,山丘区高程一般在 30.0～40.0 m,民便河机站排水区地面高程 20.2～22.0 m;房亭河以北房亭河地涵以上彭河流域 188 km²,地面高程23.0～24.0 m;邳洪河沿线排水区面积 21.66 km²,地面高程 22.0 m 以上。邳洪河流域山丘区面积 56.5 km²,约占9.3%,其中邳睢公路以东又有低洼圩区 114.5 km²,是一个山丘、平原坡水区和圩区的混合区域,其中徐州洼地面积 552.83 km²。黄墩湖地区排涝分区示意图见图 3-2。

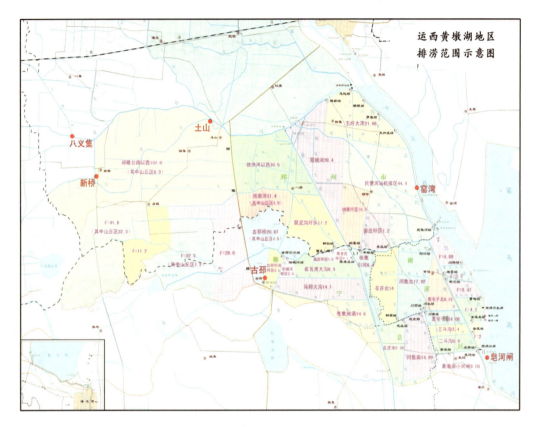

图 3-2 黄墩湖地区排涝分区示意图

3.1.2.2 黄墩湖地区西洼地治理(2022年完成)

治理标准:除涝标准5年一遇(设计最大三日面平均雨量为167.45 mm),圩区防洪标准10年一遇。

治理思路:通过建设一批骨干排涝泵站(包括对现有泵站的更新改造),疏浚主要除涝河道(沟),提高洼地的除涝能力;对行蓄洪区内保护面积小、堤身单薄、有碍滞洪的圩堤应尽可能退垦还湖,实施低洼地群众移民迁建。同时调整农业结构,发展特色农业,变对抗为适应,从而减轻防汛压力和洪涝灾害。

3.1.3 邳苍郯新洼地(尚未实施区域洼地治理)

邳苍郯新洼地分属山东、江苏两省,包括陶沟河及其以东、沂河以西、中运河以北、祊河分水岭以南地区 3 340 km²,郯新片的分沂入沭以南、新沂河以北、沂沭河之间的 1 500 km²,沭河以东黄墩河流域 117 km²,总面积为 4 957 km²,涉及山东的苍山、郯城和江苏的新沂市、邳州市,其中江苏境内有 1 384 km²,如图3-3所示。

邳苍郯新洼地分属山东、江苏两省,边界河道众多,自20世纪70年代协调治理后,未再进行全面的治理,经多年运行,各省根据本区域需要兴建了部分水利工程,因上下游不配套,上排下堵严重,边界水利矛盾较突出,内部河道老化、淤积严重,建筑物失修,已无法发挥正常的工程效益。现状致灾原因主要表现为以下几个方面:

图 3-3　邳苍郯新洼地分布图

（1）地势低洼，邳苍郯新洼地分布较广，地处省界，许多河道缺乏统一规划治理，河道淤积、排水不畅，河道堤防标准严重不足，洪涝问题没有解决。

（2）不合理的边界水利工程扩大了灾情，上游沟壑，下游横堤，增加了新的水利矛盾。

（3）本区为沂河、沭河、泗水的洪水走廊，沂河、沭河、中运河、邳苍分洪道虽然经过治理，但标准偏低。汛期水位较高，致使内水排泄困难。

（4）沿线建筑物多为 20 世纪六七十年代建造，排涝模数低，大多年久失修破烂不堪，不能正常发挥效益，汛期涝水成灾，急需更新改造。

（5）圩内排涝河道长期未疏浚，淤塞梗堵十分严重，影响排涝。

3.1.4　沿运洼地（尚未实施区域洼地治理）

徐州市沿运洼地位于中运河以西，南部以黄墩湖滞洪区为界，北部与山东接壤，西部以 26 m 等高线为界，流域面积为 1 662 km²，涉及徐州市邳州市、新沂市，区域地形北高南低,地面高程 29～20 m,区内房亭河、民便河、京杭运河、不牢河、邳洪河、彭河等河道是其防洪、排涝、灌溉的主要河道,如图 3-4 所示。现状致灾原因主要表现为以下几个方面:

图 3-4　沿运洼地分布图

(1)因洪致涝成灾。汛期受上游洪水压顶、骆马湖高水位顶托,沿运地区排水不畅,积水时间长,造成部分在田作物减产,甚至绝收。运西洼地中运河房亭河常水位在 23.0 m 左右,汛期水位更高,房北低洼地面高程均在 23.5 m 以下,使该地区涝水失去自排机会,涝渍灾害十分严重;在退守宿迁大控制时,本区域下游的房亭河和刘集两座地涵都将关闭,不能自排。

(2)因渍成灾。因受中运河长时间高水运行渗水影响,加之降雨,田间涝渍积水严重,农作物受灾减产。

（3）外排河道淤浅、出路不足。沿运洼地内部及外排河道设计标准低加之淤积，建筑物阻水，主要河道排涝能力大多只有 3 年一遇，经常造成内涝内渍。

（4）洼地区内外排泵站老化失修。低洼地多建为圩区，区内排涝泵站建设年代久远，排涝模数低，且大多年久失修、破烂不堪，不能正常发挥效益，汛期涝水成灾，急需更新改造。

3.1.5 废黄河洼地（尚未实施区域洼地治理）

废黄河自成独立水系，为带状，总体地势要高出两侧地面 4～6 m，两侧涝水无法流进废黄河区内，区内涝水也无法排出，废黄河中泓是区内唯一的排水通道。徐州市废黄河洼地自黄河李庄闸至程头橡胶坝，长 25.2 km，流域面积为 99.6 km²，现状河底宽 30 m，河底高程 33.5～32.5 m，河坡 1∶3～1∶4，由于河道的淤积，现状河道 20 年一遇水位达到38.5～35.4 m，高出两侧地面，形成了废黄河洼地。徐州废黄河洼地（黄河李庄闸—程头橡胶坝段）现状致灾原因主要表现为以下几个方面：

（1）中泓河道断面狭窄、淤积严重，水位高，排涝标准低，滩地常年受涝。

（2）洼地内多条大、中沟承担 8.8 万亩洼地的排涝任务，这些支河缺少排水出路。

（3）该河段位于徐州市主城区下游，主城区排涝模数大，中泓排涝标准低，水位壅高，淹没两侧洼地。

3.2 徐州易涝渍区分析评价与区划

本章采用层次分析法，结合专家评分，对徐州市各镇（街道）进行易涝渍区区划。从成因分析角度出发，对涝渍影响因素进行分析，选取涝渍灾害风险评价指标，运用层次分析法，首先将评价体系中各个指标变为紧密联系的有序层次，再由专家对每个层次中的指标进行两两比较，对其重要性进行描述，并采用相应的数学方法对每一层指标的重要性赋值，称之为权重，最后将各个指标的权重进行总排序，建立涝渍灾害风险度评价模型。构建评价体系总框架。本研究选取近几十年各地洪涝灾害、降水、蒸发历史数据，结合各镇地势地貌特征、土壤结构质地、水系分布特征、区域排涝能力、农田排水工程能力、浅层地下水埋深和社会经济现状等影响因素建立涝渍灾害风险度评价模型，以镇（街道）为单位对徐州市各县（市、区）进行涝渍灾害风险度分区区划。

3.2.1 易涝渍区区划目的及原则

3.2.1.1 区划目的

目前涝渍灾害是限制徐州地区农业发展的主要因素。对徐州地区进行易涝渍风险度评估区划，可为徐州市农业种植模式调整、农业种植布局等顶层决策提供技术支撑。同时，各地也可根据风险程度，采用相应的排涝降渍技术，为农业增产增收服务。

3.2.1.2 区划原则

徐州市涝渍灾害风险度评价模型的建立本身要符合完整性、科学性、可靠性的原则。

（1）完整性原则。建立的评价体系应该完整地反映各个层次、各个方面的影响因素，对涝渍灾害形成的原因应涵盖全面。

（2）科学性原则。评价体系指标的划分应该是合理的，每一项指标都应该各自承担独立的评价内容，不应相互矛盾或冲突。评价体系应该便于处理，每项指标都可以明确地判断及获取，并能保证不同的评价人员都能在该体系下获得合理的评价结果。

（3）可靠性原则。评价体系应反映出评价参数与评价标准之间的自然隶属关系，并客观反映涝渍区灾害程度，使评价结果更符合实际，更具有可靠性、科学性。

3.2.2　研究方法

本研究结合层次分析法（analytic hierarchy process，AHP）和专家打分，采用定性分析与定量分析相结合的方法，建立涝渍灾害风险度评价模型，对徐州市进行易涝渍区区划评价。易涝渍区区划评价主要过程为：首先将评价体系中各个指标变为紧密联系的有序层次，再由专家对每个层次中的指标进行两两比较，对其重要性进行描述，并根据每一层指标的重要性对其赋予权重，最后将各个指标的权重进行总排序，构建评价体系的总框架。模糊综合评价是将模糊数学引入综合评价方法中，其中一个重要概念就是隶属函数，可以将定性评价转化为定量评价，因此就可以对既含有定性指标又含有定量指标的评价对象进行客观的总体评价。

3.2.2.1　模型建立

层次分析法模型建立步骤如下。

（1）构造层次分析结构

应用层次分析法解决各个领域的问题时，首先要把问题条理化、层次化，构造出一个层次分析结构的模型。建立问题的层次分析结构模型是 AHP 法中最重要的一步，把复杂的问题分解成称之为元素的各个组成部分，并按元素的相互关系及其隶属关系形成不同的层次。层次数与问题的复杂程度和需要分析的详尽程度有关。每一层次中的元素一般不超过9个。

（2）构造判断矩阵

对于同一层次的 n 个元素来说，通过两两比较得到判断矩阵 $\boldsymbol{B}=(b_{ij})_{n\times n}$，构造形式见式（3-1），其中 b_{ij} 表示因素 i 和因素 j 相对于目标的重要性，以表 3-1 标度值为判断结果。

$$\boldsymbol{B}=\begin{bmatrix} b_{11} & b_{12} & \cdots & b_{1n} \\ b_{21} & b_{22} & \cdots & b_{2n} \\ \vdots & \vdots & b_{ii} & \vdots \\ b_{n1} & b_{n2} & \cdots & b_{m} \end{bmatrix} \tag{3-1}$$

显然矩阵 $\boldsymbol{B}$ 具有如下性质：① $b_{ij}>0$；② $b_{ij}=1(i=j)$；③ $b_{ji}=1/b_{ij}(i\neq j)$，其中 i，$j=1,2,\cdots,n$。

表 3-1　判断矩阵标度及含义

序号	重要性等级	b_{ij} 赋值
1	表示两个因素相比，具有相同重要性	1
2	表示两个因素相比，前者比后者稍重要	3
3	表示两个因素相比，前者比后者明显重要	5

表 3-1(续)

序号	重要性等级	b_{ij} 赋值
4	表示两个因素相比,前者比后者强烈重要	7
5	表示两个因素相比,前者比后者极端重要	9
6	表示上述相邻判断的中间值	2、4、6、8
7	若因素 i 与因素 j 的重要性之比为 b_{ij},那么因素 j 与因素 i 重要性之比为 $b_{ji}=1/b_{ij}$	倒数

两两比较关系是确定指标权重的根本因素。适宜性评价指标体系的两两判断矩阵,是根据各个因素之间的相对重要性构造。不同地区的自然、生产、社会等因素不同,各指标之间关系的相对重要性也不同,两两比较判断矩阵也不同。

(3)评价指标相对权重计算

各层次中指标的相对权重,常采用和积法进行计算,其计算公式如下。

先对判断矩阵每列元素作归一化处理:

$$b_{ij}^* = \frac{b_{ij}}{\sum_1^n b_{ij}} \tag{3-2}$$

将每列归一化后的判断矩阵按行求和:

$$W_i^* = \sum_1^n b_{ij} \tag{3-3}$$

对按行求和的向量 $W^* = (W_1^*, W_2^*, \cdots, W_n^*)^{\mathrm{T}}$ 作归一化处理:

$$W_i = \frac{W_i^*}{\sum_1^n W_j^*} \tag{3-4}$$

$W = (W_1, W_2, \cdots, W_n)^{\mathrm{T}}$ 即为所求特征向量(即所在层次的相对权重),$i, j = 1, 2, \cdots, n$。

(4)进行一致性检验

计算判断矩阵最大特征根:

$$\lambda_{\max} = \sum_1^n \frac{(BW)_i}{nW_i} \tag{3-5}$$

在层次分析法中引入判断矩阵最大特征根以外的其余特征根的负平均值,作为判断矩阵偏离一致性的指标,即:

$$CI = \frac{\lambda_{\max} - n}{n - 1} \tag{3-6}$$

计算一致性比例 CR:

$$CR = CI/RI \tag{3-7}$$

式中,RI 表示平均随机一致性指标,对于 $1 \sim 9$ 阶判断矩阵,RI 的值见表 3-2。

表 3-2　$1 \sim 9$ 阶平均随机一致性指标

分级	1	2	3	4	5	6	7	8	9
RI	0.00	0.00	0.58	0.90	1.12	1.24	1.32	1.41	1.45

(5)确定权重

当 CR<0.1 时,认为判断矩阵具有满意的一致性,否则就需要检查判断矩阵合理性,并

做出相应调整,直到 CR<0.1。

3.2.2.2 隶属函数

在涝渍灾害风险度评价模型建立过程中,指标主要分为定性指标和定量指标两种。其中,定性指标是指无法直接通过数据计算分析评价内容,需对评价对象进行客观描述和分析来反映评价结果的指标。所以对该类指标的评价,需制定相应的等级标准,并对不同等级内的指标赋予相应的评价值。指标分级和评价的依据,本次研究由决策者和水利专家直接给出。

定量指标是可以准确数量定义、精确衡量并能设定目标的考核指标,如人均 GDP、人口密度等。对于该类指标可以选取最利值和最不利值作为界限,然后通过正负相关函数对指标赋值,采用 10 分制,将定量指标无量纲化,其函数表达式如下:

$$A(x) = \begin{cases} 10, x > b \\ 10\dfrac{x-a}{b-a}, a \leqslant x \leqslant b \\ 0, x < a \end{cases} \tag{3-8}$$

$$A(x) = \begin{cases} 10, x < a \\ 10\dfrac{b-x}{b-a}, a \leqslant x \leqslant b \\ 0, x > b \end{cases} \tag{3-9}$$

3.2.2.3 评价结果

对于评价的结果,由于评价的要求不同,也会有不同的等级,可以分为中性评价、乐观评价、悲观评价 3 种。中性评价通过对评价值累计直方图的研究,用常规统计方法把总体分成大致面积相等的区域。乐观评价是提高位于评价分值边界的评价区域的等级,从而使评价依据降低,评价结果与中性评价比相对乐观。悲观评价与乐观评价相反,降低位于评价分值边界的评价区域的等级,提高评价依据,降低最后评价等级。本研究采用乐观评价。

3.2.3 影响因素分析

农田涝渍的形成是多种综合因素相互作用的结果,其主要受制于区域的地形地貌、气候和水文以及人为因素。大气降水和下垫面诸因素的长期作用是直接因素,地形地貌、土壤等自然因素决定了涝渍形成的环境和空间分布,而人类的不合理活动往往会加剧涝渍灾害的程度。

3.2.3.1 自然因素

(1)降水

降水是农业用水的根本来源,汛期降水和暴雨是农业涝渍灾害形成的主要原因。一般来说,年均降水量大且降水集中程度高,区域受涝灾的威胁就相对较大。

引发涝渍灾害的气象因子主要为降水条件。降水既有持续阴雨,又有短时大暴雨,降水引发的涝渍灾害大概可以分为以下 2 种类型:一种是日大降水型,即使前期累计雨量不大,持续时间也不长,但是只要当日有足够大的强降雨,涝渍灾害就可能发生;另一种是持续降水型,前期降雨持续时间长,已经使下垫面趋于饱和,涝渍灾害易发地带变得很脆弱,即使当日雨量不大,若再出现少量降水也会发生涝渍灾害。

(2)蒸发

蒸发也是影响农田排涝降渍能力的因素之一,与涝渍灾害风险呈负相关,一般来说,水面蒸发能力越低,越易加剧农田受涝受渍程度。干旱指数是反映气候干旱程度的指标,通常定义为年蒸发能力和年降水量的比值,即:

$$r = E_0/P \qquad (3-10)$$

式中　　r——干旱指数;

　　　　E_0——年蒸发能力,mm;

　　　　P——年降水量,mm。

若 $r<1$,表示该区域蒸发能力小于降水量,该地区为湿润气候;若 $r>1$,表示该区域蒸发能力超过降水量,该地区偏干燥。

（3）洪涝灾害

水资源的时空分布不均,旱涝灾害时有发生,洪水侵袭、暴雨积涝引发的涝渍灾害是区域农业生产和经济发展的主要障碍因素之一。因洪致涝,因涝成灾,由梅雨形成的流域性洪水,流域性强降雨、台风暴雨形成区域性洪涝,往往导致该地区农田受淹,造成较大损失,更是引发农田涝渍灾害的直接原因。

（4）浅层地下水

在雨季,农田先受涝,待地表水排除后,由于地下水回降过慢而受渍;地下水位高,导致土壤饱和,造成季节性或长期渍泡耕层,形成涝渍。浅层地下水位在作物降渍水位以上更易涝渍。

（5）地形地貌

低洼圩区汛期排涝时外河水位高,涝水无法排出,易发生涝渍灾害。部分平原地面平缓,排泄缓慢,区域农田积水,作物易受涝。

（6）土壤

表层土壤性质及土壤母质岩性组成是影响土壤水分入渗及再分配的重要因素之一。土壤透水性差,土壤质地黏重,土壤饱和,下渗强度小,积水难以下渗,雨期土壤水分超过农作物适宜水分上限等都会导致作物渍害。

3.2.3.2　人为因素

（1）区域排涝能力

区域河道排涝标准低、机排设施不完善、抽排动力不足、工程老化失修、河道淤积、排水不畅等,影响了河道正常的防洪排涝功能,使区域涝水无法自排,进一步加剧了涝渍灾害。

（2）农田排水工程能力

农田排水沟渠布置不当,"内三沟"实施标准不高,沟深沟距达不到排涝降渍标准,田内沟与田外沟形不成完整的网系,田面高低不平整,多余农田水不能及时排除,都易造成农田涝渍危害。

江苏省水利厅、省发改委、省财政厅、省农业农村厅、省自然资源厅、省生态环境厅、省住建厅七部门联合印发的《关于切实加强全省农村水利建设与管护工作的意见》中,明确到2025年,全省农田抗御水旱灾害能力、农业综合生产能力及农业水资源利用效率稳步提升,农田有效灌溉面积达到总耕地面积的95%,旱涝保收田面积达到总耕地面积的90%。本章采用旱涝保收田面积占总耕地面积的百分比表征农田排水工程能力。

（3）耕作方式

现状耕作方式也是诱发涝渍灾害的原因之一。农业耕作方式不合理,如大引大灌使农田地下水位抬高,犁底层滞水消退缓慢;长期耕作方式不当,造成土壤板结,土壤的合理结构被破坏,保水渗水能力降低,或在耕层以下形成通气透水性很差的犁底层,降水后易形成上层渍水,从而增加了涝渍灾害。

（4）社会经济

经济发达、生产总值较高的地区往往能够有效地调动各种资源来规避或抵御涝渍灾害,相对损失率一般较低,承灾能力较强。地方财政收入可以看作对涝渍灾害进行防治的一个指标,地方财政收入越大,代表该区域内对灾害防治的经济基础越强,当灾害发生时,防灾减灾能力越强。人均收入水平也是涝渍灾害脆弱性的间接影响因素。人均收入水平的高低直接关系到减灾抗灾投入的能力和潜力,进而影响涝渍灾害脆弱性。

（5）人口

随着城市人口急剧上升,城市规模不断扩大,原有防洪排涝设施不能满足要求。城市的发展,不断侵占周边原有湖泊、洼地、池塘,削弱了原有的行洪能力,加剧了洪涝灾害风险。而城市规模与人口的扩大导致防洪排涝压力增大,成为环境系统失衡的重要因素。

3.2.4　涝渍灾害风险度评价体系建立

3.2.4.1　评价指标选取

本章从涝渍灾害的影响因素出发,结合当地实际和资料获取可行性,根据涝渍灾害风险区划方法,考虑致灾因子危险性、孕灾环境敏感性、承灾体脆弱性和防灾减灾能力四个方面,综合确立风险评价指标,如表 3-3 所列。

表 3-3　徐州市涝渍灾害风险评价指标体系

目标层	准则层	指标层	指标表征
A 涝渍灾害风险评价体系	B_1 致灾因子	C_1 主汛期降水	主汛期多年平均降水量
		C_2 蒸发	干旱指数
		C_3 涝渍灾害	一定时段内涝渍灾害发生频率
	B_2 孕灾环境	C_4 土壤结构种类	土壤种类及分布
		C_5 地势地貌特征	地形地貌特征及地势
		C_6 浅层地下水埋深	浅层地下水位
	B_3 承灾体	C_7 人口密度	人口密度
	B_4 防灾减灾能力	C_8 区域排涝能力	骨干河道防洪排涝标准
		C_9 农田排水工程能力	旱涝保收田面积占比
		C_{10} 财政收入	人均地区生产总值

（1）致灾因子。主要考虑涝渍灾害产生的原动力和影响程度。选取主汛期降水、蒸发、涝渍灾害为致灾因子。

（2）孕灾环境。主要指涝渍灾害影响地区的地形地势、水系、土壤、地下水位等条件,它们在一定程度上能减弱或加强涝渍灾害。主要考虑土壤结构种类、地势地貌特征、浅层地下水埋深等因子。

（3）承灾体。主要指涝渍灾害作用对象。主要考虑人口密度作为影响因子。

（4）防灾减灾能力。指防御涝渍灾害的能力。主要考虑区域排涝能力、农田排水工程能力、财政收入为影响因子。

3.2.4.2 评价体系建立

通过在各层元素中进行两两比较，构造出比较判断矩阵。判断矩阵表示针对上一层次因素，本层次与之相关的因素之间相对重要性的比较。目标层（A）判断矩阵如表 3-4 所示。准则层判断矩阵如表 3-5 至表 3-8 所示。

表 3-4 目标层（A）判断矩阵表

A	B_1	B_2	B_3	B_4
B_1	1	1/2	7	1/3
B_2	2	1	8	1/2
B_3	1/7	1/8	1	1/9
B_4	3	2	9	1

表 3-5 准则层（B_1）判断矩阵表

B_1	C_1	C_2	C_3
C_1	1	1	1/2
C_2	1	1	1/3
C_3	2	3	1

表 3-6 准则层（B_2）判断矩阵表

B_2	C_4	C_5	C_6
C_4	1	1/3	2
C_5	3	1	4
C_6	1/2	1/4	1

表 3-7 准则层（B_3）判断矩阵表

B_3	C_7
C_7	1

表 3-8 准则层（B_4）判断矩阵表

B_4	C_8	C_9	C_{10}
C_8	1	2	6
C_9	1/2	1	5
C_{10}	1/6	1/5	1

通过式(3-2)～式(3-7)计算判断矩阵 $\boldsymbol{A}$、$\boldsymbol{B}_1$、$\boldsymbol{B}_2$、$\boldsymbol{B}_3$、$\boldsymbol{B}_4$ 的最大特征根和相应的特征向量,计算步骤如下:

$$\boldsymbol{A} = \begin{bmatrix} 1 & 1/2 & 7 & 1/3 \\ 2 & 1 & 8 & 1/2 \\ 1/7 & 1/8 & 1 & 1/9 \\ 3 & 2 & 9 & 1 \end{bmatrix} \xrightarrow{\text{列向量归一化}} \begin{bmatrix} 0.163 & 0.138 & 0.280 & 0.171 \\ 0.326 & 0.276 & 0.320 & 0.257 \\ 0.023 & 0.034 & 0.040 & 0.057 \\ 0.488 & 0.552 & 0.360 & 0.514 \end{bmatrix} \xrightarrow{\text{按行求和}}$$

$$\begin{bmatrix} 0.752 \\ 1.179 \\ 0.155 \\ 1.914 \end{bmatrix} \xrightarrow{\text{列向量归一化}} \begin{bmatrix} 0.188 \\ 0.295 \\ 0.039 \\ 0.479 \end{bmatrix} = \boldsymbol{w}^{(0)} \tag{3-11}$$

$$\boldsymbol{A}\boldsymbol{w}^{(0)} = \begin{bmatrix} 1 & 1/2 & 7 & 1/3 \\ 2 & 1 & 8 & 1/2 \\ 1/7 & 1/8 & 1 & 1/9 \\ 3 & 2 & 9 & 1 \end{bmatrix} \begin{bmatrix} 0.188 \\ 0.295 \\ 0.039 \\ 0.479 \end{bmatrix} = \begin{bmatrix} 0.766 \\ 1.220 \\ 0.156 \\ 1.980 \end{bmatrix} \tag{3-12}$$

$$\lambda_{\max}^{(0)} = \frac{1}{4} \times \left(\frac{0.766}{0.188} + \frac{1.220}{0.295} + \frac{0.156}{0.039} + \frac{1.980}{0.479} \right) = 4.09 \tag{3-13}$$

同理可以计算出判断矩阵 $\boldsymbol{B}_1 = \begin{bmatrix} 1 & 1 & 1/2 \\ 1 & 1 & 1/3 \\ 2 & 3 & 1 \end{bmatrix}$,$\boldsymbol{B}_2 = \begin{bmatrix} 1 & 1/3 & 2 \\ 3 & 1 & 4 \\ 1/2 & 1/4 & 2 \end{bmatrix}$,$\boldsymbol{B}_4 = \begin{bmatrix} 1 & 2 & 6 \\ 1/2 & 1 & 5 \\ 1/6 & 1/5 & 1 \end{bmatrix}$。

最大特征根和对应的特征向量依次为:

$$\lambda_{\max}^{(1)} = 3.02, \boldsymbol{w}^{(1)} = \begin{bmatrix} 0.045 \\ 0.040 \\ 0.103 \end{bmatrix} \tag{3-14}$$

$$\lambda_{\max}^{(2)} = 3.02, \boldsymbol{w}^{(2)} = \begin{bmatrix} 0.071 \\ 0.184 \\ 0.040 \end{bmatrix} \tag{3-15}$$

$$\boldsymbol{w}^{(3)} = 0.039 \tag{3-16}$$

$$\lambda_{\max}^{(4)} = 3.03, \boldsymbol{w}^{(4)} = \begin{bmatrix} 0.275 \\ 0.164 \\ 0.039 \end{bmatrix} \tag{3-17}$$

对于判断矩阵 $\boldsymbol{A}$:$\lambda_{\max} = 4.09$,$\mathrm{RI} = 0.9$,$n = 4$

$$\mathrm{CI} = \frac{\lambda_{\max} - n}{n-1} = \frac{4.09 - 4}{4 - 1} = 0.03, \mathrm{CR} = \frac{\mathrm{CI}}{\mathrm{RI}} = 0.033 < 0.1 \tag{3-18}$$

对于判断矩阵 $\boldsymbol{B}_1$:$\lambda_{\max} = 3.02$,$\mathrm{RI} = 0.58$,$n = 3$

$$\mathrm{CI} = \frac{\lambda_{\max} - n}{n-1} = \frac{3.02 - 3}{3 - 1} = 0.01, \mathrm{CR} = \frac{\mathrm{CI}}{\mathrm{RI}} = 0.017 < 0.1 \tag{3-19}$$

对于判断矩阵 $\boldsymbol{B}_2$:$\lambda_{\max} = 3.02$,$\mathrm{RI} = 0.58$,$n = 3$

$$CI = \frac{\lambda_{max} - n}{n - 1} = \frac{3.02 - 3}{3 - 1} = 0.01, CR = \frac{CI}{RI} = 0.017 < 0.1 \quad (3-20)$$

对于判断矩阵 $\boldsymbol{B_4}$: $\lambda_{max} = 3.03, RI = 0.58, n = 3$

$$CI = \frac{\lambda_{max} - n}{n - 1} = \frac{3.03 - 3}{3 - 1} = 0.015, CR = \frac{CI}{RI} = 0.026 < 0.1 \quad (3-21)$$

因此判断矩阵均满足一致性要求,此时可用判断矩阵的特征向量代替权向量,得到指标权重分布如表 3-9 所示。

表 3-9　徐州市涝渍灾害风险评价指标权重分布

目标层	准则层	准则层权重	指标层	指标层权重	指标表征
A 涝渍灾害风险评价体系	B₁ 致灾因子	0.188	C₁ 主汛期降水	0.045	主汛期多年平均降水量
			C₂ 蒸发	0.040	干旱指数
			C₃ 涝渍灾害	0.103	一定时段内涝渍灾害发生频率
	B₂ 孕灾环境	0.295	C₄ 土壤结构种类	0.071	土壤种类及分布
			C₅ 地势地貌特征	0.184	地形地貌特征及地势
			C₆ 浅层地下水埋深	0.040	浅层地下水位
	B₃ 承灾体	0.039	C₇ 人口密度	0.039	人口密度
	B₄ 防灾减灾能力	0.479	C₈ 区域排涝能力	0.275	骨干河道防洪排涝标准
			C₉ 农田排水工程能力	0.164	旱涝保收田面积占比
			C₁₀ 财政收入	0.039	人均地区生产总值

3.2.4.3 指标评价标准

对各影响因子进行无量纲化处理,采用 10 分制,涝渍风险越高,分值越高,最高取 10 分。各指标评分标准如下。

C_1 主汛期降水:以各镇(街道)多年平均主汛期降水量计分,主汛期降水量越大,风险越大,采用隶属函数式(3-8),其中 $a = 450$ mm,$b = 650$ mm。

C_2 蒸发:以各镇(街道)干旱指数 r 计分。r 值越大,即蒸发能力超过降水量越多,越干旱,风险越小。徐州各县(市、区)干旱指数在 $1 \sim 1.2$,气候较湿润,采用以下标准计分。

$r > 1$ 时:

$$A(x) = \begin{cases} 5, 1 < x \leqslant 1.05 \\ 4, 1.05 < x \leqslant 1.1 \\ 3, 1.1 < x \leqslant 1.15 \\ 2, 1.15 < x \leqslant 1.2 \\ 1, x > 1.2 \end{cases} \quad (3-22)$$

$r < 1$ 时,取 $6 \sim 10$ 分。

C_3 涝渍灾害:以各镇(街道)近 50 年内涝渍灾害发生的频率计分,频率越高,风险越大。采用隶属函数式(3-8),其中 $a = 0$,$b = 100\%$。

C_4 土壤结构种类:以各镇(街道)土壤类型计分。砂礓黑土类、棕壤类、潮土类等易发生涝渍,风险度较高;褐土类、粗骨土类、新积土类等不易涝渍,风险度较低。通过专家对该项指标进行综合评判,采用 10 分制打分,得出该项指标评价值。

C_5 地势地貌特征:以各镇(街道)地面高程及地貌特征计分。地势越低洼,风险度越高。沂沭冲积平原地区较易发生涝灾,风险度较高;低山丘陵及孤山残丘不易发生涝渍,风险度较低。通过专家对该项指标进行综合评判,采用 10 分制打分,得出该项指标评价值。

C_6 浅层地下水埋深:以各镇(街道)浅层地下水位计分。地下水位越深,风险度越低。采用隶属函数式(3-9),其中 $a=0$ m,$b=10$ m。

C_7 人口密度:以各镇(街道)人口密度(人/公顷)计分。人口密度越大,风险度越大。采用隶属函数式(3-8),其中 $a=0$ 人/公顷,$b=10$ 人/公顷。

C_8 区域排涝能力:以 5 年一遇及以上骨干河道排涝标准计分。排涝标准越低,风险度越高。采用隶属函数式(3-9),其中 $a=0$,$b=100\%$。

C_9 农田排水工程能力:以各镇(街道)旱涝保收田面积占总耕地面积的百分比计分。占比越大,风险度越低。结合当地实际,采用隶属函数式(3-9),其中 $a=75\%$,$b=95\%$。

C_{10} 财政收入:以各镇(街道)人均地区生产总值(万元)计分。人均地区生产总值越大,抵御风险能力越高,风险度越低。采用隶属函数式(3-9),其中 $a=0$ 万元,$b=10$ 万元。

3.2.4.4 评价等级划分

本研究采用乐观评价,将被评价对象分成三个等级。高风险是评价分值大于 5 的评价单元;中风险是评价分值小于等于 5 且大于 4 的评价单元;低风险是评价分值小于等于 4 的评价单元。

3.2.5 实证分析

3.2.5.1 应用实例

以睢宁县为例,采用上述层次分析法模型,结合专家评分,对各评价指标赋权,建立涝渍灾害风险度评价模型,以镇为单位对睢宁县进行涝渍灾害风险区划。

3.2.5.1.1 资料来源

(1)基础图件有徐州市水系图(2018 版)、睢宁县镇村布局规划(2021 版)。

(2)降水数据为 1986 年 1 月至 2020 年 12 月睢宁县(镇)月降水量数据。

(3)1981—2000 年历史水灾、地势特征、土壤分布数据来源于《徐州市水利志》(2004 版)、《睢宁县水利志(1998—2020)》、《江苏省睢宁县土壤志》(1985)。

(4)浅层地下水埋深数据来源于《徐州市水资源公报》(2020 年)。

(5)睢宁县各镇 2019 年主要社会经济指标数据(行政面积、常住人口、国内生产总值)来源于《睢宁统计年鉴·2020 年》。

3.2.5.1.2 涝渍灾害风险度单项指标分析

(1)致灾因子

① 主汛期降水。睢宁县降水量在年内的分配极不均匀,主要集中在汛期(6—9 月)。全县多年平均汛期降水量为 590.1 mm,约占全年降水量的 70%,最大月降水量多在 7 月。对睢宁县已有的 7 个雨量站(双沟、沙集、李集、古邳、睢宁、魏集、凌城)35 年(1986—2020 年)的主汛期雨量数据分析,采用 FIDW 空间插值法得出睢宁县各镇的主汛期多年平均降水量,如图 3-5 所示。由图可知,睢宁县各镇 1986—2020 年汛期降雨量较丰,呈现从北向南递增的趋势。

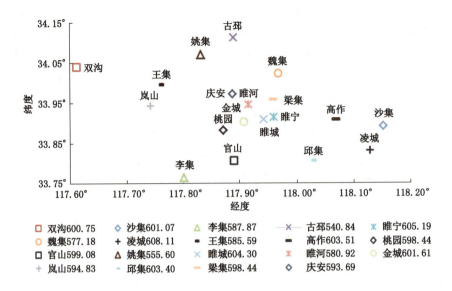

图 3-5 睢宁县各镇主汛期(6—9 月)多年平均降水量图(单位:mm)

② 历史水灾频率。睢宁县受季风气候影响,降水与温度年季变化差异明显,常有涝、渍、旱、冻、雪、雹等自然灾害发生,从 1950 年至 2000 年的 51 年间,部分乡镇涝灾频率更是达到 3 年一遇。睢宁县古邳、魏集两镇东北部地势低洼,属黄墩湖滞洪区范围,根据 1991—2007 年受灾统计资料可知,1991 年淮河大水以来,黄墩湖低洼地区几乎年年受灾,大水大灾、小水小灾,其中洪涝灾情较重的年份有 1991 年、1998 年、2000 年、2003 年、2007 年,受灾面积基本在 15 万亩以上。

(2) 孕灾环境

① 地势地貌特征。睢宁县总的地势是西北高东南低,从西北向东南徐缓倾斜,境内除西北部、西部、西南部有零星分布的低山残丘外,其余均为黄泛冲积平原。南部平原地区平均高程为 22.0 m,废黄河滩地高程在 30.0 m 以上,黄墩湖地区地面高程在 19.0~23.0 m。

② 土壤分布。境内绝大部分土壤是黄泛冲积物沉积而成,除零星分布的褐土和砂礓黑土外,境内 98.61% 的土壤分布为潮土,垂直结构中含有黏土隔层的土壤面积高达 50% 以上,降雨自然下渗能力一般较小,暴雨易导致农田积水受涝。

③ 浅层地下水埋深。睢宁县一般土层深厚,浅层地下水为潜水,直接接受大气降水等补给,水位曲线与降水量曲线几乎同步升降,多年水位曲线均无明显的趋势性升降。睢宁县地下水平均埋深为 3~4 m。

(3) 承灾体及其防灾减灾能力

① 区域排涝能力。睢宁县已初步形成防洪除涝减灾工程体系,骨干河道防洪标准达到 10~20 年一遇,排涝标准达到 3~5 年一遇。14 条骨干河道中,徐沙河、老濉河现状排涝能力达到 5 年一遇;南部的潼河、白马河、白塘河现状排涝能力较低;其余河道排涝能力约为 5 年一遇的 70% 左右。具体情况见表 3-10。

表 3-10　睢宁县骨干河道现状排涝能力统计表

序号	河道名称	现状排涝能力	序号	河道名称	现状排涝能力
1	潼河	5 年一遇的 35%～45%	8	魏工分洪道	5 年一遇的 71%
2	徐沙河	5 年一遇	9	西渭河	5 年一遇的 72%～78%
3	老濉河	5 年一遇	10	新龙河	5 年一遇的 54%～100%
4	老龙河	5 年一遇的 70%～5 年一遇	11	中渭河	5 年一遇的 55%～71%
5	白马河	5 年一遇的 46%～58%	12	田河	5 年一遇的 56%～68%
6	白塘河	5 年一遇的 45%～72%	13	小濉河	5 年一遇的 56%～80%
7	睢北河	5 年一遇的 72%～78%	14	小沿河	5 年一遇的 79%

② 农田排水工程能力。截至 2018 年年底,睢宁县耕地面积为 157.98 万亩,旱涝保收田面积为 124.8 万亩,占总耕地面积的 79%,基本实现了"田成方、渠相通、路相连、旱能浇、涝能排"农田水利工程体系。具体情况见表 3-11。

表 3-11　睢宁县各镇旱涝保收农田统计

镇(街道)	旱涝保收田面积/万亩	镇(街道)	旱涝保收田面积/万亩	镇(街道)	旱涝保收田面积/万亩
睢城	5.05	李集	5.42	凌城	7.80
金城	2.25	桃园	6.57	邱集	11.80
睢河	2.00	官山	10.90	古邳	7.60
王集	8.30	庆安	8.46	姚集	8.85
双沟	6.25	高作	3.35	魏集	10.20
岚山	8.90	沙集	4.70	梁集	6.40

③ 财政收入。研究表明,当一个地区的人口和财产越集中时,易损性越高,可能遭受的潜在损失越大,灾害风险越大,而人力、物力、财力的投入越大,防灾减灾能力越强。睢宁县各镇社会经济指标具体情况见图 3-6。

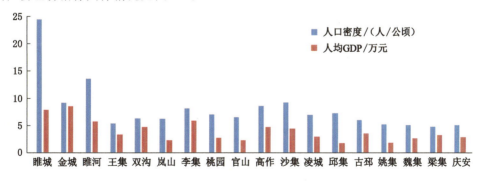

图 3-6　睢宁县各镇社会经济指标图

首先对选取的 10 个涝渍灾害单项风险度指标进行归一化处理,然后求算睢宁县各镇在多要素共同作用下的涝渍灾害风险度,采用乐观评价,将睢宁县划分为高风险区、中风险区、低风险区。具体结果详见表 3-12 和图 3-7。

表 3-12　睢宁县涝渍灾害风险度综合评分表

镇（街道）	综合得分/分	镇（街道）	综合得分/分
睢城街道	4.82	高作	4.85
金城街道	4.53	沙集	5.37
睢河街道	4.32	凌城	5.24
王集	4.46	邱集	5.02
双沟	4.81	古邳	6.30
岚山	4.99	姚集	5.14
李集	5.36	魏集	4.84
桃园	4.87	梁集	4.42
官山	5.18	庆安	4.84

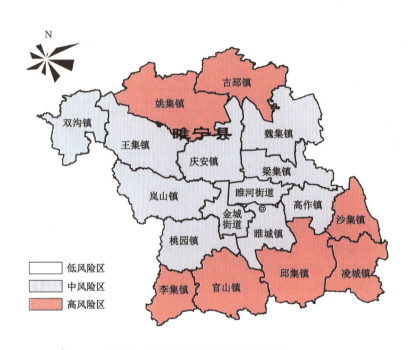

图 3-7　睢宁县涝渍灾害风险度分区

　　总体上来看，睢宁县整体渍涝风险较大，南部与黄墩湖滞洪区附近为高风险区，其他地区为中风险区。睢宁县东北部位于黄墩湖滞洪区，属于省重点治理的洼地区域，是由故黄河决口冲积而成的微倾斜低平原，地势较低，一般在 21 m 左右，骨干河道防洪除涝标准不足 3 年一遇，区域排水出路受骆马湖排洪影响，几乎年年受淹。睢宁县多年平均降水量及汛期降水量为徐州市最大，多年平均汛期降水量高达 590.1 mm，且地势低洼，北部故黄河滩地河床高出地面高程 5～6 m，南部骨干河道防洪排涝标准低，历史水灾频发等多因素触发，易导致区域涝渍灾害。

3.2.5.2 徐州市易涝渍区区划结果及分析

上节以睢宁县为例,应用基于 AHP 法的涝渍灾害风险度评价模型,将睢宁县划分为高风险区、中风险区、低风险区 3 个等级,睢宁县整体风险较高,其分布与实际灾情基本吻合。现应用此模型对徐州市其他县(市、区)进行涝渍灾害风险度评价。

3.2.5.2.1 徐州市涝渍灾害风险度单项指标分析

(1) 致灾因子

① 降水和蒸发。根据《徐州市水资源公报》(2020 年),徐州市多年平均降水量为825.2 mm,年内分配很不均匀,春冬少,夏秋多。年内降水量主要集中在汛期(6—9 月),主汛期多年平均降水量东北部最低,西北部次之,东南部最高。多年平均降水量和主汛期(6—9 月)多年平均降水量见表 3-13。徐州市各县(市、区)干旱指数在 1~1.2,见表 3-13。

表 3-13 徐州市多年平均降水量统计表

县(市、区)	主汛期多年平均降水量/mm	多年平均降水量/mm	干旱指数
丰 县	514.8	736.51	1.19
沛 县	534.0	754.63	1.16
睢宁县	590.1	908.89	1.04
新沂市	481.2	856.14	1.01
邳州市	494.5	853.93	1.03
铜山区	572.6	840.74	1.04
贾汪区	470.5	853.62	1.03

② 历史水灾频率。据徐州市 50 年(1960—2009 年)气象资料分析,年尺度上徐州市各县(市、区)平均有旱年 14 年,占 28%;涝年 13 年,占 26%,约 4 年一遇,其中轻涝 7 年、中涝2 年、重涝 1 年、特涝 3 年,重、特涝年约 12 年一遇,进入 21 世纪涝年有明显增多的趋势,近10 年中就有 4 个涝年。50 年内共有雨涝 56 次,其中秋涝次数最多为 16 次,约 3 年一遇,2003 年以来夏涝明显增多。历史水灾频率整体上呈现由东向西递减趋势。

(2) 孕灾环境

① 地势地貌特征。徐州市地貌根据成因和区域特征自西向东大致可分为丰、沛黄泛冲积平原,铜、邳、睢低山剥蚀平原,沂、沭河冲洪积平原 3 个地貌区。地形由平原和山丘岗地两部分组成,以平原为主,约占全市总面积的 90.6%,属黄淮平原部分,地势低平,海拔高度在 20~50 m,大致由西北向东南降低,系黄河、淮河的支流长期合力冲积所成。沂沭冲积平原位于徐州境内东部,包括邳州市东部、中部和新沂市西部,东北面有沂河等流入,北面有邳苍诸河和中运河汇入,西面有不牢河、房亭河来水,汛期三面洪水在此聚集,低洼处经常被淹。丘陵相间平原位于徐州境内东部,包括徐州城区、铜山区大部、邳州市西部和睢宁县西北部。丘陵中上部侵蚀作用较强烈,下部山麓带以及剥蚀平原覆盖的土层较薄,地面平缓,排泄缓慢,区域农田积水,易发生涝渍灾害。黄泛冲积平原由过去黄河泛滥泥沙沉积而成,分布较广,约占全市总面积的 56.3%。丘陵岗地约占全市总面积的 9.4%,为鲁中南低山丘陵向南延续部分,海拔高度大多在 100~300 m,多属顶平坡缓

的侵蚀残丘。低山丘陵主要分布在徐州城区、铜山大部、新沂中部和东部、邳州和睢宁部分,孤山残丘分布在徐州西北部。

② 浅层地下水埋深。据《徐州市水资源公报》(2020年),2020年全市浅层地下水监测井水位均为潜水水位,水位动态主要受气象条件控制,与降水量过程类似,无明显年际变化特征。全市浅层地下水埋深大多在1~6 m,整体表现为由东向西递增,年初平均埋深为3.98 m,年末平均埋深为3.28 m;汛前平均埋深为4.11 m,汛后平均埋深为3.19 m。全市浅层地下水埋深如图3-8和图3-9所示。

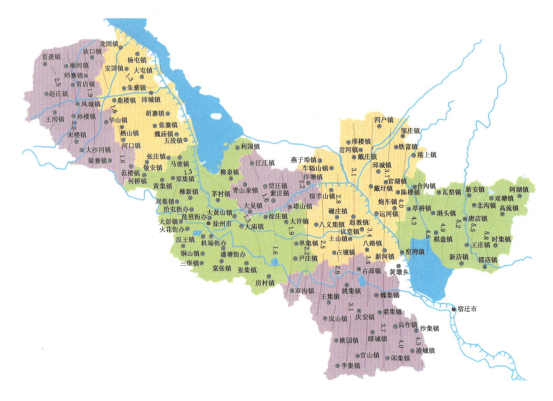

图3-8 汛初浅层地下水埋深等值线图

③ 土壤。根据成土条件、过程、土体结构和性质的差异,徐州市土壤主要有潮土类、褐土类、砂礓黑土类、棕壤土、水稻土类、紫色土类、粗骨土、新积土等。其中潮土类为本区冲积平原的主要土类,面积约为64.99万公顷,占全市土壤总面积的79.5%。潮土类部分低洼区域沙质土壤存在黏心或黏底构造,能托水托肥,但也影响上下通透,并易造成包浆和表层积盐;易旱易涝,旱时作物易枯死,涝时易包浆,作物受渍枯瘦发黄。棕壤土、褐土为暖温带湿润、半湿润气候和落叶植被环境下的地带性土壤,面积分别为3.39万公顷和7.75万公顷。棕壤土中的白浆层、"铁炉底"、紫泥层,褐土中的黏盘、铁砂层,砂礓黑土中的砂礓层等障碍层,都妨碍水分渗透、耕作深入和植物根系下扎。徐州市土壤类型如图3-10所示。

(3) 承灾体及其防灾减灾能力

① 农田排涝能力。截至2020年年底,徐州市旱涝保收田面积达到750.3万亩,占总耕地面积的83.42%。各县(市、区)统计情况见表3-14。

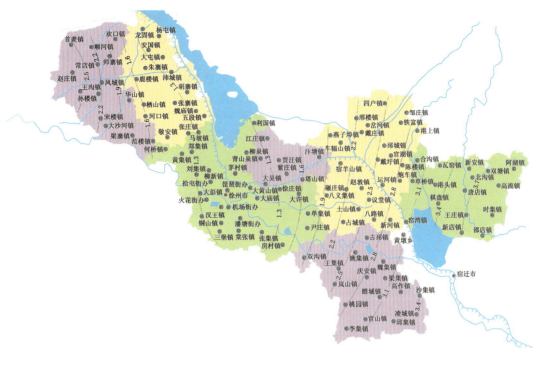

图 3-9　汛末浅层地下水埋深等值线图

图 3-10　徐州市土壤类型图

表 3-14　徐州市各县(市、区)旱涝保收农田统计

县(市、区)	旱涝保收田面积/万亩	总耕地面积/万亩	旱涝保收田占比/%
丰　县	98.8	120.45	82.03
沛　县	101.0	124.28	81.27
睢宁县	124.8	157.98	79.00
新沂市	98.5	120.53	81.72
邳州市	139.0	167.93	82.77
铜山区	145.3	160.60	90.47
贾汪区	42.9	47.68	89.97

② 区域排涝能力。近年来,随着中小河流治理工程的不断推进,区域内 27% 的骨干排涝河道基本达到了 5 年一遇排涝标准,挖工庄河、老鹿湾河、不牢河、房亭河、官湖河、纲河、新戴运河等达到 10 年一遇标准,柳新河和房改河等达到 20 年一遇标准。但是,部分区域现状排水骨干河道治理标准较低,未经高标准系统治理的区域骨干河道防洪除涝能力依然不足,部分河道淤积严重,排水不畅,不能及时排泄区域涝水,外洪内涝问题没有根本解决。本次统计骨干河道现状排涝能力见表 3-15(睢宁县骨干河道情况已在前文单独记述,此处不再重复)。由表 3-15 可见,本次统计河道中,约 73% 的骨干河道现状排涝能力已不足设计标准的 100%,其中 19% 的河段现状排涝能力已不足设计标准的 50%。

表 3-15 徐州市骨干河道现状排涝能力统计表

序号	河道名称	河段	长度/km	所在县(市、区)	排涝标准/年	现状排涝能力/%
1	苏鲁界河西支河	省界—四联河	5.3	丰县	5	78
		四联河—复新河	17.5	丰县	5	49
2	苏鲁界河东支河	丰沛界—义河	2.9	丰县	5	100
3	西支河下段	四联河—复新河	11.2	丰县	5	100
4	西营子河下段	袁堂闸站—复新河	9.0	丰县	5	67
5	四联河	太行堤河—苏鲁界河丰县段	16.7	丰县	5	100
6	义河	尹庄北—复新河	6.3	丰县	5	57
7	东营子河	史南河—复新河	12.6	丰县	5	100
8	西支河	苏鲁界—复新河	28.2	丰县	5	75
9	排涝干沟	肖埝东中沟(肖埝—苏鲁界河东支)	1.4	丰县	5	32
		孙集中沟(杜李庄—苏鲁界河东支)	2.1	丰县	5	32
		双楼中沟(张庙—复新河)	1.6	丰县	5	31
		大吴庄中沟(王庄—义河)	2.5	丰县	5	34
		魏庄中沟(子午河—义河)	2.7	丰县	5	52
		李庄中沟(杜李庄—义河)	1.9	丰县	5	42
		白庄中沟(苏鲁界河西支—西支河下段)	4.0	丰县	5	31
10	姚楼河	苏鲁界河东支沛县段—姚楼河闸	7.0	沛县	5	47
11	苏鲁界河东支沛县段	丰沛界—姚楼河	4.4	沛县	6	100
12	挖工庄河	徐沛铁路—沛龙路	1.5	沛县	10	55
13	老鹿湾河	白河—顺堤河	5.5	沛县	10	71
14	苏北堤河	沿河—鹿口河	11.9	沛县	5	81
		铜沛界—鹿口河	13.3	沛县	5	37
		铜沛界—郑集河	10.2	铜山	5	75
15	不牢河	蔺家坝闸—茅村赵庄	11.3	铜山	10	100
16	柳新河	张小楼—不牢河	13.2	铜山	20	80
17	房亭河	姥庙—铜邳界	25.0	铜山	10	63

表 3-15（续）

序号	河道名称	河段	长度/km	所在县（市、区）	排涝标准/年	现状排涝能力/%
18	白马河分洪道	庙山闸—房亭河	19.5	铜山	5	100
19	一手禅河	姚庄—二八河	14.9	铜山	5	77
20	帮房亭河	崔和庄水库—铜邳界	17.0	铜山	5	75
21	老不牢河	班山涵洞—不牢河	13.0	铜山	5	70
22	苏北堤河	铜沛界—郑集河	10.2	铜山	5	75
23	小新河	中运河—苏鲁界	6.4	邳州	5	76
24	官湖河	坊上—中运河	14.7	邳州	10	78
25	剑秋河	邳州沙沟—中运河	15.3	邳州	5	71
26	纲河	城河—老沂河	16.0	邳州	10	100
		铜邳界—房亭河口桥	35.0	邳州	10	63
27	白马河故道	新桥—房亭河	12.4	邳州	5	72
28	古运河	邳贾界—二八河	2.1	邳州	5	62
		邳贾界—房亭河	21.6	邳州	5	61
29	一手禅河	二八河—房亭河	9.0	邳州	5	68
30	二八河	铜邳界—房亭河	13.7	邳州	5	81
31	帮房亭河	铜邳界—房亭河	8.0	邳州	5	75
32	邳洪河	房亭河地涵—民便河	14.8	邳州	5	100
33	房北新河	陇海铁路—刘集地涵	15.0	邳州	5	0
34	北彭河	滩土河—淤泥干河	8.3	邳州	5	100
		淤泥干河—房亭河地涵	7.0	邳州	5	70
35	老不牢河	茶棚—滩上	24.6	邳州	5	70
36	白马河	省界—杨庄	13.0	新沂	5	100
37	浪青河	苏鲁界—沂河	15.3	新沂	5	100
38	湖东自排河	瓦窑双庙村—新沂河	42.0	新沂	5	46
39	新墨河	苏鲁界—沭河	22.8	新沂	5	100
40	藏圩小河	苏鲁界—藏新河	2.0	新沂	5	100
		藏新河—陇海铁路	3.8	新沂	5	100
		陇海铁路—新墨河	5.0	新沂	5	20
41	新戴运河	沭河—新墨河	7.7	新沂	10	42
		新墨河—沂河	14.6	新沂	5	100
42	柳沟回垄沟	大墩干渠—骆马湖	2.8	新沂	5	70
43	加友回垄沟	大墩干渠—骆马湖	2.3	新沂	5	70
44	大刀湾回垄沟	大墩干渠—骆马湖	2.8	新沂	5	70
45	郑沟回垄沟	胡庄村—骆马湖	3.6	新沂	5	70
46	黑马河回垄沟	小胡村—骆马湖	4.2	新沂	5	70

表 3-15(续)

序号	河道名称	河段	长度/km	所在县(市、区)	排涝标准/年	现状排涝能力/%
47	不牢河	瓦庄村—张埝村	57.5	贾汪	10	100
48	西老不牢河	瓦庄涵洞—朱湾闸	23.5	贾汪	5	100
		朱湾闸—不牢河	2.0	贾汪	5	62
49	屯头河	子房河—潘安站	5.5	贾汪	5	100
		潘安站—西不牢河	4.3	贾汪	5	60
50	房改河	房亭河—不牢河	6.2	贾汪	20	67
51	引龙河	江庄周埠—苏鲁界	11.6	贾汪	5	73
52	古运河	耿集—二八河	4.4	贾汪	5	65
53	二八河	不牢河—铜邳界	4.1	贾汪	5	75

③ 承灾体及其防灾减灾能力:据《徐州市统计年鉴2020》,徐州市2019年人均地区生产总值为8.11万元,常住人口有882.56万人,人口密度为750人/km²。各县(市、区)社会经济指标具体情况如图3-11所示。

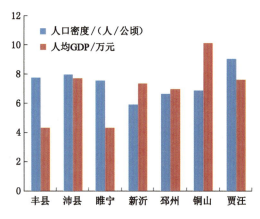

图 3-11 徐州市各县(市、区)社会经济指标图

3.2.5.2.2 结果与分析

应用基于AHP法的涝渍灾害风险度评价模型,分别求算徐州市丰县、沛县、铜山区、邳州市、新沂市、贾汪区各镇(街道)在多要素共同作用下的涝渍灾害风险度,并根据结果划分高风险区、中风险区、低风险区。各县(市、区)涝渍灾害风险度综合评分结果见表3-16～表3-21和图3-12。

表 3-16 丰县涝渍灾害风险度综合评分表

镇(街道)	综合得分/分	镇(街道)	综合得分/分
中阳里街道	3.73	华山镇	3.77
凤城街道	3.94	梁寨镇	3.60
孙楼街道	3.78	范楼镇	3.69

表 3-16（续）

镇（街道）	综合得分/分	镇（街道）	综合得分/分
首羡镇	4.26	宋楼镇	3.57
顺河镇	5.17	大沙河镇	3.63
常店镇	4.25	王沟镇	3.51
欢口镇	5.23	赵庄镇	3.73
师寨镇	5.07		

表 3-17　沛县涝渍灾害风险度综合评分表

镇（街道）	综合得分/分	镇（街道）	综合得分/分
沛城街道	4.86	张庄镇	3.86
大屯街道	4.56	张寨镇	4.49
汉源街道	4.95	敬安镇	3.88
汉兴街道	4.98	河口镇	3.74
龙固镇	4.79	栖山镇	3.66
杨屯镇	4.98	鹿楼镇	3.71
胡寨镇	5.04	朱寨镇	3.93
魏庙镇	6.10	安国镇	5.24
五段镇	5.95		

表 3-18　铜山区涝渍灾害风险度综合评分表

镇（街道）	综合得分/分	镇（街道）	综合得分/分
新区街道	2.87	房村镇	4.79
三堡镇街道	3.89	伊庄镇	3.96
何桥镇	3.43	单集镇	4.02
黄集镇	3.80	利国镇	3.33
马坡镇	4.49	大许镇	4.51
郑集镇	4.05	茅村镇	3.93
柳新镇	4.17	柳泉镇	2.75
刘集镇	3.60	铜山街道	3.17
大彭镇	3.42	利国街道	3.54
汉王镇	2.94	拾屯街道	4.06
棠张镇	4.79	沿湖街道	3.90
张集镇	4.69		

表 3-19　邳州市涝渍灾害风险度综合评分表

镇(街道)	综合得分/分	镇(街道)	综合得分/分
东湖街道	5.82	占城镇	4.73
运河街道	5.90	新河镇	4.74
戴圩街道	5.61	八路镇	4.70
炮车街道	5.67	铁富镇	4.70
邳城镇	4.61	岔河镇	4.17
官湖镇	5.12	陈楼镇	4.94
四户镇	4.43	邢楼镇	4.45
宿羊山镇	5.43	戴庄镇	4.29
八义集镇	5.15	车辐山镇	4.89
土山镇	5.41	燕子埠镇	3.49
碾庄镇	5.78	赵墩镇	6.08
港上镇	4.82	议堂镇	6.32
邹庄镇	4.64		

表 3-20　新沂市涝渍灾害风险度综合评分表

镇(街道)	综合得分/分	镇(街道)	综合得分/分
新安街道	4.90	棋盘镇	4.56
北沟街道	3.99	马陵山镇	3.51
墨河街道	4.35	新店镇	5.10
唐店街道	3.69	邵店镇	5.06
瓦窑镇	5.22	时集镇	4.65
港头镇	4.46	高流镇	3.91
合沟镇	4.22	阿湖镇	3.75
草桥镇	4.31	双塘镇	3.80
窑湾镇	4.52		

表 3-21　贾汪区涝渍灾害风险度综合评分表

镇(街道)	综合得分/分	镇(街道)	综合得分/分
大泉街道	3.10	塔山镇	4.36
大吴街道	4.65	汴塘镇	3.57
潘安湖街道	4.02	江庄镇	3.60
青山泉镇	3.43	老矿街道	4.85
紫庄镇	4.46	茱萸山街道	3.45

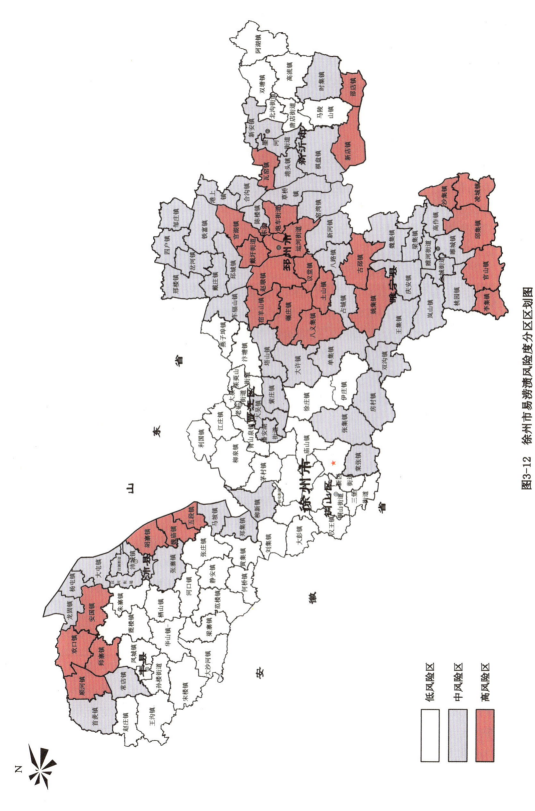

图3-12 徐州市易涝渍风险度分区区划图

低风险区

中风险区

高风险区

(1) 丰县:北部风险较高,南部风险较低。丰县北部属南四湖湖西地区复新河流域洼地,涝渍灾害成因主要为以下几点:一是由于复新河为流域性河道,承接苏、鲁、皖三省1 812 km的涝水,汛期排涝时因外河水位抬高内部排涝没有出路。二是圩区地势南高北低,圩区内地势周围高、中间低洼,受到昭阳湖水顶托,涝水下泄上级湖不畅,汛期集中降雨形成的涝水不能自排。三是排涝能力不足,复新河除涝和防洪标准均低于20年一遇标准,沿线建筑物排涝能力不足,自排涵闸及排涝站老化失修;四联河目前已按5年一遇除涝、20年一遇防洪标准进行治理,圩堤已封闭能满足圩区防洪的要求,但河道上3座挡洪闸工程损坏严重,周边区域易发生溃涝灾害。

(2) 沛县:东部沿湖地区风险较高,西部风险较低。沛县东部属南四湖湖西地区顺堤河洼地,地面高程低于35 m,南四湖洪水位高于洼地,致涝严重。尤其上级湖圩区10万余亩农田长期处在上级湖正常蓄水位以下,形成浪下田。洼地排涝标准低,区内机排能力不足,外河水位高时涝水无法自排。部分河道因两省插花地长期没有疏浚,河道排水不畅。特殊的地理位置以及南四湖洪水顶托等外部影响,加之自身排涝能力不足,使其常受涝渍灾害威胁。

(3) 铜山区:整体风险相对较低,西北部和东南部部分地区为中风险。东南部涝渍成因主要为:一是地形因素,该区域地处废黄河洼地,总体地势高于两侧地面,两侧涝水无法流进废黄河区内,滩地涝水也无法自排;二是排涝能力不足,东南部位于徐州市主城区下游,承担主城区排水任务,现状主城区排涝模数大,中泓排涝标准低,淤积严重,排水不畅;三是由于处于两省交界处,外排出路不足。西北部位于南四湖附近顺堤河洼地,涝渍风险较高。东北、西南和东南部分地区为丘陵地区,山丘海拔高程在50~200 m,是沂蒙山区南缘的剥蚀残丘,涝渍风险相对较低。

(4) 邳州市:整体涝渍风险偏高。涝渍灾害成因主要为以下几点:一是水灾频发。邳州地处沂沭泗下游中运河两岸,为邳苍郯新洼地和沿运洼地,由于特殊的地理位置和气象条件,邳州水灾频发,1949—2010年资料显示,62年间有41年发生不同程度的水灾。二是区内洼地圩区面积较大,因洪致涝。邳州市位于骆马湖以上中运河两岸,历史上因江风口分洪、行洪,中运河沿岸形成众多湖洼,为邳苍郯新洼地和沿运洼地,汛期受流域洪水顶托,中运河、骆马湖等流域性河湖沿岸地区地面高程低于外河正常蓄水位,使得区内骨干河道自排困难,虽总体基本达到5年一遇排涝标准,但是部分泵站建于2000年以前,经过多年运行,现状存在机组老化、效率低下等问题,实际抽排能力达不到设计标准,因洪致涝风险较大。三是浅层地下水位较高。邳州地理位置特殊,地处沂沭泗下游中运河两岸,为邳苍郯新洼地和沿运洼地,因受中运河长时间高水位运行渗水影响,加之汛期降雨,浅层地下水位较高,农田渍涝严重。

(5) 新沂市:新沂西部和南部涝渍风险较高。涝渍灾害成因主要为以下几点:一是地形因素,因洪致涝。沂河、沭河、中运河自北向南在此交汇,为沂沭泗洪水走廊,西部受中运河高水位顶托,东部为马陵山等丘陵岗地,降雨汇流速度快,南部受骆马湖高水位顶托,该区域属于邳苍郯新洼地,因洪致涝,受灾风险大。二是洼地圩区内地面高程仅20 m左右,远低于骆马湖正常蓄水位23.3 m,内部河道自排困难,机排设计能力不足,易形成洼地内涝。三是沿线水利工程上排下堵严重,建筑物年久失修,泵站老化,排涝能力不足,河道淤积严重,易形成农田涝渍灾害。四是区内土壤构型复杂,潮土类、棕壤土类、紫色土类、水稻土类、砂礓黑土类均有分布,存在多层异质结构,透水性差的障碍层影响上下通透,农田易受渍涝。

(6)贾汪区:南部涝渍风险较高。贾汪区地处华北平原之鲁南南缘低山-丘陵与黄淮冲积平原的过渡地带,北部为丘陵山区,南部地势低平,且位于京杭运河(不牢河段)沿岸,客水压境,低洼地带河道排水受阻积水造成大面积受灾;土壤以潮土为主,质地黏重,通透性差,且地下水位较高,土壤饱和,易形成涝渍。北部地势较高,不牢河以北多为低山丘陵-剥蚀残丘,西北部高程为 100～200 m,不易发生涝渍灾害。汛期降水量较少,且人均 GDP 高,抵御灾害能力较强,涝渍灾害风险偏低。

3.3　小结

(1)本章通过对影响涝渍灾害的多因素进行逐项分析,得出区域排涝能力、地势地貌特征、农田排水工程能力、历史水灾频率是区域涝灾的主要影响因素,地势低洼、骨干河道防洪排涝标准低、历史水灾频发等多因素触发,导致区域洪涝风险度高;农田排水工程、土壤结构种类、浅层地下水埋深、降水量是区域渍害的主要影响因素,农田排涝降渍工程标准低或缺失、土壤结构差存在滞水层、浅层地下水埋深浅、降水量大、降雨历时长导致区域渍害风险度高。

(2)本章采用 AHP 法,结合专家评分,从涝渍灾害的影响因素出发,结合当地实际和资料获取可行性,根据灾害风险区划方法,考虑致灾因子危险性、孕灾环境敏感性、承灾体脆弱性和防灾减灾能力 4 个方面,综合确立风险评价指标,建立了涝渍灾害风险度评价模型。

(3)应用涝渍灾害风险度评价模型,对徐州市各县(市、区)进行易涝渍区区划。依据徐州市各县(市、区)镇(街道)涝渍灾害风险度评价结果,将徐州市划分为高风险区、中风险区、低风险区 3 个等级。结果显示,邳州市、睢宁县整体风险度偏高,丰县北部、沛县东部、新沂市西部和南部、铜山区西北部和东南部、贾汪区南部涝渍风险度较高,其余地区涝渍风险度较低,其分布与实际灾情基本吻合,评价结果基本可靠,该模型具有一定的实际应用价值,可为区域提高防御涝渍灾害能力、保障农业高质量发展提供技术支撑。

4 农田灌溉发展规模及作物种植布局研究

农田受涝渍灾害的程度高低与种植的作物种类有关,区域农田灌溉发展规模和作物的种植布局应由可利用水资源量决定。徐州为南水北调东线受水区,在江苏属于水资源相对缺乏地区。2020 年 11 月,习近平总书记视察江苏时,对江苏提出"争当表率、争做示范、走在前列"的嘱托,并强调要"以水定城、以水定业"。2021 年 8 月,江苏省水利厅印发《江苏省水利厅关于开展水资源刚性约束"四定"试点工作的通知》,确定徐州市丰县和沛县等地区作为全省首批水资源刚性约束"四定"试点地区,探索水资源刚性约束指标体系构建与相关制度建设,为全省和全国建立水资源刚性约束制度积累经验,为全省经济社会高质量发展提供水资源支撑和保障。

试点县在分析水资源现状、水资源开发利用现状及水资源管理现状的基础上,总结了近年来水资源管理成效与不足,在水资源刚性约束条件下,分析了现状水资源相关管控指标的管控情况,从"城、地、人、产"等社会经济要素出发,建立水资源刚性约束指标体系;根据区域节水评价技术要求,提出节水评价建议;按照"经济社会发展、水资源需水预测、水资源供需平衡分析"的思路,研究制定了各地水资源配置方案;以水资源作为最大的刚性约束目标,坚持总量和强度双控,探索了经济社会发展由被动"先发展后适应"转变为主动"先约束后发展"的新路径、新模式,构建水资源刚性约束制度体系。

4.1 "四水四定"的优化配置方案

以全省首批水资源刚性约束"四定"试点地区沛县为例,沛县水资源配置方案坚持"城、地、人、产"的"四水四定",把水资源作为刚性约束,强化水资源节约集约利用,在实施最严格水资源"三条红线"管理框架下和国土空间管控的约束条件下,将现有水源和生产布局进行配置。从供给侧角度,分析沛县水资源承载能力、水资源利用上限、水基础设施条件下的经济可用水量和供水体系布局方案,按照工程安全可靠、生态环境良好、经济可以持续的原则,在城镇空间、农业空间、生态空间领域进行优化配置。配置方案以提高区域水资源供水安全保障能力为首要目标,对生活、工业、农业、生态多目标进行协同配置,最终实现水生态系统良性循环条件下的经济社会高效供水保障。具体见表 4-1 沛县水资源配置成果表和表 4-2 沛县"四水四定"配置成果表。

4.1.1 不同供水水源与水利工程之间水资源配置

目前,沛县现状可供水量主要由地表水、地下水、外调水等三大类组成,未来可供水量将转变为主要由地表水、地下水、外调水、非常规水等四大类组成。到 2025 年,沛县配置水量为 57 711 万 m³,其中地表水供水 43 415 万 m³,占总配置水量的 75.2%;地下水供水

2 472 万 m³,占总配置水量的 4.3%;外调水供水 9 468 万 m³,占总配置水量的 16.4%;非常规水配置水量为 2 356 万 m³,占总配置水量的 4.1%。基本形成地表、地下、外调、非常规等多水源互连互济的供水水源格局。

表 4-1　沛县 2025 年不同来水频率水资源配置成果表

配置类型	用水用户	本地地表水/万 m³	外调水/万 m³	地下水资源/万 m³	非常规水资源/万 m³	合计/万 m³	行业配置占比/%	合理需水量/万 m³	缺水量/万 m³	缺水程度/%
合理需水不同行业的配置(p=50%)	综合生活	4 294	5 322	422	0	10 038	17.4	10 038	0	0
	工业	178	75	2 000	760	3 013	5.2	3 013	0	0
	农业	38 783	3 577	0	0	42 360	73.4	42 360	0	0
	生态环境	160	494	50	1 596	2 300	4.0	2 300	0	0
	合计	43 415	9 468	2 472	2 356	57 711	100.0	57 711	0	0
	水资源配置占比/%	75.2	16.4	4.3	4.1	100	/	/	/	/
合理需水不同行业的配置(p=95%)	综合生活	3 183	6 343	512	0	10 038	14.0	10 038	0	0
	工业	153	100	2 000	760	3 013	4.0	3 013	0	0
	农业	27 266	28 822	0	0	56 088	79.0	56 088	0	0
	生态环境	155	300	120	1 725	2 300	3.0	2 300	0	0
	合计	30 757	35 565	2 632	2 485	71 439	100.0	71 439	0	0
	水资源配置占比/%	43.2	49.8	3.7	3.5	100	/	/	/	/

表 4-2　沛县 2025 年不同频率"四水四定"配置成果表

配置类型	用水用户	本地地表水/万 m³	外调水/万 m³	地下水资源/万 m³	非常规水资源/万 m³	合计/万 m³	合理"四定"需水量/万 m³	缺水量/万 m³	缺水程度/%
合理需水"四水四定"配置(p=50%)	城	4 165	5 312	2 393	2 356	14 226	14 226	0	0
	地	37 592	3 467	0	0	41 059	41 059	0	0
	人	3 129	2 265	163	0	5 557	5 557	0	0
	产	178	75	2 000	760	3 013	3 013	0	0
合理需水"四水四定"配置(p=95%)	城	3 145	6 053	2 543	2 485	14 226	14 226	0	0
	地	26 622	28 165	0	0	54 787	54 787	0	0
	人	2 655	2 700	202	0	5 557	5 557	0	0
	产	153	100	2 000	760	3 013	3 013	0	0

配置类型	用水用户	本地地表水/万 m³	外调水/万 m³	地下水资源/万 m³	非常规水资源/万 m³	合计/万 m³	合理"四定"需水量/万 m³	缺水量/万 m³	缺水程度/%
刚性需水"四水四定"配置（p=50%）	城	3 086	3 905	64	0	7 055	7 055	0	0
	地	4 200	5 122	0	0	9 322	9 322	0	0
	人	2 700	2 253	106	0	5 059	5 059	0	0
	产	500	938	1 000	0	2 438	2 438	0	0
刚性需水"四水四定"配置（p=95%）	城	3 086	3 905	64	0	7 055	7 055	0	0
	地	7 334	5 122	0	0	12 456	12 456	0	0
	人	2 700	2 253	106	0	5 059	5 059	0	0
	产	500	938	1 000	0	2 438	2 438	0	0

4.1.2 不同行业之间水资源配置

2025 年沛县配置水量为 57 711 万 m³,其中生活配置水量为 10 038 万 m³,占总配置水量的 17.4%,较 2020 年约提高 4 000 万 m³;工业配置水量为 3 013 万 m³,占总配置水量的 5.2%,较 2020 年提高 526 万 m³;农业配置水量为 42 360 万 m³,占总配置水量的 73.4%,较 2020 年下降约 800 万 m³;河道外生态环境配置水量为 2 300 万 m³,占总配置水量的 4.0%,较 2020 年提高 177 万 m³。不同行业配置水量符合沛县发展实际,生活用水和涉及转型升级的重点企业工业用水呈现刚性增长需求,随着城乡一体化推进和现代高效农业的发展,农业用水占比呈大幅度下降趋势。在不突破用水总量控制指标的前提下,既考虑了新形势下城乡生活及工业供水要求,也充分考虑了农业灌溉用水的均衡发展。

4.1.3 刚性需水"四水四定"的配置

严格保障刚性需水,在确保水源可靠、水质达标以及相关水源工程安全可靠的前提下,根据沛县刚性"四水四定"需水,到 2025 年,"以水定城"的配置水量为 7 055 万 m³,较 2020 年增加 1 533 万 m³;"以水定地"的配置水量为 9 322 万 m³,较 2020 年减少 1 114 万 m³;"以水定人"的配置水量为 5 059 万 m³,较 2020 年增加 1 178 万 m³;"以水定产"的配置水量为 2 438 万 m³,较 2020 年增加 389 万 m³。

4.1.4 合理需水"四水四定"的配置

严格执行"以水定城、以水定地、以水定人、以水定产"的策略,在保障沛县刚性需水的前提条件下,结合沛县合理"四水四定"需水,到 2025 年,"以水定城"配置水量为 14 226 万 m³,较 2020 年增加 3 813 万 m³;"以水定地"的配置水量为 41 059 万 m³,较 2020 年减少 705 万 m³;"以水定人"的配置水量为 5 557 万 m³,较 2020 年增加 1 378 万 m³;"以水定产"的配置水量为 3 013 万 m³,较 2020 年增加 526 万 m³。

沛县 2025 年"四水四定"综合评估图如图 4-1 所示。

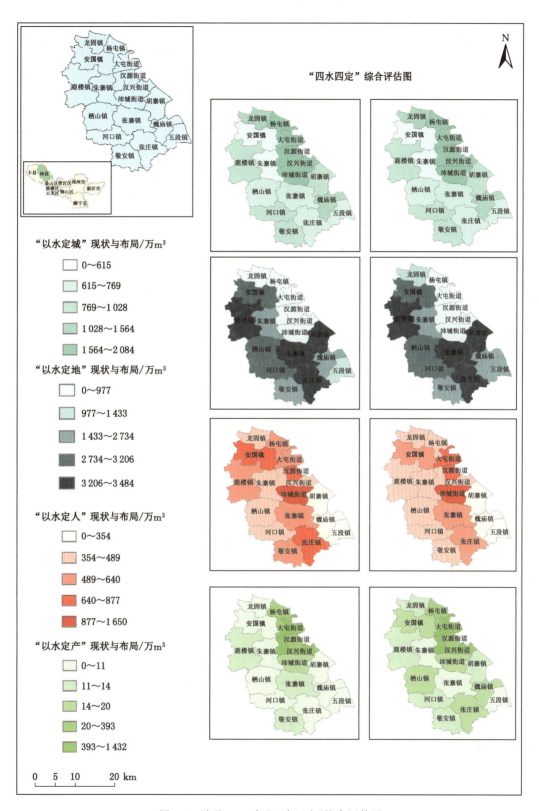

图 4-1 沛县 2025 年"四水四定"综合评估图

4.2 "以水定地"规划耕地规模及农业节水潜力分析

"以水定地"统筹协调人地关系和生态保护修复,在节水潜力分析的基础上,确定和细化区域水资源配置方案,根据区域农业可分配水量、耕地面积,以水定地,提出区域灌溉发展规模、用水指标等管控目标,优化调整农业灌溉布局,提出农业生态用水保障措施,全面推进水土资源高效集约利用。

沛县农业节水潜力分析:农业节水潜力包括三部分,即工程节水潜力、农艺节水潜力、管理节水潜力,这三部分之和即为农业综合节水潜力,其中,管理节水是工程节水和农艺节水实施的保障。农业节水潜力的计算采用目前较常用的水利部计算公式,该公式的计算结果是考虑采取调整农作物种植结构、改造大中型灌区、扩大节水灌溉面积、提高渠系水利用系数、改进灌溉制度和调整农业供水价格等措施的综合节水潜力,涵盖了工程节水、农艺节水、管理节水3个方面。计算公式如下:

$$W = A_0 \times (Q_0 - Q_1)$$
$$Q_1 = (Q_0 \times \beta_0)/\beta_1 \tag{4-1}$$
$$Q_0 = KQ'_0$$

式中 W——农田灌溉节水潜力,万 m^3;

A_0——现状年有效灌溉面积,万亩;

Q_0、Q_1——折算为多年平均后现状年、规划年作物毛灌溉定额,m^3/亩;

Q'_0——现状年耕地实际亩均灌溉用水量,万 m^3;

K——调节系数,取 $0.9 \sim 1.1$;

β_0、β_1——现状年、规划年灌溉水有效利用系数。

现状年沛县农田有效灌溉面积约为 111 万亩,经计算得折算为多年平均后现状年、规划年农田实灌亩均用水量分别为 381 m^3、362 m^3。由此计算得到沛县农业节水潜力为 2 115 万 m^3。

在农业节水潜力分析的基础上,《沛县水资源刚性约束"四定"试点实施方案》提出:坚持宜农则农、宜林则林、宜草则草,结合农业生态配置水量及规模,调整种植结构,科学布局农业产业,支持生态脆弱区生态建设,稳定粮食种植面积和产量,保障农业特色优势产业高质量发展用水,增强巩固拓展脱贫攻坚成果重点区域供水能力。根据"四水四定"配置方案,统筹考虑区域土地利用效率、土地开发强度与区域经济发展水平匹配程度,注重土地资源节约集约利用,试点方案"以水定地"确定了全县规划耕地规模和作物种植面积,见表 4-3 沛县各镇规划耕地规模和表 4-4 沛县作物种植面积规模。确定到 2025 年,沛县可用水量约为 6.21 亿 m^3,"以水定地"的可分配水量约为 43 335 万 m^3,农田灌溉水有效利用系数达到 0.63,在农业用水总量控制、定额管理的条件下,可承载的有效灌溉面积为 120 万亩,农业种植面积增加至 229.66 万亩,耕地面积保有量维持至 829.48 km^2,永久基本农田保护面积 666.62 km^2 维持不变,"以水定地"的可分配水量可以保证沛县农业的高质量发展。

表 4-3　沛县各镇规划耕地规模　　　　　　单位:万亩

镇　名	2020 年耕地面积	耕地保有量指标		永久基本农田保护面积
		近期 2025 年	规划 2035 年	
城　区	10.47	10.47	9.82	6.30
龙固镇	4.60	4.60	4.31	2.05
杨屯镇	3.14	3.14	2.94	2.17
安国镇	9.85	9.85	9.24	7.50
鹿楼镇	10.70	10.70	10.04	9.70
朱寨镇	8.21	8.21	7.70	6.15
胡寨镇	11.18	11.18	10.49	8.92
张寨镇	11.09	11.09	10.41	9.80
栖山镇	10.29	10.29	9.65	9.06
河口镇	9.68	9.68	9.08	8.52
敬安镇	8.51	8.51	7.98	7.10
张庄镇	11.15	11.15	10.46	9.35
魏庙镇	8.77	8.77	8.23	7.29
五段镇	6.80	6.80	6.38	6.08
合　计	124.44	124.44	116.73	99.99

表 4-4　沛县作物种植面积规模　　　　　　单位:万亩

水平年	小麦	稻谷	玉米	豆类	棉花	蔬菜	其他	合计
2020 年	65.94	45.53	24.50	13.91	0.43	69.06	10.09	229.46
2025 年	65.94	46.18	22.90	13.91	0.43	69.09	11.16	229.61
2035 年	70.41	50.90	20.65	13.91	0.43	69.12	12.30	237.72

　　沛县 2025 年农业布局与"以水定地"水量配置图见图 4-2。

4.3　"以水定地"合理确定灌溉发展规模及作物种植布局

　　沛县"以水定地"实施方案确定了各镇规划耕地面积和灌溉可用水量,但是没有确定各镇的有效灌溉面积和农业种植布局。在此基础上,本项目组与沛县水务局统筹各镇规划耕地面积、可分配水量、作物灌溉定额、供排水条件、农业发展需求,优化制定了各镇灌溉规模和作物种植面积,见表 4-5 沛县 2025 年各镇灌溉规模及作物种植面积、表 4-6 沛县 2035 年各镇灌溉规模及作物种植面积,应用于《沛县农田灌溉发展规划(2021—2035 年)》,在农业可用水量刚性约束下,规划水平年的耕地面积全部发展为有效灌溉面积,实现了全县农业水资源的均衡调节。

图 4-2 沛县 2025 年农业布局与"以水定地"水量配置图

表 4-5 沛县 2025 年各镇灌溉规模及作物种植面积

单位:万亩

镇　名	有效灌溉面积	小麦	稻谷	玉米	豆类	棉花	蔬菜	其他	作物面积合计
城　区	10.09	3.88	3.35	1.78	2.33		7.86	0.12	19.32
龙固镇	4.44	3.11	1.66	1.29	0.11		2.31	0.01	8.49
杨屯镇	3.02	1.38	2.82	0.15	0.21		1.18	0.05	5.79
安国镇	9.50	5.17	1.64	1.14	1.13		7.47	1.62	18.17
鹿楼镇	10.32	5.92	2.95	1.15	0.56		7.97	1.20	19.75
朱寨镇	7.92	4.56	3.18	1.45	1.38		3.42	1.17	15.16
胡寨镇	10.78	3.49	7.88	1.31	0.25		7.53	0.17	20.63
张寨镇	10.70	3.20	1.07	2.00	1.16		9.10	3.94	20.47
栖山镇	9.92	5.83	2.36	1.91	2.77	0.03	5.84	0.24	18.98
河口镇	9.34	5.89	3.18	2.68	1.33	0.12	4.48	0.19	17.87
敬安镇	8.20	5.15	1.88	3.79	0.43	0.28	2.84	1.33	15.70
张庄镇	10.75	6.85	3.83	3.22	1.16		5.32	0.19	20.57
魏庙镇	8.46	6.35	4.88	0.75	0.86		2.47	0.88	16.19
五段镇	6.56	5.16	5.50	0.28	0.23		1.34	0.05	12.56
合　计	120.00	65.94	46.18	22.90	13.91	0.43	69.13	11.16	229.65

表 4-6 沛县 2035 年各镇灌溉规模及作物种植面积   单位:万亩

镇　名	有效灌溉面积	小麦	稻谷	玉米	豆类	棉花	蔬菜	其他	作物面积合计
城　区	9.82	3.79	3.26	1.35	2.13		8.92	0.55	20.00
龙固镇	4.31	3.18	2.45	0.56	0.12		2.46	0.02	8.79
杨屯镇	2.94	1.86	2.58	0.18	0.13		1.15	0.09	5.99
安国镇	9.24	4.89	1.60	1.35	1.51		7.85	1.62	18.82
鹿楼镇	10.04	5.32	2.67	1.88	1.58		7.98	1.02	20.45
朱寨镇	7.70	4.66	3.57	1.85	0.83		3.42	1.36	15.69
胡寨镇	10.49	4.13	9.45	0.55	0.08		7.10	0.05	21.36
张寨镇	10.41	4.10	0.96	2.35	1.76		8.35	3.68	21.20
栖山镇	9.65	5.83	2.20	1.99	2.89	0.03	5.98	0.74	19.66
河口镇	9.08	8.08	3.30	1.78	0.72	0.12	4.26	0.25	18.51
敬安镇	7.98	6.21	1.80	3.26	0.51	0.28	2.84	1.35	16.25
张庄镇	10.46	6.85	3.83	3.22	1.16		5.32	0.92	21.30
魏庙镇	8.23	6.08	7.28	0.15	0.26		2.33	0.66	16.76
五段镇	6.38	5.43	5.95	0.18	0.23		1.16	0.05	13.00
合　计	116.73	70.41	50.90	20.65	13.91	0.43	69.12	12.36	237.78

5　农作物对涝渍胁迫敏感性试验研究

　　无论任何条件下农田土壤水分过多,均会影响旱作物生长,对旱作物造成不同程度的危害,危害的机理是相同的。水分过多是指土壤水分含量长时间超过旱作物生长适宜水量,无论是地面积水、根系层滞水、地下水位过高,都会危害作物生长。土壤水分过多对作物的危害主要表现为:① 土壤水长期处于饱和状态,则影响土壤的气、热因子,导致土壤理化性质的改变,温度低的土壤条件不利于作物根系的生长发育,从而影响作物的正常生长;② 作物根系层的土壤水分过多、空气含量下降,作物根系长期处于氧气不足的情况下进行无氧呼吸,不仅不能进行正常的养分、水分吸收等生理活动,还会因乙醇等还原物质积累而中毒,致使呼吸作用逐渐下降,乃至最后停止生长而死亡;③ 地表淹水或耕层滞水过多,土壤微生物中好气菌类减少,土壤中有机质分化停止,土壤肥力降低,从而使得土壤的有效养分释放缓慢,造成植物养分贫乏,有害的还原性物质却会逐渐积累起来;④ 土壤过湿状态对旱作物不同生育期生理生化过程影响不同,对旱作物产量和品质的影响亦不同,影响机理是过湿状态使旱作物叶片含水量增加,细胞内电解质外渗,膜脂过氧化作用加强,丙二醇含量增加,叶绿素被降解植株失绿,叶片变黄衰老加快,导致不可逆的伤害;⑤ 地下水位过高,蒸散发强烈,地下水中所含盐分随土壤水分上升运移至地表,在地表或近地表的土层中积累,从而导致土壤盐碱化;⑥ 农田积水还会影响土壤的机械物理性质,水分过多会造成土壤耕性不良,地面支持能力降低,农事活动不能正常进行,更影响机械化作业。

　　农田排涝降渍标准是农田水利工程建设的主要指标,要确立农田涝渍排水工程综合设计标准,首先需要确定所选用的旱作物涝渍排水控制指标。开展农田水分过多(涝和渍)条件下旱作物涝渍综合排水指标试验,求得不同涝渍灾害程度与作物减产率的关系,以此作为确定旱作物涝渍排水控制指标及农田涝渍排水工程设计标准的依据。本章利用徐州市河湖管理中心睢宁灌溉试验基地的有利条件,以及在徐州区域所具有的良好代表性,试验研究出符合徐州地区实际的主要旱作物涝渍综合排水指标。

5.1　试验概况

5.1.1　试验区概况

　　涝渍综合排水指标试验于 2019 年 6 月至 2021 年 10 月在睢宁灌溉试验基地进行。试验基地位于东经 117°55′15″,北纬 33°57′11″。地处中纬度地区,属暖温带季风气候区,既受东南季风影响,又受西北季风控制,气候资源较为丰富,有利于农作物的生长。其主要气候特点是:四季分明,光照充足,雨热同期。春季多风少雨,夏季高温多雨,秋季天高气爽,冬季寒冷干燥,雨雪稀少。多年平均降水量为 880.8 mm,地下水平均埋深 3～4 m。

5.1.2 试验作物选取

夏玉米、大豆为徐州地区夏季主要旱作物,小麦、油菜为徐州地区冬季主要旱作物,同时选取夏玉米、大豆、小麦和油菜可以更充分全面地了解徐州地区旱作物在涝渍综合胁迫下的变化规律。

试验采用直播的种植方式,按照实际需要 200% 的比例进行播种,待幼苗期选取生长相近的植株进行定苗,为保证测筒中试验作物的一致性,统一标准进行肥料、植保管理,以控制作物最小的筒间差异。试验区外种植同种作物。

5.1.3 试验装置

本次试验采用自主设计的一种涝渍综合排水指标试验装置(ZL 2019 2 0806516.3)。试验装置主要由测筒、供水平水系统、排水系统和水位观测系统组成,如图 5-1 所示。现场布置如图 5-2 和图 5-3 所示。

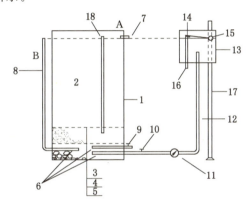

1—测筒;2—回填土;3—透水土工布;4—粗砂;5—碎石;6—反滤层多孔导水管;7—上部溢流管;
8—带刻度的透明玻璃(或塑料)管;9—排水控制阀;10—供水控制阀;11—计量水表;12—测筒供水管;
13—可升降水箱;14—浮球阀;15—浮球;16—外接进水管;17—水箱支架;18—透水连通管。

图 5-1 一种涝渍综合排水指标试验装置

图 5-2 涝渍综合排水指标试验装置现场制作安装图

图 5-3　涝渍综合排水指标试验区布置图

测筒采用直径 680 mm 的圆柱形铁筒,筒内有效面积为 0.363 m²,筒深 1 200～1 350 mm。供水平水系统主要由可升降水箱、可调节水位控制器、计量水表、输水管、控制阀、反滤层多孔导水管组成,主要作用是调节和控制测筒水位以及供水计量。排水系统主要由反滤层多孔导水管、控制阀和上部溢流管组成,在涝渍试验时,可以通过调节控制阀模拟不同处理的地下水连续动态过程(地下水降落速度)。水位观测系统由反滤层多孔导水管、弯头和带刻度的透明管组成,主要用来实时监测测筒内水位。本次试验装置共包含 42 个测筒及 12 个供水平水系统(每种处理采用同一个供水平水系统,保证水位变化一致),分两行安装在试验测坑内。2020 年测筒内加入透水连通管,提高筒内水位调节的灵敏度。

5.2　玉米涝渍综合排水指标试验研究

5.2.1　材料与方法

5.2.1.1　试验设计

2019—2021 年,进行了 3 季玉米涝渍综合排水指标试验,品种为神玉 2 号。采用测筒试验,见图 5-4 和图 5-5。

图 5-4　玉米涝渍综合排水指标试验

图 5-5 玉米考种

2019 年选择在玉米的拔节期和抽雄期进行淹水历时为 2 d 和 3 d 以及淹水深度为 5 cm、10 cm 和 15 cm 的处理；2020 年选择在玉米的抽雄期进行淹水历时为 2 d 和 4 d 以及淹水深度为 5 cm、10 cm 和 15 cm 的处理；2021 年选择在玉米的拔节期进行淹水历时为 4 d 和淹水深度为 15 cm 的处理以及在抽雄期进行淹水历时为 4 d 和淹水深度为 10 cm 的处理。每个处理重复 3 次。试验设计如表 5-1 所示。淹水历时结束后，共分为 5 d 进行排水，首日排出地面积水，接着 4 d 进行每天降低 20 cm 水位的降渍试验处理，5 d 排至筒底。

表 5-1 玉米涝渍综合排水指标试验淹水设计处理表

淹水深度	淹水历时	2019 年		2020 年	2021 年	
		拔节期	抽雄期	抽雄期	拔节期	抽雄期
不涝不渍		ck	ck	ck	ck	ck
5 cm	2 d	H5D2	H5D2	H5D2	/	/
	3 d/4 d	H5D3	H5D3	H5D4		
10 cm	2 d	H10D2	H10D2	H10D2	/	/
	3 d/4 d	H10D3	H10D3	H10D4		H10D4
15 cm	2 d	H15D2	H15D2	H15D2		
	3 d/4 d	H15D3	H15D3	H15D4	H15D4	/

5.2.1.2 测试指标

株高：从地面量至玉米植株叶子伸直后的最高叶尖，抽雄期以后量至雄穗顶。

茎粗：采用游标卡尺测量玉米植株从地面起第三节间中部最宽部分的直径。

黄叶占比：测量玉米植株上黄叶（枯黄部分超过叶片的 2/3 视为黄叶）数量占总数量的百分比。

叶绿素浓度 SPAD 值：采用手持式叶绿素测定仪观测玉米植株倒数第 5、6 片叶子的叶绿素浓度，并取其平均值。

穗长：果穗去掉苞叶后，量取果穗下部（不含穗柄）切线至穗轴顶端的直线长度。

穗粒数:每个测筒所有玉米籽粒的个数。

百粒重:籽粒晾晒后,每个测筒随机选取两组 100 粒,分别称重,两组相差不应超过平均值的 3%,取其平均值。

产量:将每个测筒的所有籽粒晾晒后称总重。

5.2.2 涝渍胁迫对玉米生长发育的影响

5.2.2.1 对株高的影响

(1)淹水深度相同对比

2019 年玉米拔节期和抽雄期各淹水深度下涝渍胁迫对株高的影响如图 5-6 和图 5-7 所示。从图 5-6 和图 5-7 中可以看出,在同一淹水深度条件下,拔节期和抽雄期玉米的株高淹水 2 d 和 3 d 处理均呈现出逐步增长的趋势。相对于 ck 组,淹水 2 d 和 3 d 的玉米株高增长均受抑制。抑制程度与淹水历时正相关,即淹水历时越长,株高增长幅度越小,且最终株高越小。对淹水历时和成熟期株高进行单因素显著性分析,可以得出,拔节期 $p=0.007$,抽雄期 $p=0.094$,拔节期间存在显著性影响,抽雄期影响比较明显。进一步分析表明,淹水历时是影响玉米株高的主要因素。

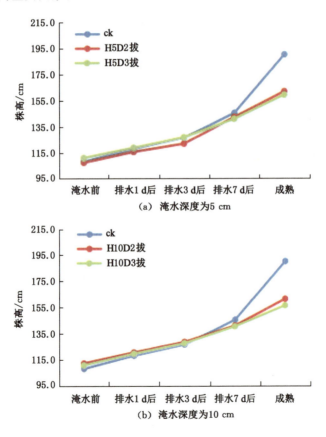

图 5-6　2019 年玉米拔节期各淹水深度下涝渍胁迫对株高的影响

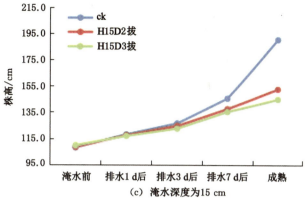

(c) 淹水深度为15 cm

图 5-6 （续）

（2）淹水历时相同对比

2019 年玉米拔节期和抽雄期各淹水历时下涝渍胁迫对株高的影响如图 5-8 和图 5-9 所示。从图 5-8 和图 5-9 中可以看出，淹水条件下，拔节期和抽雄期玉米的株高淹水 5 cm、10 cm 和 15 cm 处理均呈现出逐步增长的趋势。淹水历时相同时，相对于 ck 组，淹水 5 cm、10 cm 和 15 cm 玉米株高增长均受到不同程度的抑制。淹水 15 cm 的曲线最平缓，增长最

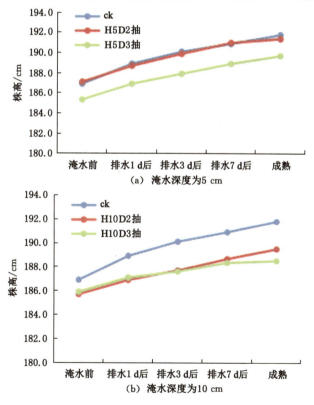

(a) 淹水深度为5 cm

(b) 淹水深度为10 cm

图 5-7 2019 年玉米抽雄期各淹水深度下涝渍胁迫对株高的影响

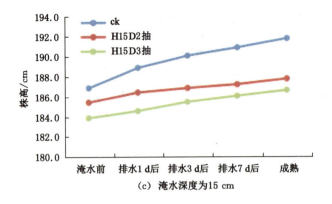

（c）淹水深度为15 cm

图 5-7 （续）

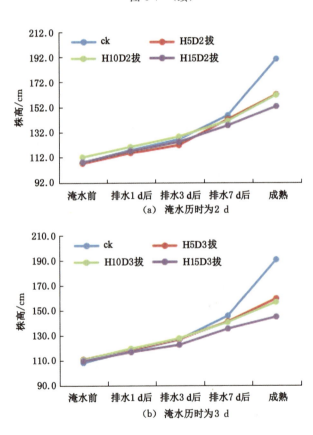

（a）淹水历时为2 d

（b）淹水历时为3 d

图 5-8 2019 年玉米拔节期各淹水历时下涝渍胁迫对株高的影响

缓慢，成熟期的株高也明显低于 ck 组。由此可以看出，拔节期和抽雄期，玉米的株高抑制程度和淹水深度呈现正相关关系，淹水深度越大，株高增长幅度越小，且最终株高越小。对淹水深度和成熟期株高进行单因素显著性分析，可以得出，拔节期 $p = 0.011$，抽雄期 $p = 0.002$，均存在显著性影响。研究发现，淹水深度是影响玉米株高的主要因素。

（3）不同生育期淹水对比

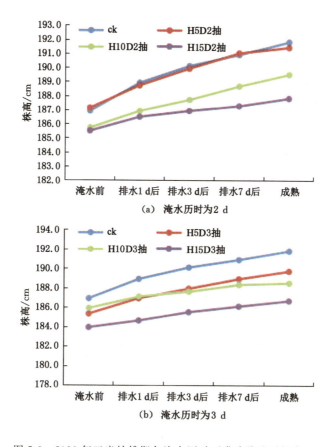

图 5-9　2019 年玉米抽雄期各淹水历时下涝渍胁迫对株高的影响

　　2019 年玉米各淹水深度和各淹水历时下不同生育期涝渍胁迫对株高的影响如图 5-10
和图 5-11 所示。从图 5-10 和图 5-11 中可以看出,在同一淹水深度或者同一淹水历时条件
下,玉米的株高在拔节期和抽雄期均呈现出逐步增长的趋势。相对于 ck 组,在拔节期和抽
雄期淹水处理过的玉米株高增长均受到不同程度的影响,整体来看,拔节期淹水处理后的曲

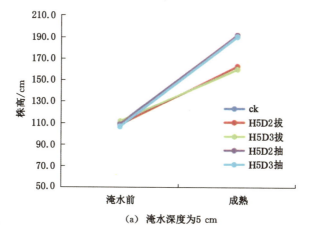

图 5-10　2019 年玉米各淹水深度下不同生育期涝渍胁迫对株高的影响

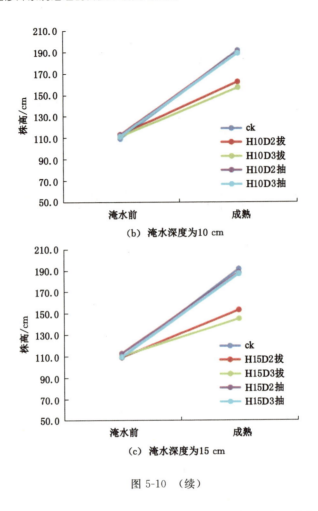

（b）淹水深度为10 cm

（c）淹水深度为15 cm

图 5-10 （续）

线最平缓，增长最缓慢，成熟后的株高也明显低于 ck 组。由此可以看出，玉米的株高抑制程度与淹水时的生育阶段有关，拔节期淹水比抽雄期淹水对株高的抑制更明显，最终株高更小。对作物涝渍试验所处的生育阶段进行单因素显著性分析，可以得出 $p < 0.01$，说明存在极显著性影响。研究发现，作物淹水生育阶段是影响玉米株高的重要因素。

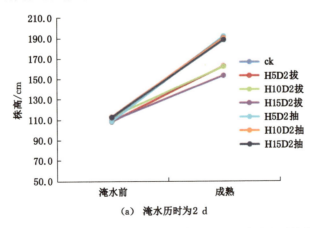

（a）淹水历时为2 d

图 5-11 2019 年玉米各淹水历时下不同生育期涝渍胁迫对株高的影响

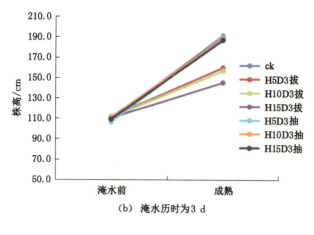

（b）淹水历时为 3 d

图 5-11 （续）

（4）多因素分析

从分析中可以得出,淹水历时、淹水深度以及淹水生育阶段这 3 种因素都会对植株的株高产生影响。将 3 种因素和最终的株高进行多元回归分析,可以得出淹水生育阶段＞淹水深度＞淹水历时。

5.2.2.2 对茎粗的影响

（1）淹水深度相同对比

2019 年玉米拔节期和抽雄期各淹水深度下涝渍胁迫对茎粗的影响如图 5-12 和图 5-13 所示。从图 5-12 和图 5-13 中可以看出,在同一淹水深度条件下,ck 组茎粗稳步增长,拔节期玉米的茎粗在淹水历时为 2 d 和 3 d 时呈现出先增长后逐渐降低的趋势,抽雄期玉米在淹水历时为 2 d 和 3 d 时呈现出逐渐降低的趋势。相对于 ck 组,淹水历时为 2 d 和 3 d 的玉米茎粗增长均受到不同程度的影响,整体来看,淹水历时为 3 d 时玉米茎粗的下降曲线更陡,下降得更快,成熟期的茎粗也明显低于 ck 组。由此可以看出,拔节期和抽雄期,玉米的茎粗抑制程度和淹水历时呈现正相关关系,淹水历时越长,茎粗抑制越明显,且最终茎粗越小。对淹水历时和成熟期茎粗进行单因素显著性分析,可以得出,拔节期 $p=0.040$,抽雄期 $p=0.064$,拔节期存在显著性影响,抽雄期影响比较明显。研究发现,淹水历时是影响玉米茎粗的主要因素。

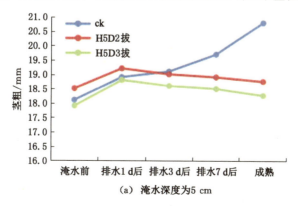

（a）淹水深度为 5 cm

图 5-12 2019 年玉米拔节期各淹水深度下涝渍胁迫对茎粗的影响

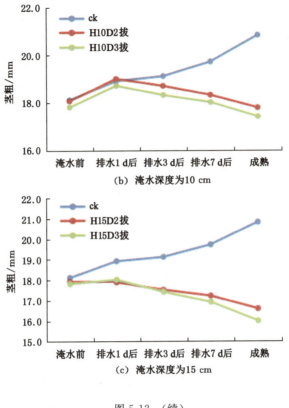

（b）淹水深度为10 cm

（c）淹水深度为15 cm

图 5-12 （续）

（2）淹水历时相同对比

2019 年玉米拔节期和抽雄期各淹水历时下涝渍胁迫对茎粗的影响如图 5-14 和图 5-15 所示。从图 5-14 和图 5-15 中可以看出，在同一淹水历时条件下，ck 组茎粗稳步增长，拔节期玉米的茎粗在淹水历时为 2 d 和 3 d 时呈现出先增长后逐渐降低的趋势，抽雄期玉米的茎粗在淹水历时为 2 d 和 3 d 时呈现出逐渐降低的趋势。整体来看，淹水深度为 15 cm 时玉米茎粗的下降曲线更陡，下降得最快，成熟期的茎粗也明显低于 ck 组。由此可以看出，拔节期

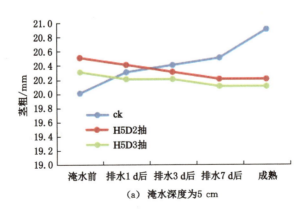

（a）淹水深度为5 cm

图 5-13　2019 年玉米抽雄期各淹水深度下涝渍胁迫对茎粗的影响

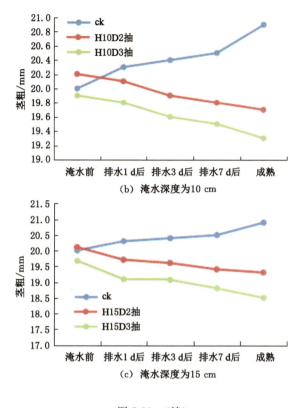

(b) 淹水深度为10 cm

(c) 淹水深度为15 cm

图 5-13　(续)

和抽雄期,玉米的茎粗抑制程度和淹水深度呈现正相关关系,淹水深度越大,茎粗下降幅度越大,且最终茎粗越小。对淹水深度和成熟期茎粗进行单因素显著性分析,可以得出,拔节期 $p<0.01$,抽雄期 $p=0.002$,拔节期和抽雄期均存在显著性影响,其中拔节期存在极显著性影响。研究发现,淹水深度是影响玉米茎粗的主要因素。

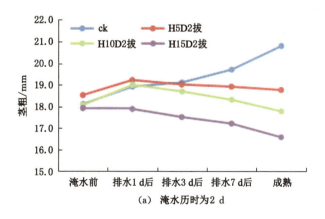

（a）淹水历时为2 d

图 5-14　2019 年玉米拔节期各淹水历时下涝渍胁迫对茎粗的影响

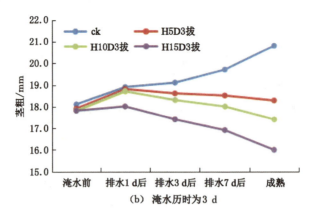

(b) 淹水历时为3 d

图 5-14 （续）

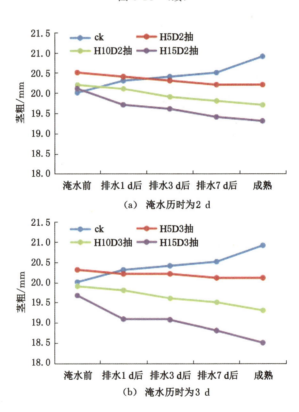

（a）淹水历时为2 d

（b）淹水历时为3 d

图 5-15 2019 年玉米抽雄期各淹水历时下涝渍胁迫对茎粗的影响

（3）淹水时期的影响

2019 年玉米各淹水深度和各淹水历时下不同生育期涝渍胁迫对茎粗的影响如图 5-16 和图 5-17 所示。从图 5-16 和图 5-17 中可以看出，在同一淹水深度或者同一淹水历时条件下，ck 组和抽雄期淹水的玉米茎粗均有明显增加，拔节期淹水的玉米茎粗除了在淹水深度为 5 cm 时略有增加外，在淹水深度为 10 cm 和 15 cm 时均明显降低。分析原因为，拔节期进行淹水试验时茎粗还处在生长关键期，此时淹水严重影响了玉米茎粗的

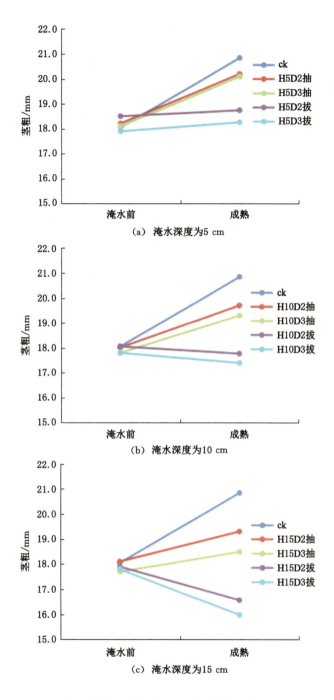

图 5-16　2019 年玉米各淹水深度下不同生育期涝渍胁迫对茎粗的影响

增长。由此可以看出,玉米的茎粗抑制程度和淹水时的生育阶段有关,拔节期淹水比抽雄期淹水对茎粗的抑制更明显,最终茎粗更小。对作物涝渍试验所处的生育阶段进行单因素显著性分析,可以得出 $p=0.002$,说明存在显著性影响。研究发现,作物淹水生育阶段是影响玉米茎粗的重要因素。

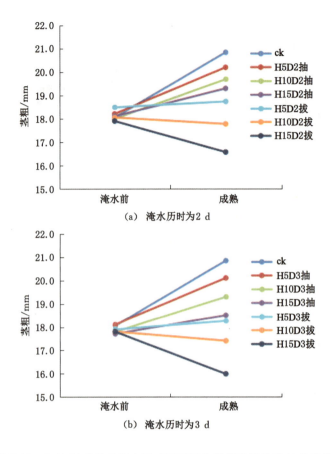

图 5-17　2019 年玉米各淹水历时下不同生育期涝渍胁迫对茎粗的影响

（4）多因素分析

从分析中可以得出，淹水历时、淹水深度以及淹水生育阶段这 3 种因素都会对植株的茎粗产生影响。将 3 种因素和最终的茎粗进行多元回归分析，可以得出淹水生育阶段＝淹水深度＞淹水历时。

5.2.2.3　对黄叶占比的影响

（1）淹水深度相同对比

2019 年玉米拔节期和抽雄期各淹水深度下涝渍胁迫对黄叶占比的影响如图 5-18 和图 5-19 所示。从图 5-18 和图 5-19 中可以看出，在同一淹水深度条件下，ck 组黄叶占比在淹水期间并无明显变化，成熟期才增长；拔节期黄叶占比呈现先增长后降低再增长的趋势，分析原因是淹水后枯黄叶片增多，黄叶占比明显增加，但是随着后期黄叶掉落，新生叶片长出，黄叶占比又开始减少，成熟期后因为玉米自然生长，黄叶占比逐步变多；抽雄期呈现逐步增长的趋势，分析原因是抽雄期玉米叶片生长数量趋于稳定，新生的叶片增加很少，随着淹水试验的进行，叶片枯黄数量增加，黄叶占比逐渐增加。整体来看，淹水历时为 3 d 时黄叶占比的上升曲线更陡，上升得更快，成熟时候的黄叶占比也明显高于 ck 组。由此可以看出，拔节期和抽雄期，玉米的黄叶占比情况和淹水历时呈现正相关关系，淹水历时越长，黄叶占比越高，且最终黄叶占比越大。对淹水历时和成熟期的黄叶占

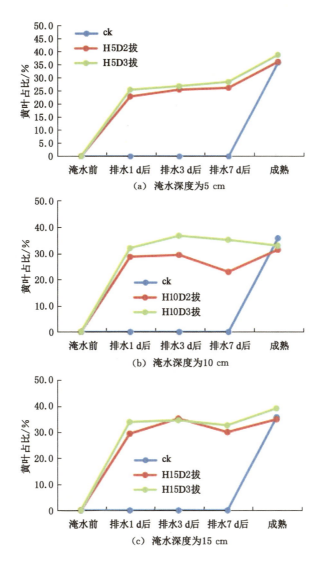

图 5-18　2019 年玉米拔节期各淹水深度下涝渍胁迫对黄叶占比的影响

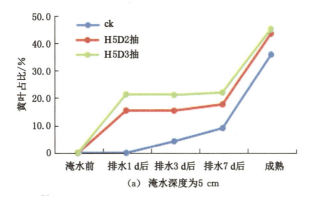

图 5-19　2019 年玉米抽雄期各淹水深度下涝渍胁迫对黄叶占比的影响

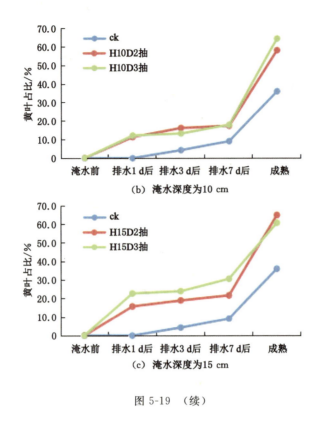

图 5-19 （续）

比情况进行单因素显著性分析,可以得出,拔节期 $p=0.674$,抽雄期 $p=0.100$,拔节期和抽雄期均存在一定影响,但并不显著。研究发现,淹水历时是影响玉米黄叶占比的主要因素。

（2）淹水历时相同对比

2019 年玉米拔节期和抽雄期各淹水历时下涝渍胁迫对黄叶占比的影响如图 5-20 和图 5-21 所示。从图 5-20 和图 5-21 中可以看出,在同一淹水历时条件下,ck 组黄叶占比在淹水期间并无明显变化,成熟期才增长;拔节期黄叶占比呈现先增长后降低再增长的趋势,分析原因是淹水后枯黄叶片增多,黄叶占比明显增加,但是随着后期黄叶掉落,新生叶片长出,黄叶占比又开始减少,成熟期后因为玉米自然生长,黄叶占比逐步变多;抽雄期呈现逐步增长的趋势,分析原因是抽雄期玉米叶片生长数量趋于稳定,新生的叶片增加很少,随着淹水试验的进行,叶片枯黄数量增加,黄叶占比逐渐增加。整体来看,淹水深度为 15 cm 时黄叶占比的曲线更陡,上升得更快,成熟期的黄叶占比也明显高于 ck 组。由此可以看出,拔节期和抽雄期,玉米的黄叶占比情况和淹水深度呈现正相关关系,淹水深度越大,黄叶占比越大,且最终黄叶占比越大。对淹水深度和成熟期的黄叶占比情况进行单因素显著性分析,可以得出,拔节期 $p=0.897$,抽雄期 $p=0.002$,抽雄期存在显著性影响,拔节期影响不太显著。研究发现,淹水深度是影响玉米黄叶占比的主要因素。

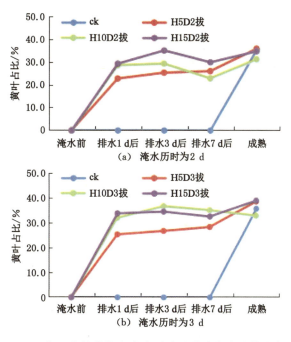

图 5-20　2019 年玉米拔节期各淹水历时下涝渍胁迫对黄叶占比的影响

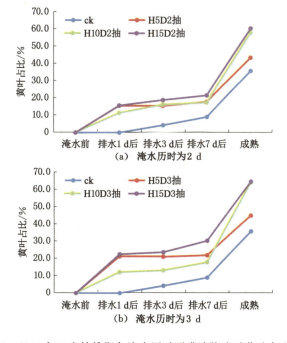

图 5-21　2019 年玉米抽雄期各淹水历时下涝渍胁迫对黄叶占比的影响

（3）不同生育期淹水对比

2019 年玉米各淹水深度和淹水历时下不同生育期涝渍胁迫对黄叶占比的影响如图 5-22 和图 5-23 所示。从图 5-22 和图 5-23 中可以看出，在同一淹水深度或者同一淹水历时条件下，黄叶占比均有明显增加。抽雄期的黄叶占比最高，拔节期的黄叶占比最低，甚至比 ck

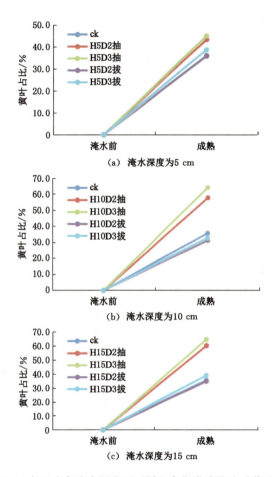

图 5-22　2019 年玉米各淹水深度下不同生育期涝渍胁迫对黄叶占比的影响

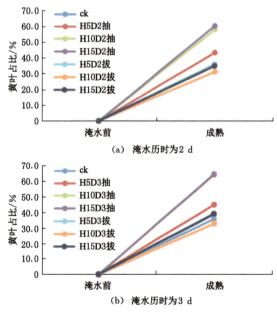

图 5-23　2019 年玉米各淹水历时下不同生育期涝渍胁迫对黄叶占比的影响

组还低,分析原因是拔节期淹水后枯黄叶片掉落,新生叶片长出,黄叶占比又开始减少。由此可以看出,玉米的黄叶占比情况和淹水时的生育阶段有关,抽雄期对最终的黄叶占比影响更明显。对作物涝渍试验所处的生育阶段进行单因素显著性分析,可以得出 $p=0.000$,说明存在极显著性影响。研究发现,淹水时的作物生育阶段是影响玉米黄叶占比的重要因素。

（4）多因素分析

从分析中可以得出,淹水历时、淹水深度以及淹水生育阶段这 3 种因素都会对植株的黄叶占比情况产生影响。将 3 种因素和最终的黄叶占比进行多元回归分析,可以得出淹水生育阶段＞淹水深度＞淹水历时。

5.2.2.4 对叶绿素浓度 SPAD 值的影响

（1）淹水深度相同对比

成熟期的玉米叶片枯黄掉落,无法获取 SPAD 值。2019 年玉米拔节期和抽雄期各淹水深度下涝渍胁迫对叶绿素浓度的影响如图 5-24 和图 5-25 所示。从图 5-24 和图 5-25 中可以看出,在同一淹水深度条件下,ck 组 SPAD 值一直在稳步增长;拔节期和抽雄期玉米叶片 SPAD 值呈现先降低后增长的趋势,分析原因是淹水后叶片开始发黄,后期降渍后,随着新生叶片萌出,最后选取的叶片已非最初的叶片。整体来看,淹水历时为 3 d 的曲线下降得更快,回升得更慢,降渍之后的 SPAD 值也明显低于 ck 组。由此可以看出,拔节期和抽雄期,玉米淹水对叶绿素浓度抑制程度和淹水历时呈现正相关关系,淹水历时越长,叶绿素浓度抑制作用越大,且最终值越小。对淹水历时和降渍后的叶绿素浓度情况进行单因素显著性分析,可以得出,拔节期 $p=0.047$,抽雄期 $p=0.190$,拔节期影响显著,抽雄期存在一定影响,但并不显著。研究发现,淹水历时是影响玉米叶片叶绿素浓度变化的主要因素。

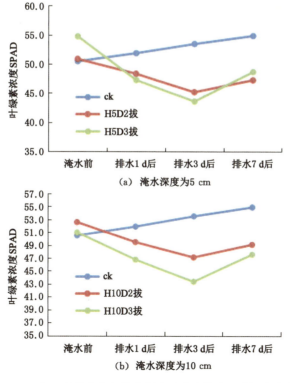

（a）淹水深度为 5 cm

（b）淹水深度为 10 cm

图 5-24　2019 年玉米拔节期各淹水深度下涝渍胁迫对叶绿素浓度的影响

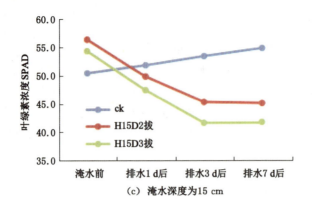

（c）淹水深度为15 cm

图 5-24 （续）

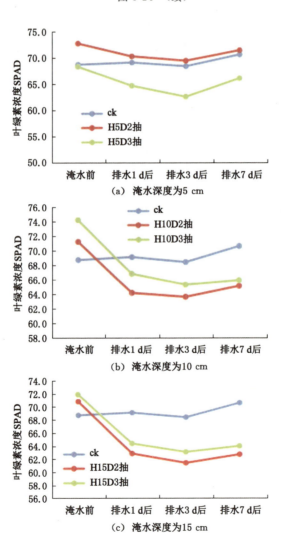

（a）淹水深度为5 cm

（b）淹水深度为10 cm

（c）淹水深度为15 cm

图 5-25 2019 年玉米抽雄期各淹水深度下涝渍胁迫对叶绿素浓度的影响

（2）淹水历时相同对比

2019 年玉米拔节期和抽雄期各淹水历时下涝渍胁迫对叶绿素浓度的影响如图 5-26 和图 5-27 所示。从图 5-26 和图 5-27 中可以看出，在同一淹水历时条件下，ck 组玉米叶片 SPAD 值一直在稳步增长；拔节期和抽雄期 SPAD 值呈现先降低后增长的趋势，分析原因是淹水后叶片开始发黄，后期降渍后，随着新生叶片的萌出，最后选取的叶片已非最初的叶片。整体来看，淹水深度为 15 cm 的曲线下降得更快，回升得更慢，降渍之后的 SPAD 值也明显低于 ck 组。由此可以看出，拔节期和抽雄期，淹水对叶绿素浓度抑制程度和淹水深度呈现正相关关系，淹水深度越大，叶绿素浓度抑制作用越大，且最终值越小。对淹水深度和降渍

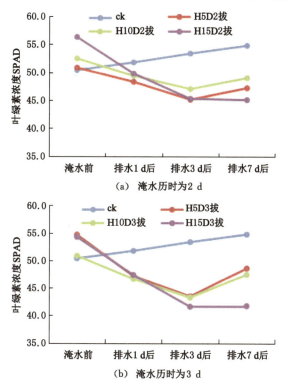

图 5-26　2019 年玉米拔节期各淹水历时下涝渍胁迫对叶绿素浓度的影响

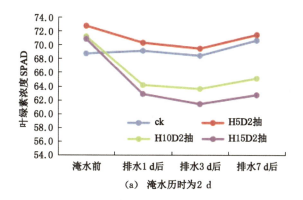

图 5-27　2019 年玉米抽雄期各淹水历时下涝渍胁迫对叶绿素浓度的影响

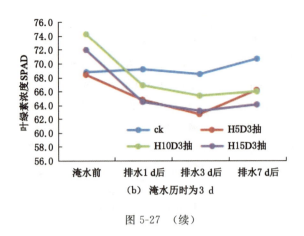

(b) 淹水历时为3 d

图 5-27 （续）

后的叶绿素浓度情况进行单因素显著性分析,可以得出,拔节期 $p=0.011$,抽雄期 $p=0.011$,拔节期和抽雄期均存在显著性影响。研究发现,淹水深度是影响玉米叶片叶绿素浓度变化的主要因素。

（3）不同生育期淹水对比

2019 年玉米各淹水深度和各淹水历时下不同生育期涝渍胁迫对叶绿素浓度的影响如图 5-28 和图 5-29 所示。从图 5-28 和图 5-29 中可以看出,在同一淹水深度或者同一淹水历时条件下,淹水前后 ck 组玉米叶片叶绿素浓度值在增长;拔节期和抽雄期叶绿素浓度值均

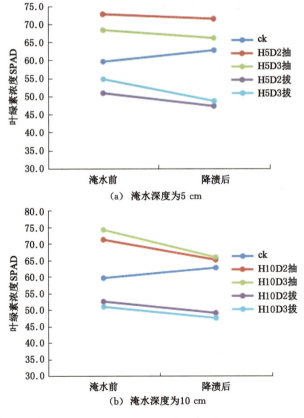

(a) 淹水深度为5 cm

(b) 淹水深度为10 cm

图 5-28　2019 年玉米各淹水深度下不同生育期涝渍胁迫对叶绿素浓度的影响

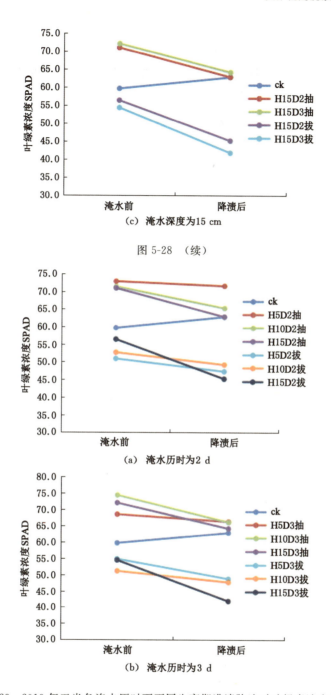

图 5-28 （续）

（c） 淹水深度为15 cm

（a） 淹水历时为2 d

（b） 淹水历时为3 d

图 5-29 2019 年玉米各淹水历时下不同生育期涝渍胁迫对叶绿素浓度的影响

有降低。整体来看,拔节期的曲线下降得更快,降渍之后的叶绿素浓度值也明显低于 ck 组和抽雄期。由此可以看出,玉米的叶绿素浓度变化情况和淹水时的生育阶段有关,拔节期对最终的叶绿素浓度影响更大。对作物涝渍试验所处的生育阶段进行单因素显著性分析,可以得出 $p = 0.000$,说明存在极显著性影响。研究发现,淹水时的作物生育阶段是影响玉米叶绿素浓度变化情况的重要因素。

（4）多因素分析

从分析中可以得出，淹水历时、淹水深度以及淹水生育阶段这 3 种因素都会对植株的叶绿素浓度情况产生影响。将 3 种因素和最终的叶绿素浓度进行多元回归分析，可以得出淹水生育阶段＞淹水深度＞淹水历时。

5.2.3 涝渍胁迫对玉米产量的影响分析

5.2.3.1 涝渍胁迫对玉米穗长和穗粒数的影响

2019 年不同淹水时期的涝渍胁迫对玉米穗长和穗粒数的影响如图 5-30 和图 5-31 所示。从图 5-30 和图 5-31 中可知：抽雄期涝渍胁迫对玉米穗长的影响较拔节期小，拔节期淹水历时为 3 d 时，10 cm 和 15 cm 的淹水深度降低了穗长，但抽雄期涝渍胁迫的影响差异不显著。抽雄期长历时（3 d）涝渍处理玉米的每株穗粒数低于短历时（2 d）处理，而拔节期每株穗粒数不同处理间的差异较小，但显著低于抽雄期胁迫处理玉米的每株穗粒数。单因素分析表明，胁迫时期对穗长存在极显著性影响。

上述结果表明，淹水时期是影响玉米穗长和穗粒数的主要因素。

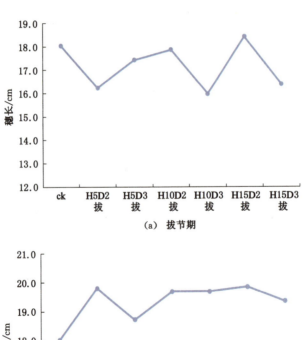

（a）拔节期

（b）抽雄期

图 5-30　2019 年不同淹水时期的涝渍胁迫对玉米穗长的影响

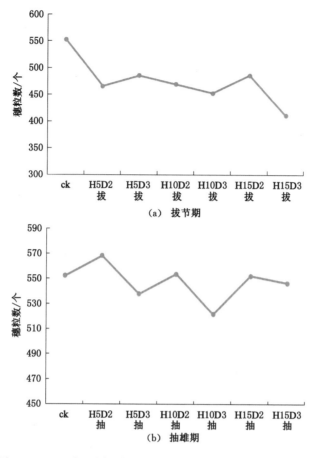

图 5-31   2019 年不同淹水时期的涝渍胁迫对玉米穗粒数的影响

5.2.3.2   涝渍胁迫对玉米百粒重和产量的影响

2019 年不同淹水时期的涝渍胁迫对玉米百粒重和产量的影响如图 5-32 和图 5-33 所示。从图 5-32 和图 5-33 中可以看到,随着淹水深度的增加和淹水历时的延长,玉米的百粒重及产量均呈现下降趋势,抽雄期涝渍的影响大于拔节期涝渍的影响,这与抽雄期以生殖生长为主有关。抽雄期超过 10 cm 的淹水深度,即使淹水历时只有 2 d,也会引起严重减产,应尽可能避免。

涝渍胁迫处理均降低了玉米的百粒重,下降幅度与淹水历时和淹水深度正相关。相对于穗粒数的减少,百粒重的下降是玉米减产的主要因素。

综上所述,淹水深度、淹水历时以及淹水时期都会对玉米的生长发育和产量产生影响。其中,淹水时期影响最大,淹水深度次之,淹水历时又次之。玉米在拔节期淹水,植株处于营养生长向生殖生长的过渡期,淹水对植株的延伸生长影响最大,最终株高和茎粗均低于 ck 组和抽雄期的株高和茎粗。但随着胁迫解除,新生叶片萌出,黄叶占比开始反弹,叶绿素浓度也开始回升,最终产量影响相对较小。抽雄期营养生长基本完成,淹水对株高和茎粗的影响相对较小,但该时期处于生殖生长阶段,胁迫解除后的补偿生长有限,淹水胁迫抑制雌穗发育,穗粒数和百粒重降低,最终导致减产,其中百粒重的下降是减产的主要原因。因此,对于淹水玉米,采取补救措施提高百粒重,可能是减低减产损失的有效方法。

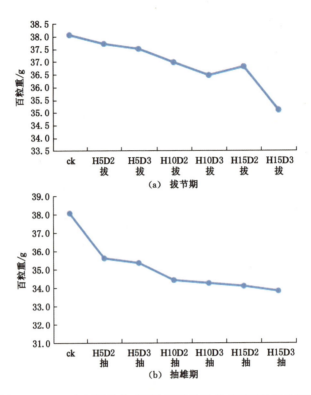

图 5-32　2019 年不同淹水时期的涝渍胁迫对玉米百粒重的影响

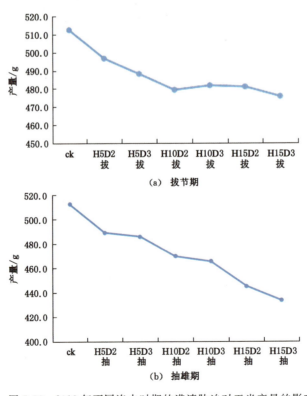

图 5-33　2019 年不同淹水时期的涝渍胁迫对玉米产量的影响

5.2.4 玉米涝渍胁迫涝渍综合排水指标研究

涝渍综合排水指标试验将涝渍视为一个连续过程,利用试验装置造成涝渍抑制的生长环境,以累计综合涝渍水深 $SFEW_X$ 作为衡量作物涝渍综合排水指标,反映农田受涝渍程度,即:

$$SFEW_X = \sum_{t=1}^{n}(H_0 + X - H_t) \tag{5-1}$$

式中 $SFEW_X$——累计综合涝渍水深,cm·d;

  H_0——设计淹水深度,cm;

  X——测筒设计地下水位,cm,根据作物不同生育期对渍害敏感程度设计;

  H_t——测筒水位高于设计地下水位 X 时玻璃管的读数,cm;

  t——作物生长阶段受涝渍抑制的时间,d;

  n——作物生长阶段的总天数,d。

考虑到徐州地区的水文情况及旱作物生育期适宜的地下水位在田面下 80 cm,故选取测筒设计地下水位 X 为 80 cm,即涝渍综合排水指标为 $SFEW_{80}$。

将 2019 年的玉米拔节期和抽雄期淹水处理后的产量及其分析结果分别列于表 5-2 和表 5-3,进行分析。从表中可以看出,拔节期淹水处理的相对产量集中分布在 92.8%～96.9%,抽雄期淹水处理的相对产量集中分布在 84.6%～95.5%,说明拔节期淹水对玉米产量的影响小于抽雄期淹水对玉米产量的影响。从减产情况看,拔节期减产最多的是淹水深度为 15 cm、淹水历时为 3 d 的处理,减产率在 7.2%,并未超过 10%,减产情况并不严重;抽雄期淹水深度为 15 cm 时减产率超过 10%,尤其是淹水深度为 15 cm、淹水历时为 3 d 的处理,减产率在 15.4%,影响比较严重。其中,淹水深度为 10 cm、淹水历时为 3 d 的处理组最为接近减产不超过 10% 的标准。

表 5-2 2019 年玉米拔节期淹水处理的产量分析表

处理	$SFEW_{80}$/(cm·d)	产量/g	相对产量/%	减产率/%
ck	0	512.4	100.0	
H5D2 拔	370	496.6	96.9	3.1
H5D3 拔	375	488.0	95.2	4.8
H10D2 拔	380	479.2	93.5	6.5
H10D3 拔	390	481.6	94.0	6.0
H15D2 拔	390	480.9	93.9	6.1
H15D3 拔	405	475.6	92.8	7.2

表 5-3 2019 年玉米抽雄期淹水处理的产量分析表

处理	$SFEW_{80}$/(cm·d)	产量/g	相对产量/%	减产率/%
ck	0	512.4	100.0	
H5D2 抽	370	489.2	95.5	4.5
H5D3 抽	375	485.8	94.8	5.2

表 5-3（续）

处理	$SFEW_{80}/(cm \cdot d)$	产量/g	相对产量/%	减产率/%
H10D2 抽	380	469.7	91.7	8.3
H10D3 抽	390	465.5	90.8	9.2
H15D2 抽	390	445.2	86.9	13.1
H15D3 抽	405	433.6	84.6	15.4

根据涝渍淹水试验的实测资料，对玉米拔节期和抽雄期淹水处理的相对产量及涝渍综合排水指标进行回归分析，求得拟合方程，如图 5-34 和图 5-35 所示。

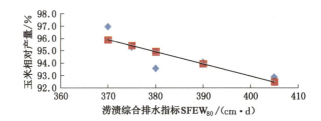

图 5-34　2019 年玉米拔节期淹水处理的相对产量与涝渍综合排水指标的关系

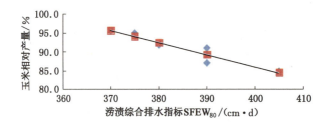

图 5-35　2019 年玉米抽雄期淹水处理的相对产量与涝渍综合排水指标的关系

拔节期：
$$y = -0.000\,98x + 1.319\,5 \quad R^2 = 0.709$$

抽雄期：
$$y = -0.003\,22x + 2.146\,2 \quad R^2 = 0.899$$

从拟合方程中可以看出，抽雄期拟合效果更好。玉米的相对产量与累计综合涝渍水深 $SFEW_{80}$ 有明显的负相关关系。根据拟合方程推算，当玉米减产不超过 10% 的时候，拔节期累计综合涝渍水深 $SFEW_{80}$ 不能超过 430.07 cm·d，抽雄期累计综合涝渍水深 $SFEW_{80}$ 不能超过 387.26 cm·d。试验结果证明，徐州市玉米拔节期适宜的涝渍综合排水指标 $SFEW_{80}$ 为 430.07 cm·d，抽雄期适宜的涝渍综合排水指标 $SFEW_{80}$ 为 387.26 cm·d。

为了防止试验的偶然性，对玉米的涝渍综合排水指标试验自 2019—2021 年一共连续进行了 3 年。

徐州暴雨频发期为 7 月上旬至 8 月中旬，正处在玉米的抽雄～灌浆期，所以 2020 年试验设计选择抽雄期进行淹水处理。2020 年玉米抽雄期淹水处理后的产量及其分析结果列于表 5-4,分析试验结果显示,玉米的生长发育和产量分析结果均与 2019 年相近。2020 年淹水深度为 10 cm、淹水历时为 4 d 的减产率在 9.1%,最为接近减产不超过 10%的标准。

表 5-4　2020 年玉米抽雄期淹水处理后的产量分析表

处理	SFEW$_{80}$/(cm·d)	产量/g	相对产量/%	减产率/%
ck	0	329.5	100.0	
H5D2 抽	370	317.9	96.5	3.5
H5D4 抽	380	315.4	95.7	4.3
H10D2 抽	380	314.7	95.5	4.5
H10D4 抽	400	299.4	90.9	9.1
H15D2 抽	390	286.7	87.0	13.0
H15D4 抽	420	268.4	81.5	18.5

根据涝渍淹水试验的实测资料,对 2020 年玉米抽雄期淹水处理的相对产量及涝渍综合排水指标进行回归分析,求得拟合方程,如图 5-36 所示。

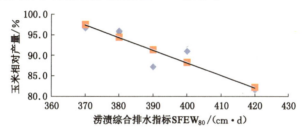

图 5-36　2020 年玉米抽雄期淹水处理的相对产量与涝渍综合排水指标的关系

$$y = -0.003\ 1x + 2.105\ 5 \quad R^2 = 0.835$$

根据拟合方程推算,当玉米减产不超过 10%的时候,累计综合涝渍水深 SFEW$_{80}$ 不能超过 393.88 cm·d。试验结果证明,玉米抽雄期适宜的涝渍综合排水指标 SFEW$_{80}$ 为 393.88 cm·d。

对 2019 年和 2020 年这两年的玉米累计涝渍综合排水指标 SFEW$_{80}$ 取均值,确定徐州地区拔节期适宜的涝渍综合排水指标 SFEW$_{80}$ 为 430.07 cm·d,抽雄期适宜的涝渍综合排水指标 SFEW$_{80}$ 为 390.57 cm·d。

为了进一步验证,2021 年分别选取玉米拔节期淹水历时为 4 d、淹水深度为 15 cm 和抽雄期淹水历时为 4 d、淹水深度为 10 cm 进行试验,具体分析见表 5-5。

表 5-5　2021 年玉米淹水处理的产量分析表

处理	SFEW$_{80}$/(cm·d)	产量/g	相对产量/%	减产率/%
ck	0	552.5	100.0	
H15D4 拔	420	508.3	92.0	8.0
H10D4 抽	400	501.5	90.8	9.2

根据 2021 年玉米产量分析表可知,当拔节期淹水深度为 15 cm、淹水历时为 4 d 时,对应涝渍综合排水指标 $SFEW_{80}$ 为 420 cm·d,此时减产率为 8.0%,这与减产率不超过 10% 适宜的涝渍综合排水指标 $SFEW_{80}$ 为 430.07 cm·d 结果相一致;当抽雄期淹水深度为 10 cm、淹水历时为 4 d 时,对应涝渍综合排水指标 $SFEW_{80}$ 为 400 cm·d,此时减产率为 9.2%,这与减产率不超过 10% 适宜的涝渍综合排水指标 $SFEW_{80}$ 为 390.57 cm·d 结果也是相近的。

试验表明:徐州地区拔节期适宜的涝渍综合排水指标 $SFEW_{80}$ 为 430.07 cm·d,抽雄期适宜的涝渍综合排水指标 $SFEW_{80}$ 为 390.57 cm·d。

抽雄期在徐州地区处于雨季,暴雨造成涝渍胁迫的概率较大。从上述试验结果可以看出,抽雄期渍涝灾害造成的减产幅度较大,应尽可能避免。通过及时排除地面水,使积水不超过 10 cm,淹水时间控制在 2 d 以内,可将减产幅度控制在 5%~8%。

5.3 小麦涝渍综合排水指标试验研究

5.3.1 材料与方法

5.3.1.1 试验设计

2019—2021 年,在睢宁灌溉试验基地进行了持续两季的小麦涝渍综合排水指标试验,品种为螺麦 8 号。采用测筒试验,见图 5-37 和图 5-38。

图 5-37 小麦涝渍综合排水指标试验

图 5-38　小麦考种

2019—2020 年拔节孕穗期和灌浆期设计进行淹水历时为 2 d 和 3 d 以及淹水深度为 5 cm、10 cm 和 15 cm 的处理;2020—2021 年灌浆期设计进行淹水历时为 2 d 和 4 d 以及淹水深度为 5 cm、10 cm 和 15 cm 的处理。试验设计见表 5-6。

表 5-6　小麦涝渍综合排水指标试验淹水设计处理表

淹水深度	淹水历时	2019—2020 年		2020—2021 年
		拔节孕穗期	灌浆期	灌浆期
不涝不渍		ck	ck	ck
5 cm	2 d	H5D2	H5D2	H5D2
	3 d/4 d	H5D3	H5D3	H5D4
10 cm	2 d	H10D2	H10D2	H10D2
	3 d/4 d	H10D3	H10D3	H10D4
15 cm	2 d	H15D2	H15D2	H15D2
	3 d/4 d	H15D3	H15D3	H15D4

5.3.1.2　测试指标

株高:拔节孕穗期及其以前,从地面量到植株叶片伸直后的最高叶尖;拔节孕穗期以后,量至最上部一片展开叶片的基部叶枕;抽穗后量至穗顶(不包括芒长)。每个测筒取 20 株,测量均值。

叶绿素浓度 SPAD 值:采用手持式叶绿素测定仪随机观测小麦植株 5 片叶子的叶绿素

浓度,并取其平均值。

穗长:随机选取测筒内 20 株麦穗,量取麦穗从穗柄到麦芒根部的距离,不含芒长,取其均值。

穗数:数出每个测筒内所有小麦的总穗数。

千粒重:籽粒晾晒后,每个测筒随机选取两组 1 000 粒,分别称重,两组相差不应超过平均值的 3%,取其平均值。

产量:将每个测筒的所有籽粒晾晒后称总重。

5.3.2 涝渍胁迫对小麦生长发育的影响

5.3.2.1 对株高的影响

（1）淹水深度相同对比

2019—2020 年小麦拔节孕穗期和灌浆期各淹水深度下涝渍胁迫对株高的影响如图 5-39 和图 5-40 所示。从图 5-39 和图 5-40 中可以看出,在同一淹水深度条件下,拔节孕穗期小麦的株高在淹水 2 d 和 3 d 处理后呈现出逐步增长的趋势,而灌浆期淹水处理后茎秆弯曲,株高反而开始下降。分析原因是拔节孕穗期正是植株生长发育的旺盛期,而灌浆期小麦的株高基本不再增长,淹水处理的小麦出现部分伏倒茎秆弯曲,株高略有萎缩。相对于 ck 组,淹水历时为 2 d 和 3 d 处理后最终的小麦株高增长均受到不同程度的抑制,整体来看,淹水历时为 3 d 的小麦株高增长相对缓慢,成熟期的株高也低于 ck 组的株高。由此可以看出,拔节孕穗期和灌浆期,小麦的株高抑制程度和淹水历时呈现正相关关系,淹水历时越长,株高增

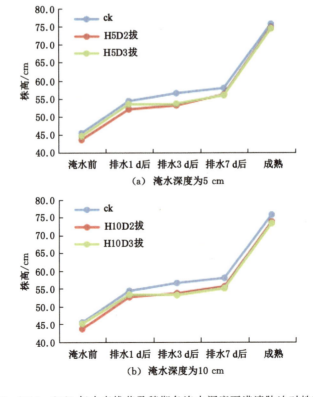

（a）淹水深度为 5 cm

（b）淹水深度为 10 cm

图 5-39　2019—2020 年小麦拔节孕穗期各淹水深度下涝渍胁迫对株高的影响

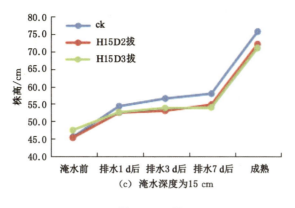

图 5-39 （续）

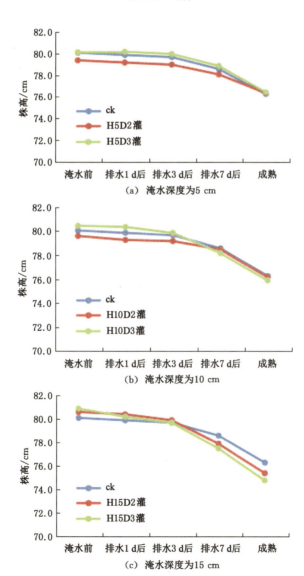

图 5-40 2019—2020 年小麦灌浆期各淹水深度下涝渍胁迫对株高的影响

长幅度越小,且最终株高越小。对淹水历时和淹水处理后的成熟期株高进行单因素显著性分析,可以得出,拔节孕穗期 $p=0.145$,灌浆期 $p=0.508$,拔节孕穗期和灌浆期均有一定影响,但不显著。

(2)淹水历时相同对比

2019—2020 年小麦拔节孕穗期和灌浆期各淹水历时下涝渍胁迫对株高的影响如图 5-41 和图 5-42 所示。从图 5-41 和图 5-42 中可以看出,在同一淹水历时条件下,拔节孕穗期小麦的株高在淹水历时为 2 d 和 3 d 处理后呈现出逐步增长的趋势,而灌浆期淹水处理后株高反而开始下降。分析原因是拔节孕穗期正是植株生长发育的旺盛期,而灌浆期小麦的株高基本不再增长,淹水处理让小麦出现部分伏倒,株高下降。相对于 ck 组,淹水深度为 5 cm、10 cm 和 15 cm 小麦株高增长均受到抑制,整体来看,淹水深度为 15 cm 时小麦株高增长最缓慢,成熟期的株高低于 ck 组的株高。由此可以看出,拔节孕穗期和灌浆期,小麦的株高抑制程度和淹水深度呈现正相关关系,淹水深度越大,株高增长幅度越小,且最终株高越小。对淹水深度和成熟期株高进行单因素显著性分析,可知拔节孕穗期株高显著降低($p=0.001$),灌浆期株高亦下降,但未达到显著水平($p=0.099$)。

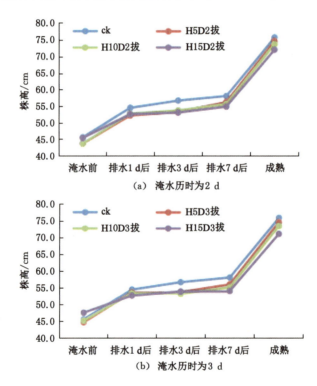

图 5-41 2019—2020 年小麦拔节孕穗期各淹水历时下涝渍胁迫对株高的影响

(3)不同生育期淹水对比

2019—2020 年不同生育期小麦经不同淹水处理的最终株高如图 5-43 所示。从图 5-43 中可以看出,淹水胁迫抑制株高增加,抑制程度与淹水时的生育阶段有关。拔节孕穗期淹水处理的株高整体低于灌浆期的株高,表明拔节孕穗期淹水比灌浆期淹水对株高的抑制更明显。单因素显著性分析表明,不同生育阶段淹水对株高的影响差异显著($p=0.001$)。

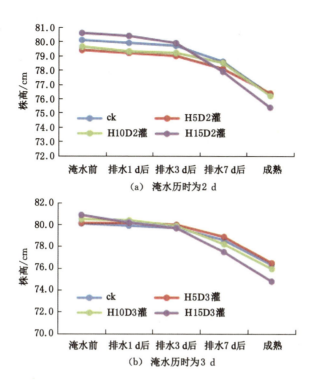

图 5-42 2019—2020 年小麦灌浆期各淹水历时下涝渍胁迫对株高的影响

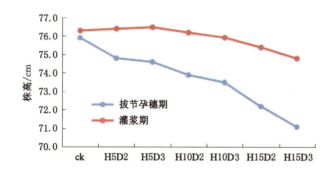

图 5-43 2019—2020 年小麦经不同淹水处理的最终株高对比

（4）多因素分析

综合分析可以得出，淹水历时、淹水深度以及淹水生育阶段这 3 种因素都会对植株的株高产生影响。将 3 种因素和最终的株高进行多元回归分析，可以得出淹水生育阶段＞淹水深度＞淹水历时。

5.3.2.2 对叶绿素浓度 SPAD 值的影响

2020—2021 年度增加了小麦的观测指标叶绿素浓度 SPAD，淹水处理选择了灌浆期。经过淹水处理，小麦的叶绿素浓度下降很快，观测时大多已经转为枯叶，叶绿素浓度较低，各处理之间并无明显的差距。

5.3.3　涝渍胁迫对小麦产量的影响分析

5.3.3.1　涝渍胁迫对小麦穗长和穗数的影响

2019—2020 年不同生育期小麦经不同淹水处理的穗长和穗数对比如图 5-44 和图 5-45 所示。从图 5-44 可以发现,相同生育期的涝渍胁迫处理间小麦穗长差异不显著,但不同时期胁迫处理穗长差异较大,拔节孕穗期整体穗长要低于灌浆期的整体穗长。分析原因可能是拔节孕穗期淹水处理抑制了穗长的增长,而灌浆期穗长基本不再增长。从图 5-45 可以得出,小麦在拔节孕穗期和灌浆期经淹水处理后,随着淹水深度的增加和淹水历时的延长,穗数逐渐降低。整体来看,拔节孕穗期的穗数要略低于灌浆期的穗数。

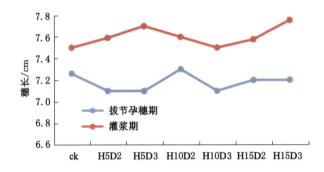

图 5-44　2019—2020 年小麦经不同淹水处理的穗长对比

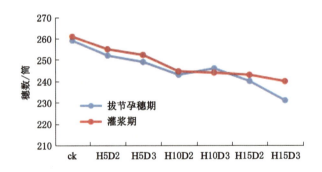

图 5-45　2019—2020 年小麦经不同淹水处理的穗数对比

对作物涝渍试验所处的生育阶段和穗长及穗数分别进行单因素显著性分析,穗长 $p=$ 0.000,穗数 $p=0.453$,说明不同生育阶段的淹水处理对穗长存在极显著性影响,对穗数影响不显著。经过多因素回归分析,得出对穗长影响程度的排序:淹水生育阶段＞淹水深度＞淹水历时;对穗数的影响程度排序:淹水深度＞淹水生育阶段＞淹水历时。

5.3.3.2　涝渍胁迫对小麦千粒重和产量的影响

2019—2020 年不同生育期小麦经不同淹水处理的千粒重和产量对比如图 5-46 和图 5-47 所示。从图 5-46 和图 5-47 中可以看到,随着淹水深度的增加和淹水历时的延长,小麦的千粒重及产量均呈现下降趋势,灌浆期涝渍处理小麦的千粒重整体要低于拔节孕穗期涝渍处理小麦的千粒重,而灌浆期处理小麦的产量高于拔节孕穗期处理小麦的产量。分析原因可能是灌

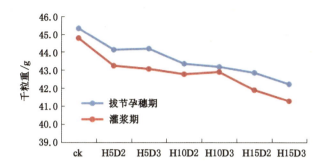

图 5-46 2019—2020 年小麦经不同淹水处理的千粒重对比

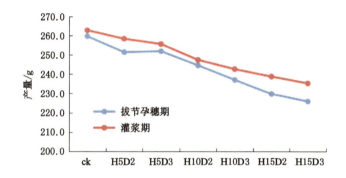

图 5-47 2019—2020 年小麦经不同淹水处理的产量对比

浆期淹水影响了小麦籽粒的饱满度,但是穗数、穗粒数受影响较小。

小麦的减产程度和淹水时作物所处的生育阶段、淹水深度及淹水历时呈现正相关的关系。对多因素进行回归分析,得出对小麦千粒重影响程度的排序:淹水深度＞淹水生育阶段＞淹水历时;对产量影响程度的排序:淹水深度＞淹水生育阶段＞淹水历时。因此,控制淹水深度不超过 5 cm,减产率不超过 5%。

对小麦的涝渍综合排水指标试验整体分析发现,淹水深度、淹水历时以及淹水时小麦所处的生育阶段都会对小麦的生长发育和产量产生影响。其中,淹水深度影响最大,淹水时所处的生育阶段次之,淹水历时再次之。

5.3.4 小麦涝渍胁迫涝渍综合排水指标

将 2019—2020 年度的小麦拔节孕穗期和灌浆期淹水处理后的产量及其分析结果分别列于表 5-7 和表 5-8,进行分析。从表中可以看出,拔节孕穗期淹水处理的相对产量集中分布在 86.5%～96.4%,灌浆期淹水处理的相对产量集中分布在 90.1%～98.9%,说明拔节孕穗期淹水对小麦产量的影响大于灌浆期淹水对小麦产量的影响。从减产情况看,拔节孕穗期减产最严重的是淹水深度为 15 cm、淹水历时为 3 d 的处理,减产率在 13.5%,其中,淹水深度为 10 cm、淹水历时为 3 d 的处理组最为接近减产不超过 10% 的标准。灌浆期减产最严重的是淹水深度为 15 cm、淹水历时为 3 d 的处理,减产率在 9.9%。

表 5-7 2019—2020 年度小麦拔节孕穗期淹水处理后的产量分析表

处理	$SFEW_{80}$/(cm·d)	产量/g	相对产量/%	减产率/%
ck	0	261.2	100.0	
H5D2 拔	370	251.4	96.2	3.8
H5D3 拔	375	251.9	96.4	3.6
H10D2 拔	380	244.6	93.6	6.4
H10D3 拔	390	237.1	90.8	9.2
H15D2 拔	390	229.8	88.0	12.0
H15D3 拔	405	225.9	86.5	13.5

表 5-8 2019—2020 年度小麦灌浆期淹水处理后的产量分析表

处理	$SFEW_{80}$/(cm·d)	产量/g	相对产量/%	减产率/%
ck	0	261.2	100.0	
H5D2 灌	370	258.4	98.9	1.1
H5D3 灌	375	255.7	97.9	2.1
H10D2 灌	380	247.5	94.8	5.2
H10D3 灌	390	242.7	92.9	7.1
H15D2 灌	390	238.9	91.5	8.5
H15D3 灌	405	235.4	90.1	9.9

根据涝渍淹水试验的实测资料,对小麦拔节孕穗期和灌浆期淹水处理的相对产量及涝渍综合排水指标进行回归分析,求得拟合方程,如图 5-48 和图 5-49 所示。

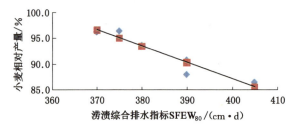

图 5-48 2019—2020 年度小麦拔节孕穗期淹水处理相对产量与
涝渍综合排水指标的关系

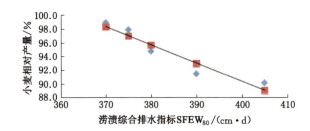

图 5-49 2019—2020 年度小麦灌浆期淹水处理相对产量与涝渍综合排水指标的关系

拔节孕穗期：

$$y = -0.003\ 16x + 2.136\ 2 \quad R^2 = 0.903$$

灌浆期：

$$y = -0.002\ 65x + 1.965 \quad R^2 = 0.909$$

从拟合方程中可以看出，小麦的相对产量与累计综合涝渍水深 $SFEW_{80}$ 有明显的负相关关系。当小麦减产不超过 10% 的时候，拔节孕穗期累计综合涝渍水深 $SFEW_{80}$ 不能超过 $391.20\ cm \cdot d$，灌浆期累计综合涝渍水深 $SFEW_{80}$ 不能超过 $401.93\ cm \cdot d$。试验结果证明，徐州市小麦拔节孕穗期适宜的涝渍综合排水指标 $SFEW_{80}$ 为 $391.20\ cm \cdot d$，灌浆期适宜的涝渍综合排水指标 $SFEW_{80}$ 为 $401.93\ cm \cdot d$。

为了防止试验的偶然性，对 2020—2021 年度小麦的涝渍综合排水指标试验进行了验证。2020—2021 年度试验设计在小麦的灌浆期进行淹水处理，产量及其分析结果列于表 5-9，分析结果显示，小麦的生长发育和产量分析结果规律均与 2019—2020 年相近。2020—2021 年淹水深度为 15 cm、淹水历时为 2 d 时小麦的减产率在 9.6%，最为接近减产不超过 10% 的标准。

表 5-9 2020—2021 年度小麦灌浆期淹水处理产量分析表

处理	$SFEW_{80}$/(cm · d)	产量/g	相对产量/%	减产率/%
ck	0	364.2	100.0	
H5D2 灌	370	359.1	98.6	1.4
H5D4 灌	380	353.5	97.1	2.9
H10D2 灌	380	344.7	94.6	5.4
H10D4 灌	400	337.9	92.8	7.2
H15D2 灌	390	329.4	90.4	9.6
H15D4 灌	420	317.5	87.2	12.8

根据涝渍淹水试验的实测资料，对 2020—2021 年度小麦灌浆期淹水处理的相对产量及涝渍综合排水指标进行回归分析，求得拟合方程，如图 5-50 所示。

$$y = -0.002\ 2x + 1.777\ 8 \quad R^2 = 0.833$$

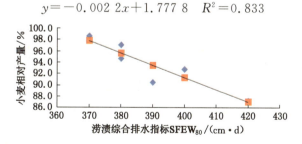

图 5-50 2020—2021 年度小麦灌浆期淹水处理相对产量与涝渍综合排水指标的关系

根据拟合方程推算，当小麦减产率不超过 10% 的时候，累计综合涝渍水深 $SFEW_{80}$ 不能超过 $405.95\ cm \cdot d$。试验结果证明，小麦灌浆期适宜的涝渍综合排水指标 $SFEW_{80}$ 为 $405.95\ cm \cdot d$。

对这两年度小麦的涝渍综合排水指标 $SFEW_{80}$ 取均值，确定徐州地区拔节孕穗期适宜的涝渍综合排水指标 $SFEW_{80}$ 为 391.20 cm·d,灌浆期适宜的涝渍综合排水指标 $SFEW_{80}$ 为 403.94 cm·d。

5.4 大豆涝渍综合排水指标试验研究

5.4.1 材料与方法

5.4.1.1 试验设计

2020 年和 2021 年进行了持续两季的大豆涝渍综合排水指标试验,品种为荷豆 19 号。采用测筒试验,见图 5-51 和图 5-52。

图 5-51 大豆涝渍综合排水指标试验

图 5-52 大豆考种

2020 年选择大豆的开花期进行淹水历时为 2 d、4 d 和淹水深度为 5 cm、10 cm、15 cm 的处理；2021 年选择大豆的开花期进行淹水历时为 2 d、4 d 和淹水深度为 15 cm 的处理。每个处理重复 3 次，试验设计如表 5-10 所示。

表 5-10 大豆涝渍综合排水指标试验淹水设计处理表

淹水深度	淹水历时	2020 年	2021 年
		开花期	开花期
不涝不渍		ck	ck
5 cm	2 d	H5D2	/
	4 d	H5D4	/
10 cm	2 d	H10D2	/
	4 d	H10D4	/
15 cm	2 d	H15D2	H15D2
	4 d	H15D4	H15D4

5.4.1.2 测试指标

株高：测筒内选取固定 3 株大豆，从地面量至主茎顶端，取其均值。

茎粗：采用游标卡尺测量固定 3 株大豆植株直径。

叶绿素浓度 SPAD 值：采用手持式叶绿素测定仪测定固定 3 株大豆植株叶子的叶绿素浓度，并取其平均值。

荚数：数出每个测筒内所有大豆的总荚数。

百粒重：籽粒晾晒后，每个测筒随机选取两组 100 粒，分别称重，两组相差不应超过平均值的 3%，取其平均值。

产量：将每个测筒的所有籽粒晾晒后称总重。

5.4.2 涝渍胁迫对大豆生长发育的影响

5.4.2.1 对株高的影响

（1）淹水深度相同对比

2020 年大豆开花期各淹水深度下涝渍胁迫对株高的影响如图 5-53 所示。从图 5-53 中可以看出，开花期淹水历时为 2 d 和 4 d 时株高均继续增加。相对于 ck 组，淹水历时为 2 d 和 4 d 的大豆株高增长均受到抑制，抑制程度和淹水历时呈现正相关关系，淹水历时为 4 d 的大豆株高增长最慢。淹水深度为 5 cm 和 10 cm 时，胁迫解除后出现补偿性生长，最终株高与 ck 组差异不大，但 15 cm 的淹水深度则显著降低了最终的株高。

（2）淹水历时相同对比

2020 年大豆开花期各淹水历时下涝渍胁迫对株高的影响如图 5-54 所示。从图 5-54 中可以看出，在同一淹水历时条件下，开花期大豆的株高在淹水深度为 5 cm、10 cm 和 15 cm 时均呈现出逐步增长的趋势。相对于 ck 组，淹水深度为 5 cm、10 cm 和 15 cm 的大豆株高增长均受到不同程度的影响，整体来看，淹水深度为 15 cm 的曲线最平缓，增长最缓慢，成熟期的株高也明显低于 ck 组的株高。由此可以看出，大豆的株高抑制程度与淹水深度呈现正

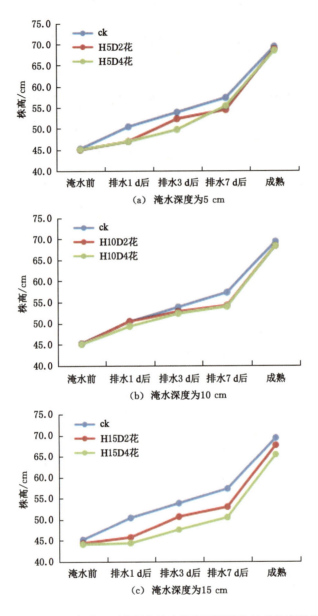

图 5-53 2020 年大豆开花期各淹水深度下涝渍胁迫对株高的影响

相关关系,淹水深度越大,株高增长幅度越小,且最终株高越小。对淹水深度和成熟期株高进行单因素显著性分析,可以得出 $p = 0.026$,说明存在显著性影响。研究发现,淹水深度是影响大豆株高的主要因素。

(3) 不同淹水处理组别对比

2020 年大豆开花期不同淹水处理的成熟期株高对比如图 5-55 所示。从图 5-55 可以得出,大豆成熟期的株高存在明显的规律:随着淹水深度的增加和淹水历时的延长,株高逐渐降低。对淹水深度和淹水历时与成熟期株高进行多元回归分析,可以得出影响因素排名:淹水深度>淹水历时。研究发现,淹水深度、淹水历时均是影响大豆株高的主要因素。

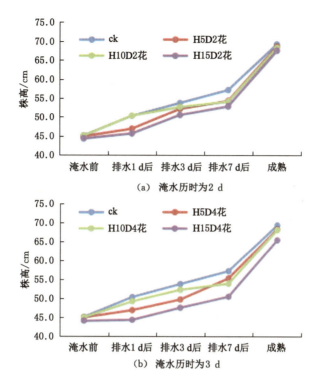

图 5-54　2020 年大豆开花期各淹水历时下涝渍胁迫对株高的影响

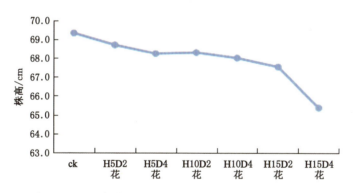

图 5-55　2020 年大豆开花期不同淹水处理的成熟期株高对比

5.4.2.2　对茎粗的影响

（1）淹水深度相同对比

2020 年大豆开花期各淹水深度下涝渍胁迫对茎粗的影响如图 5-56 所示。从图 5-56 中可以看出，在同一淹水深度条件下，大豆的茎粗在淹水历时为 2 d 和 4 d 时均呈现出逐步增长的趋势。相对于 ck 组，淹水历时为 2 d 和 4 d 的大豆茎粗增长均受到不同程度的影响，在淹水初期，茎粗增速变得缓慢，但经过一段时间后，增速反而超过 ck 组。整体来看，淹水历时为 4 d 的曲线先期增长更缓慢，后期增速也更快。分析原因，可能是涝渍胁迫对大豆茎粗存在短暂的抑制作用，后期则出现了补偿效应，促进了根茎部位的增长。对淹水历时和成熟期茎粗进行单因素显著性分析，可以得出 $p = 0.314$，存在影响但不显著。研究发现，淹水历

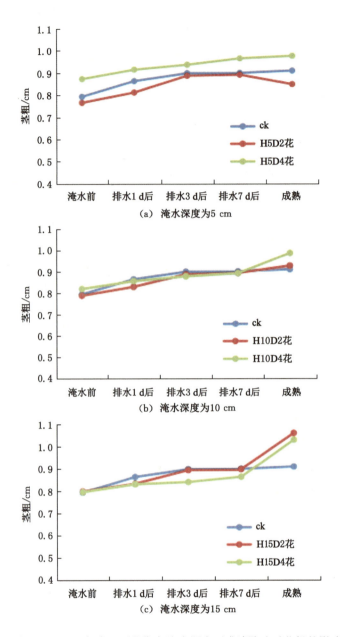

图 5-56　2020 年大豆开花期各淹水深度下涝渍胁迫对茎粗的影响

时是影响大豆茎粗的一个因素。

（2）淹水历时相同对比

2020 年大豆开花期各淹水历时下涝渍胁迫对茎粗的影响如图 5-57 所示。从图 5-57 中可以看出，在同一淹水历时条件下，开花期大豆的茎粗在淹水深度为 5 cm、10 cm 和 15 cm 时均呈现出逐步增长的趋势。相对于 ck 组，淹水深度为 5 cm、10 cm 和 15 cm 的大豆茎粗增长均受到不同程度的影响，在淹水初期，茎粗增速变得缓慢，但经过一段时间后，增速反而超过 ck 组。整体来看，淹水深度为 15 cm 的曲线先期增长最缓慢，后期增速也最快。分析原因，可能是涝渍胁迫对大豆茎粗存在短暂的抑制作用，后期则出现了补偿效应，促进了根茎部位的增长。对淹水深度和成熟期茎粗进行单因素显著性分析,可以得出 $p=0.047$,存在显著性影响。研究发现,淹水深度是影响大豆茎粗的一个因素。

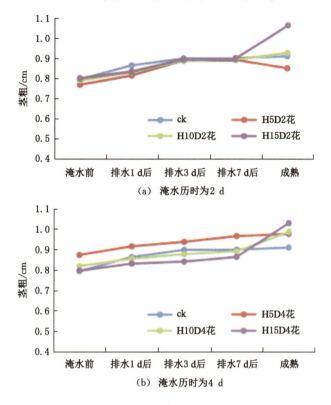

(a) 淹水历时为2 d

(b) 淹水历时为4 d

图 5-57　2020 年大豆开花期各淹水历时下涝渍胁迫对茎粗的影响

（3）不同淹水处理组别对比

2020 年大豆开花期不同淹水处理的成熟期茎粗对比如图 5-58 所示。从图 5-58 可以得出,随着淹水深度的增加,大豆成熟期的茎粗反而增加,淹水历时规律不明显。分析原因,可能是后期出现了补偿效应,促进了根茎部位的增长。对淹水深度和淹水历时与成熟期茎粗进行多元回归分析,可以得出影响因素排名:淹水深度>淹水历时。研究发现,淹水深度、淹水历时均是影响大豆茎粗的主要因素。

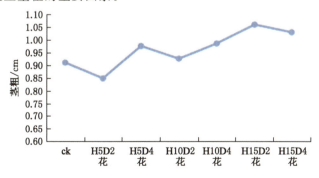

图 5-58　2020 年大豆开花期不同淹水处理的成熟期茎粗对比

5.4.2.3 涝渍胁迫对叶绿素浓度 SPAD 的影响

（1）淹水深度相同对比

2020 年大豆开花期各淹水深度下涝渍胁迫对叶绿素浓度的影响如图 5-59 所示。从图 5-59 中可以看出，在同一淹水深度条件下，大豆的叶绿素浓度在淹水历时为 2 d 和 4 d 时均呈现出增速缓慢升高又降低的趋势。相对于 ck 组，淹水历时为 2 d 和 4 d 的大豆叶绿素浓度均受到不同程度的影响：在淹水初期，叶绿素浓度增速变得缓慢，降渍后整体都低于 ck 组；在最后的成熟期，随着叶片开始发黄，各个处理叶绿素浓度均降低。整体来看，淹水历时为 4 d 的曲线在淹水处理后叶绿素浓度增长更缓慢。对淹水历时和降渍 7 d 后的叶绿素浓度进行单因素显著性分析，可以得出 $p = 0.018$，存在显著性影响。研究发现，淹水历时是影响大豆叶绿素浓度的主要因素。

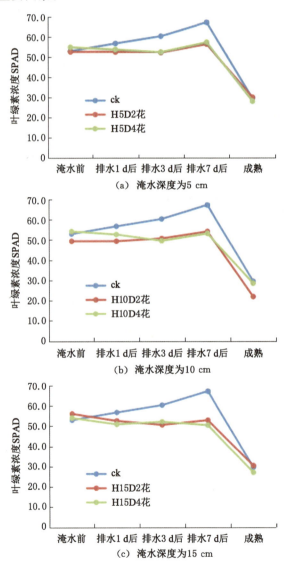

图 5-59　2020 年大豆开花期各淹水深度下涝渍胁迫对叶绿素浓度的影响

（2）淹水历时相同对比

2020年大豆开花期各淹水历时下涝渍胁迫对叶绿素浓度的影响如图5-60所示。从图5-60中可以看出，在同一淹水历时条件下，开花期大豆的叶绿素浓度在淹水深度为5 cm、10 cm和15 cm时均呈现出增速缓慢升高又降低的趋势。在淹水初期，叶绿素浓度增速变得缓慢，降渍后整体都低于ck组；成熟期随着叶片开始发黄，各个处理叶绿素浓度均大幅降低。相对于ck组，淹水深度为15 cm的大豆叶绿素浓度曲线在淹水处理后增长更缓慢，受影响更明显。对淹水深度和降渍7 d后的叶绿素浓度进行单因素显著性分析，可以得出$p=0.006$，存在显著性影响。研究发现，淹水深度是影响大豆叶绿素浓度的主要因素。

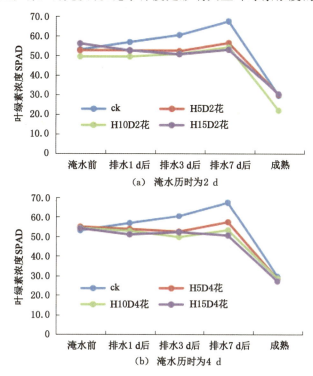

图5-60　2020年大豆开花期各淹水历时下涝渍胁迫对叶绿素浓度的影响

（3）不同淹水处理组别对比

2020年大豆开花期不同淹水处理的叶绿素浓度对比如图5-61所示。从图5-61可以得出，排水7 d后，随着淹水深度的增加和淹水历时的延长，大豆叶绿素浓度降低得越来越严重，而成熟期规律不明显。对淹水深度和淹水历时与降渍7 d后的大豆叶绿素浓度进行多元回归分析，可以得出影响因素排名：淹水深度＞淹水历时。研究发现，淹水深度、淹水历时均是影响大豆叶绿素浓度的主要因素。

5.4.3　涝渍胁迫对大豆产量的影响分析

5.4.3.1　涝渍胁迫对大豆荚数的影响

2020年大豆不同淹水处理的荚数对比如图5-62所示。从图5-62可以得出，大豆在开花期经过淹水处理后，随着淹水深度的增加和淹水历时的延长，每株荚数逐渐降低。对淹水

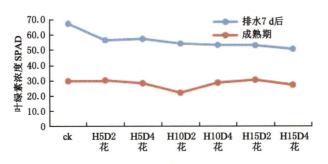

图 5-61 2020 年大豆开花期不同淹水处理的叶绿素浓度对比

深度和淹水历时与大豆荚数进行多因素回归分析,得出对荚数影响程度的排序:淹水深度＞淹水历时。

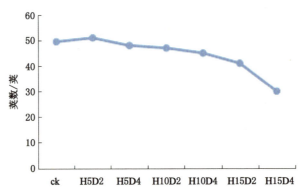

图 5-62 2020 年大豆不同淹水处理的荚数对比

5.4.3.2 涝渍胁迫对大豆百粒重和产量的影响

2020 年大豆不同淹水处理对百粒重和产量的影响如图 5-63 所示。从图 5-63 中可以看到,随着淹水深度的增加和淹水历时的延长,大豆的百粒重及产量均呈现下降趋势。研究说明大豆的减产程度与淹水深度和淹水历时呈现正相关关系,淹水深度、淹水历时均是影响大豆百粒重和产量的主要因素。对多因素进行回归分析,得出对大豆百粒重和产量影响程度的排序:淹水深度＞淹水历时。

对大豆的涝渍综合排水指标试验进行整体分析发现,淹水处理会对大豆的生长发育和产量产生影响。随着淹水深度的增加和淹水历时的延长,大豆株高降低,茎粗先降低后增高(补偿效应),叶绿素浓度降低,每株荚数、百粒重和产量都降低。淹水深度、淹水历时是主要影响因素,其中淹水深度影响较大,淹水历时次之。

5.4.4 大豆涝渍胁迫涝渍综合排水指标分析

将 2020 年大豆开花期淹水处理的产量及其分析结果列于表 5-11 进行分析。从表中可以看出,大豆相对产量集中分布在 87.3%～96.5%,产量影响比较明显。从减产情况看,减产最严重的是淹水深度为 15 cm、淹水历时为 4 d 的处理,减产率为 12.7%,其中,淹水深度为 15 cm、淹水历时为 2 d 的处理组最为接近减产不超过 10% 的标准。

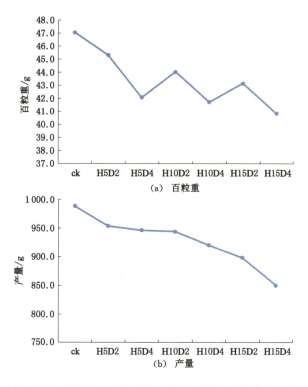

图 5-63　2020 年大豆不同淹水处理对百粒重和产量的影响

表 5-11　2020 年大豆开花期淹水处理的产量分析表

处理	$SFEW_{80}$/(cm·d)	产量/g	相对产量/%	减产率/%
ck	0	988.4	100.0	
H5D2 花	370	953.7	96.5	3.5
H5D4 花	380	946.3	95.7	4.3
H10D2 花	380	944.0	95.5	4.5
H10D4 花	400	920.5	93.1	6.9
H15D2 花	390	898.3	90.9	9.1
H15D4 花	420	862.4	87.3	12.7

根据涝渍淹水试验的实测资料,对大豆开花期淹水处理的相对产量及涝渍综合排水指标进行回归分析,求得拟合方程,如图 5-64 所示。

$$y = -0.001\ 8x + 1.647\ 0 \quad R^2 = 0.849$$

从拟合方程可以看出,拟合效果较好。大豆的相对产量与累计综合涝渍水深 $SFEW_{80}$ 有一定的负相关关系。根据拟合方程推算,当大豆减产不超过 10% 的时候,开花期累计综合涝渍水深 $SFEW_{80}$ 不能超过 407.28 cm·d。试验结果证明,徐州市大豆开花期适宜的涝渍综合排水指标 $SFEW_{80}$ 为 407.28 cm·d。

为了防止试验的偶然性,对 2021 年大豆的涝渍综合排水指标试验进行了验证。2021 年试验设计选择大豆的开花期进行淹水深度为 15 cm 和淹水历时为 2 d、4 d 的淹水处理,试验结果见表 5-12。

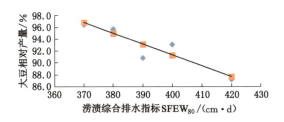

图 5-64　2020 年大豆淹水处理相对产量与涝渍综合排水指标的关系

表 5-12　2021 年度大豆开花期淹水处理产量分析表

处理	$SFEW_{80}/(cm \cdot d)$	产量/g	相对产量/%	减产率/%
ck	0	880.5	100.00	
H15D2 花	390	799.5	90.8	9.2
H15D4 花	420	761.5	86.5	13.5

结果表明,当大豆开花期淹水深度为 15 cm、淹水历时为 2 d 时,对应涝渍综合排水指标 $SFEW_{80}$ 为 390 cm·d,此时减产率为 9.2%,这与减产率不超过 10% 适宜的涝渍综合排水指标 $SFEW_{80}$ 为 407.28 cm·d 结果相一致。

试验表明:徐州地区大豆开花期适宜的涝渍综合排水指标 $SFEW_{80}$ 为 407.28 cm·d。

5.5　油菜涝渍综合排水指标试验研究

5.5.1　材料与方法

5.5.1.1　试验设计

2020—2021 年,在睢宁灌溉试验基地进行了油菜涝渍综合排水指标试验,品种为沣油 306 号。采用测筒试验,如图 5-65 和图 5-66 所示。

图 5-65　油菜涝渍综合排水指标试验

图 5-66　油菜考种

选择油菜的开花盛期进行淹水历时为 2 d、4 d 和淹水深度为 5 cm、10 cm、15 cm 的处理。试验设计如表 5-13 所示。

表 5-13　油菜涝渍综合排水指标试验淹水设计处理表

淹水深度	淹水历时	2020—2021 年度
		开花盛期
不涝不渍		ck
5 cm	2 d	H5D2 花
	4 d	H5D4 花
10 cm	2 d	H10D2 花
	4 d	H10D4 花
15 cm	2 d	H15D2 花
	4 d	H15D4 花

5.5.1.2　测试指标

株高:每个测筒选取固定 3 株油菜,从地面量至植株主茎顶端(包括花序),取均值。

叶绿素浓度 SPAD 值:采用手持式叶绿素测定仪观测固定 3 株油菜的标记叶片叶绿素浓度,并取其平均值。

分枝数:收获时,计算测筒内所有油菜植株每株的分枝数,取均值。

千粒重:籽粒晾晒后,每个测筒随机选取两组 1 000 粒,分别称重,两组相差不应超过平均值的 3%,取其平均值。

产量:将每个测筒的所有籽粒晾晒后称总重。

5.5.2 涝渍胁迫对油菜生长发育的影响

5.5.2.1 对株高的影响

（1）淹水深度相同对比

2020—2021年度油菜开花盛期各淹水深度下涝渍胁迫对株高的影响如图5-67所示。从图5-67中可以看出，在同一淹水深度条件下，油菜的株高在淹水历时为2 d和4 d时均呈现出逐步增长的趋势。相对于ck组，淹水历时为2 d和4 d的油菜株高增长均受到不同程度的影响，整体来看，淹水历时为4 d的曲线较平缓，增长相对缓慢，成熟期的株高也明显低于ck组的株高。由此可以看出，油菜的株高抑制程度和淹水历时呈现正相关关系，淹水历时越长，株高增长幅度越小，且最终株高越小。对淹水历时和成熟期株高进行单因素显著性分析，可以得出$p=0.221$，存在影响但不显著。研究发现，淹水历时是影响油菜株高的主要因素。

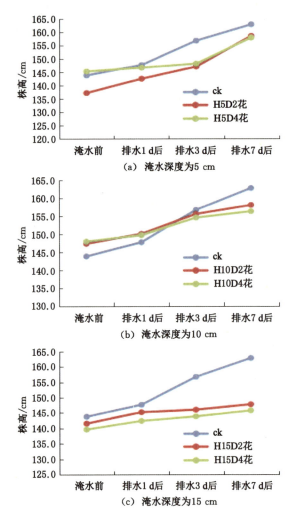

图5-67 2020—2021年度油菜开花盛期各淹水深度下涝渍胁迫对株高的影响

（2）淹水历时相同对比

2020—2021年度油菜开花盛期各淹水历时下涝渍胁迫对株高的影响如图 5-68 所示。从图 5-68 中可以看出，在同一淹水历时条件下，开花盛期油菜的株高在淹水深度为5 cm、10 cm和 15 cm 时均呈现出逐步增长的趋势。相对于 ck 组，淹水深度为 5 cm、10 cm 和 15 cm 油菜株高增长均受到不同程度的影响，整体来看，淹水深度为 15 cm 的曲线最平缓，增长最缓慢，成熟期的株高也明显低于 ck 组的株高。由此可以看出，油菜的株高抑制程度和淹水深度呈现正相关关系，淹水深度越大，株高增长幅度越小，且最终株高越小。对淹水深度和成熟期株高进行单因素显著性分析，可以得出 $p=0.004$，说明存在显著性影响。研究发现，淹水深度是影响油菜株高的主要因素。

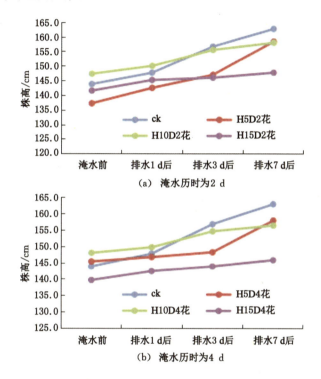

图 5-68　2020—2021年度油菜开花盛期各淹水历时下涝渍胁迫对株高的影响

（3）不同淹水处理组别对比

2020—2021年度油菜开花盛期不同淹水处理降渍后株高对比如图 5-69 所示。从图 5-69 可以得出，油菜降渍 7 d 后的株高存在明显的规律：随着淹水深度的增加和淹水历时的延长，株高逐渐降低。对淹水深度和淹水历时与成熟期株高进行多元回归分析，可以得出影响因素排名：淹水深度＞淹水历时。研究发现，淹水深度、淹水历时均是影响油菜株高的主要因素。

5.5.2.2　涝渍胁迫对叶绿素浓度 SPAD 的影响

（1）淹水深度相同对比

2020—2021年度油菜开花盛期各淹水深度下涝渍胁迫对叶绿素浓度的影响如图 5-70 所示。从图 5-70 中可以看出，在同一淹水深度条件下，油菜的叶绿素浓度在淹水历时为 2 d

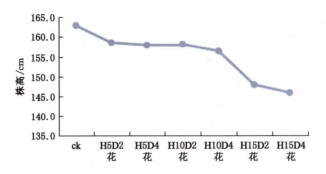

图 5-69　2020—2021 年度油菜开花盛期不同淹水处理降渍后株高对比

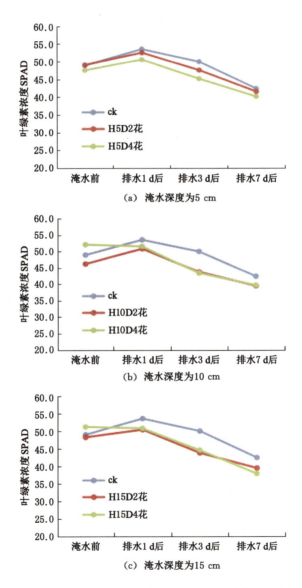

（a）淹水深度为 5 cm

（b）淹水深度为 10 cm

（c）淹水深度为 15 cm

图 5-70　2020—2021 年度油菜开花盛期各淹水深度下涝渍胁迫对叶绿素浓度的影响

和 4 d 时均呈现出增速缓慢升高又降低的趋势。相对于 ck 组,淹水历时为 2 d 和 4 d 的油菜株叶绿素浓度均受到不同程度的影响,在淹水初期,叶绿素浓度增速变得缓慢,降渍后整体都低于 ck 组。在排水 7 d 后,油菜进入角果期,叶片开始发黄,各个处理叶绿素浓度均降低。整体来看,淹水历时为 4 d 的曲线在淹水处理后增长更缓慢。对淹水历时和降渍 7 d 后的叶绿素浓度进行单因素显著性分析,可以得出 $p=0.054$,存在影响但不显著。研究发现,淹水历时是影响油菜叶绿素浓度的主要因素。

（2）淹水历时相同对比

2020—2021 年度油菜开花盛期各淹水历时下涝渍胁迫对叶绿素浓度的影响如图 5-71 所示。从图 5-71 中可以看出,在同一淹水历时条件下,开花盛期油菜的叶绿素浓度在淹水深度为 5 cm、10 cm 和 15 cm 时均呈现出增速缓慢升高又降低的趋势。在淹水初期,叶绿素浓度增速变得缓慢,降渍后整体都低于 ck 组。在排水 7 d 后,油菜进入角果期,叶片开始发黄,各个处理叶绿素浓度均降低。相对于 ck 组,淹水深度为 15 cm 的油菜叶绿素浓度曲线在淹水处理后增长最缓慢,受到影响最明显。对淹水深度和降渍 7 d 后的叶绿素浓度进行单因素显著性分析,可以得出 $p=0.005$,存在显著性影响。研究发现,淹水深度是影响油菜叶绿素浓度的主要因素。

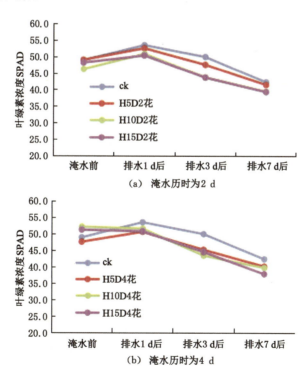

图 5-71　2020—2021 年度油菜开花盛期各淹水历时下涝渍胁迫对叶绿素浓度的影响

（3）不同淹水处理组别对比

2020—2021 年度油菜开花盛期不同淹水处理的叶绿素浓度对比如图 5-72 所示。从图 5-72 可以得出,排水 7 d 后,随着淹水深度的增加和淹水历时的延长,油菜叶绿素浓度降低得越来越严重。对淹水深度和淹水历时与降渍 7 d 后的油菜叶绿素浓度进行多元回归分析,可以得出影响因素排名:淹水深度＞淹水历时。研究发现,淹水深度、淹水历时均是影响油菜叶绿素浓度的主要因素。

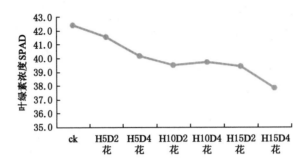

图 5-72　2020—2021 年度油菜开花盛期不同淹水处理的叶绿素浓度对比

5.5.3　涝渍胁迫对油菜产量分析的影响

5.5.3.1　涝渍胁迫对油菜分枝数的影响

2020—2021 年度油菜不同淹水处理的单株分枝数对比如图 5-73 所示。从图 5-73 可以得出,油菜在开花盛期经过淹水处理后,随着淹水深度的增加和淹水历时的延长,单株油菜的分枝数逐渐降低。对淹水深度、淹水历时和油菜分枝数进行多因素回归分析,得出对分枝数影响程度的排序:淹水深度＞淹水历时。

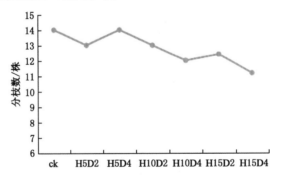

图 5-73　2020—2021 年度油菜不同淹水处理的单株分枝数对比

5.5.3.2　涝渍胁迫对油菜千粒重和产量的影响

2020—2021 年度油菜不同淹水处理对油菜千粒重和产量的影响如图 5-74 所示。从图 5-74 中可以看到,随着淹水深度的增加和淹水历时的延长,油菜的千粒重及产量均呈现下降趋势。研究说明油菜的减产程度和淹水深度、淹水历时呈现正相关关系,淹水深度、淹水历时均是影响油菜千粒重和产量的主要因素。对多因素进行回归分析,得出对油菜千粒重和产量影响程度的排序:淹水深度＞淹水历时。

对油菜的涝渍综合排水指标试验进行整体分析发现,淹水处理会对油菜的生长发育和产量产生影响。随着淹水深度的增加和淹水历时的延长,油菜株高降低,叶绿素浓度降低,单株分枝数、产量和千粒重都降低。淹水深度、淹水历时是主要影响因素,其中淹水深度影响较大,淹水历时次之。

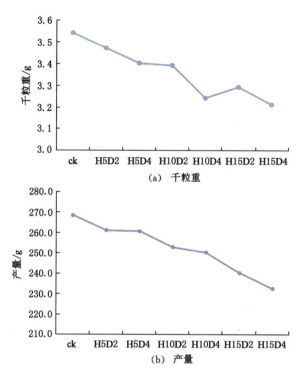

图 5-74　2020—2021 年度油菜不同淹水处理对油菜千粒重和产量的影响

5.5.4　油菜涝渍胁迫涝渍综合排水指标

将 2020—2021 年度的油菜开花盛期淹水处理的产量及其分析结果列于表 5-14 进行分析。从表中可以看出,油菜相对产量集中分布在 86.6%~97.3%,产量影响比较明显。从减产情况看,减产最严重的是淹水深度为 15 cm、淹水历时为 4 d 的处理,减产率在 13.4%,其中,淹水深度为 15 cm、淹水历时为 2 d 的处理组最为接近减产不超过 10% 的标准。

表 5-14　2020—2021 年度油菜淹水处理产量分析表

处理	SFEW$_{80}$/(cm·d)	产量/g	相对产量/%	减产率/%
ck	0	268.4	100.0	
H5D2	370	261.1	97.3	2.7
H5D4	380	260.6	97.1	2.9
H10D2	380	252.8	94.2	5.8
H10D4	400	250.2	93.2	6.8
H15D2	390	240.2	89.5	10.5
H15D4	420	232.5	86.6	13.4

根据涝渍淹水试验的实测资料,对油菜开花盛期淹水处理的相对产量及涝渍综合排水指标进行回归分析,求得拟合方程,如图 5-75 所示。

$$y = -0.002\,0x + 1.727\,2 \quad R^2 = 0.749$$

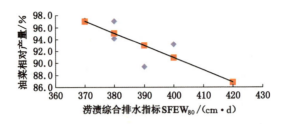

图 5-75　2020—2021 年度油菜淹水处理相对产量与涝渍综合排水指标的关系

从拟合方程可以看出,拟合效果较好。油菜的相对产量与累计综合涝渍水深 SFEW$_{80}$ 有明显的负相关关系。根据拟合方程推算,当油菜减产不超过 10％ 的时候,开花盛期累计综合涝渍水深 SFEW$_{80}$ 不能超过 404.58 cm・d,试验结果证明,徐州市油菜开花盛期适宜的涝渍综合排水指标 SFEW$_{80}$ 为 404.58 cm・d。

6 田间灌排蓄渗降水利设施研发与应用模式研究

为解决因现状农田灌溉、排水、蓄水、降渍适用设施不足,导致无法实现农田水分精准管理的问题,本项目组研发了10项专利设施:稻田田间蓄雨自动控制排水口门、农沟自动控制蓄排水闸、农田蓄雨排涝降渍轻型渗井、旱作农田蓄雨排涝轻型渗井、喷微灌农田蓄雨降渍渗井、田间自动控制进水闸门、田间自动控制进水管、磁吸式田间自动控制进水闸门、涝渍综合排水指标试验装置、渠灌田间放水口门毕托管差压分流文丘里管量水计等,通过灌溉和蓄排水效果试验,验证其应用效果和应用条件,并对存在的不足进行优化改进。

6.1 稻田田间蓄雨自动控制排水口门研发与应用

水稻蓄雨控灌技术(沟田协同灌溉技术)作为目前我国南方十六省水稻种植区推广的先进节水减排技术,在示范推广中发现,现有的稻田田间排水口门一般采用DN100~DN300混凝土预制管、PVC管或直接开挖畦田埂排水到腰沟、毛沟,目前国内尚无自动控制水稻田间排水设施,在降雨时放水员或农户根据稻田排水经验决定打开或堵塞排水口,导致推广区农田不能严格按照蓄雨控灌灌排制度实现精确控制排水,不利于水稻节水减排高产的水分管理。

为严格落实水稻蓄雨控灌的蓄水上限指标和田间控制排水技术要求,本项目组专门研发了一种稻田田间蓄雨自动控制排水口门(ZL 2018 1 0281475.0、ZL 2018 2 0471763.8),包括闸门槽和 N 个不同规格带排水孔及孔塞的溢流闸板。闸门槽安装在稻田与排水沟之间的田埂上或田间排水管前部,闸门底槽上部所在的平面与稻田田面平齐,闸门槽顶部所在的平面与田埂平齐或略高于田埂;溢流闸板排水孔的下边缘所在平面与闸门底槽上部所在平面的垂直距离等于水稻某生育期的蓄水上限深度,溢流闸板顶部所在平面与闸门底槽上部所在平面的垂直距离等于水稻某生育期的临时蓄水上限深度;溢流薄壁堰高度和溢流薄壁堰宽度由设计排涝标准、临时蓄水上限和稻田面积计算确定;溢流闸板上排水孔的数量、孔径和位置根据稻田面积和某生育期的临时蓄水上限与蓄水上限及允许滞蓄时间计算确定。

本研发设施根据稻田面积和不同生育期的临时蓄水上限与蓄水上限,计算确定闸门槽和溢流闸板的尺寸及相对位置关系以及溢流闸板上排水孔的数量、孔径和位置,从而实现了以下目的:

(1)当发生大于或等于设计排涝标准的暴雨时,高于临时蓄雨上限的水量,在降雨时段内,通过溢流闸板上部排出。

(2)在允许滞蓄时间内(雨后24 h),临时蓄雨上限和蓄水上限之间的水量,通过溢流闸板上的排水孔排出。

（3）在允许滞蓄时间时（雨后 24 h），稻田蓄水位控制在蓄水上限位置。

本装置不需暴雨期人工野外作业，可以按照设计排水指标实现稻田自动控制排水，可减少稻田灌排次数和灌排水量，提高雨水利用效率和水分生产效率，达到节水、减污、高效、省工的目标。本发明还具有结构简单、制作方便、成本低、无须动力、无须人工值守等特点，适合广大的水稻种植区田间应用。且装置采用溢流方式，可减少排水中泥沙和污染物浓度，有利于控制面源污染和泥沙输出。

本装置专利证书及各示范点使用情况如图 6-1～图 6-5 所示。

图 6-1　专利证书（ZL 2018 1 0281475.0、ZL 2018 2 0471763.8）

图 6-2　2019 年度庆安灌区杨圩试验点应用

图 6-3　2020 年度庆安灌区东楼试验示范点（1）

图 6-4　2020 年度庆安灌区东楼示范点（2）

图 6-5　睢宁试验基地试验区

6.1.1　工艺流程

6.1.1.1　设计

（1）设计排涝标准：稻田田间蓄雨自动控制排水口门采用江苏省高标准农田排涝标准，日雨 200 mm 雨后 1 d 排出积水。

（2）溢流闸板排水孔孔径的设计：采用平均降雨强度法计算稻田蓄水水位、蓄水量及排水量。

稻田一般为格田或畦田，面积为 $A(\mathrm{m}^2)$。

溢流闸板排水孔需要在雨后 24 h，排出水稻某生育期临时蓄水上限 $H_1(\mathrm{m})$ 与蓄水上限 $H_2(\mathrm{m})$ 之间的水深 $H_0(\mathrm{m})$，$H_0 = H_1 - H_2$。

共需排出临时滞蓄水量为 $W = AH_0 = A(H_1 - H_2)$，单位为 m^3。

溢流闸板的排水孔可以为 1 个或 N 个，排水孔下缘的高度等于水稻蓄水上限，本例取 1 个排水孔设计。

排水孔与田面高差为 H_2，高于下游排水沟水位，为自由出流，其流量公式为：

$$Q_t = \mu A \sqrt{2gH_t} \tag{6-1}$$

式中　Q_t——孔口流量，m^3/s；

　　　A——孔口面积，$A = \pi D^2/4$，m^2；

　　　D——孔口直径，m；

　　　H_t——某时点孔口的水头，m；

　　　g——重力加速度，m/s^2；

　　μ——孔口流量系数,采用薄壁圆形小孔口自由出流公式计算,$\mu = \varepsilon\varphi,\varepsilon = 0.63 \sim$
0.64,$\varphi = 0.97 \sim 0.98$,$\mu = 0.60 \sim 0.62$。

　　排水量公式为:

$$W = \sum 3\,600Q_t \times T = \sum 900\mu\pi D^2 \times \sqrt{2gH_t} \times T \qquad (6\text{-}2)$$

式中　T——排水历时,h,$T = 1 \sim 24$ h;

　　　　Q_t——某时段闸板排水孔的平均流量,m³/s;

　　　　H_t——某时段田间水位与闸板排水孔中心点的高差,m;

　　　　其他符号含义同前。

　　由以上公式,可以假定闸板排水孔孔径为 D,通过 Excel 表分时段计算出某个时段的 H_t 和 Q_t,通过累计 24 h 流量总和等于设计排水量 W,试算出闸板排水孔孔径 D 值,确定排水孔的孔径 D,也可以通过田块排水试验观测法确定。具体布置如表 6-1 和表 6-2 所示。

表 6-1　水稻田块面积与闸板排水孔数量及孔径布置表

		溢流闸板排水孔孔径(排水孔数量×孔径)/mm								
		返青期	分蘖期			拔节孕穗期		抽穗开花期	乳熟期	黄熟期
			前期	中期	后期	前期	后期			
蓄水上限/mm		70	80	100	晒田	150	150	150	80	
临时蓄水上限/mm		100	150	150	—	200	200	200	150	—
稻田面积/m²	100	12	16	14	0	14	14	14	16	0
	200	18	22	20	0	20	20	20	22	0
	300	22	28	25	0	25	25	25	28	0
	400	25	32	29	0	29	29	29	32	0
	500	29	36	32	0	32	32	32	36	0
	600	2×22	39	36	0	36	36	36	39	0
	800	2×25	45	42	0	42	42	42	45	0
	1 000	2×29	50	45	0	45	45	45	50	0
	2 000	4×29	2×50	2×45	0	2×45	2×45	2×45	2×50	0
	3 000	6×29	3×50	3×45	0	3×45	3×45	3×45	3×50	0
	4 000	8×29	4×50	4×45	0	4×45	4×45	4×45	4×50	0
	5 000	10×29	5×50	5×45	0	5×45	5×45	5×45	5×50	0
	6 000	12×29	6×50	6×45	0	6×45	6×45	6×45	6×50	0
	8 000	16×29	8×50	8×45	0	8×45	8×45	8×45	8×50	0
	10 000	20×29	10×50	10×45	0	10×45	10×45	10×45	10×50	0
采用闸板		1#闸板	2#闸板	3#闸板	无闸板	4#闸板			2#闸板	无闸板

　　注:如稻田面积为 1 000 m² 时,返青期 2×29,其中 2 代表 2 个排水孔,29 代表孔径为 29 mm。

表 6-2　水稻不同生育期采用闸板净高和排水孔位置

闸板标号	1# 闸板	2# 闸板	3# 闸板	4# 闸板
闸板净高 H_1/mm	100	150	150	200
排水孔下缘距田面高度 H_2/mm	70	80	100	150

（3）闸门净宽 b 的设计：本研发产品设计当暴雨产生径流深度大于临时蓄雨上限的水位时，水将在降雨时段内，通过溢流闸板上方与闸门槽构成的矩形薄壁堰自由出流排入毛沟或腰沟。

① 设计暴雨大于临时蓄雨上限的径流深及排水量

径流深：

$$R_稻 = P - S - E_稻 \tag{6-3}$$

式中　P——设计雨量，$P=200$ mm。

　　　S——稻田临时滞蓄水深，取 S 为生育期临时蓄雨上限－雨前水层深度，mm。以分蘖中期为例，临时蓄雨上限为 150 mm，假设雨前水层深度为 10 mm，则 $S=140$ mm。

　　　$E_稻$——稻田耗水强度，mm/d，可根据试验资料或土壤的渗透系数确定。

设计溢流排水量：

$$w = R_稻 A/1\ 000 \tag{6-4}$$

式中　w——溢流排水总量，m³；

　　　A——稻田面积，m²。

② 溢流闸板溢流排水时间

稻田为减少排水，提高降雨有效利用率，雨前溢流闸板排水孔为孔塞封闭状态，若发生设计暴雨，雨后再打开闸板排水孔排水，设计暴雨时，按照平均降雨强度和稻田耗水强度计算溢流闸板的溢流开始时间。

溢流闸板溢流开始时间：

$$T_1 = 24S/(P - E_稻)$$

溢流排水总时间：

$$T_2 = 24 - T_1$$

③ 溢流排水流量

当设计暴雨产生径流深度大于临时蓄雨上限的水位时，排水通过溢流闸板上方与闸门槽构成的矩形薄壁堰自由出流排入毛沟、腰沟，根据《灌溉渠道系统量水规范》（GB/T 21303—2017），流量计算适合使用有侧收缩矩形薄壁堰自由流流量公式，公式为：

$$Q = m_0 b \sqrt{2g} H^{3/2} \tag{6-5}$$

式中　H——堰顶水头，m；

　　　b——堰顶宽，即闸门净宽，m；

　　　m_0——流量系数，用巴赞公式确定：$m_0 = [0.405 + 0.002\ 7/H - 0.03(B-b)/B][1 + 0.55(H/(H+P))^2 \times (b/B)^2]$，公式适用范围为 $P \geqslant 0.5H$，$b > 0.15$ m，$P > 0.10$ m；

　　　B——田面宽度，m；

P——田面与闸板顶的高差,m。

不同水稻田面积与闸门净宽 b 的关系如表 6-3 所示。

表 6-3　不同水稻田面积与闸门净宽 b 的关系表

稻田面积/m²	流量/(m³/s)	计算值 b/m	设计取值 b/m
500	0.013 3	0.081 3	0.15
1 000	0.026 7	0.162 6	0.20
1 500	0.040 0	0.243 9	0.25
2 000	0.053 3	0.325 2	0.35
3 000	0.080 0	0.487 8	0.50
4 000	0.106 7	0.650 4	0.70
5 000	0.133 3	0.813 0	0.85
6 000	0.160 0	0.975 6	1.00
8 000	0.213 3	1.300 8	1.30
10 000	0.266 7	1.626 0	1.65

6.1.1.2　制作

本装置包括闸门槽和 N 个不同规格带排水孔及孔塞的溢流闸板。溢流闸板及闸门槽选用 PVC、钢材、木材或混凝土材料等制作而成;孔塞选用橡胶、木材、PVC、金属或混凝土材料制作;闸门槽和溢流闸板的形状一致,为矩形、梯形或三角形。

6.1.1.3　安装

闸门槽安装在稻田与排水沟之间的田埂上或田间排水管前部,闸门底槽上部所在的平面与稻田田面平齐,闸门槽顶部所在的平面与田埂平齐或略高于田埂。溢流闸板安设在闸门槽内,按照水稻生育进程定期更换溢流闸板。排水孔平时用孔塞封闭,雨后需要排水时打开即可。

6.1.1.4　应用

本设施已在徐州市河湖管理中心睢宁试验基地试验区以及江苏省睢宁县庆安灌区杨圩试验点、东楼水稻试验示范区应用(图 6-2～图 6-5),均达到设计蓄雨排水效果。如 2021 年 7 月 27 日至 28 日暴雨,本技术在睢宁试验基地 7 个试验小区应用,并开展了降雨排水观测。7 月下旬,水稻处于分蘗中期,根据水稻沟田协同控制灌排技术的田间水分控制指标,设计蓄水上限为 150 mm,临时蓄水上限为 200 mm,采用 4# 闸板。7 月 28 日,各试验小区水深均超过临时蓄水上限,溢流排水闸门开始溢流排水;雨后,打开排水孔塞开始排水观测,各试验小区均在 23.1～24.7 h 排水至设计蓄水上限,均达到设计蓄雨排水效果。

6.1.2　技术要点

通过三年不同大小田块的试验应用,在制作安装本装置时,应注意以下几点:

(1)严格按照田块的面积大小,设计制作闸门宽度和闸板宽度及开孔的孔径、数量,按照稻田不同生育期设计蓄水上限制作不同高度的闸板和确定开孔的位置。

(2)安装时,控制闸门槽高度与田面平齐,保证田间控制蓄水深度。

（3）按照不同生育期及时更换不同的闸板，达到不同生育期的蓄水深度。

（4）定期检查闸孔，以防杂物堵塞。

6.2　农沟自动控制蓄排水闸研发与应用

农沟自动控制蓄排水闸（ZL 2018 2 0601213.3）包括闸板、闸板支撑轴以及用以限制闸板水平和垂直位置的限位栓。闸板支撑轴水平放置，其两端分别固定安装于农沟两侧沟坡上，闸板与闸板支撑轴转动连接，闸板迎水面靠近沟底的一端成型有流线型凸起部。本实用新型按照农沟设计蓄水位实现农沟蓄水、排水自动控制，可减少稻田灌排次数和灌排水量，提高雨水利用效率和水分生产效率，达到节水、减污、高效、省工的目标，而且结构简单，制作方便，闸板运行稳定，成本低，无须动力，无须人工巡查值守，适合水稻种植区农沟应用。

本装置专利证书及使用情况如图6-6～图6-9所示。

图 6-6　专利证书（ZL 2018 2 0601213.3）

图 6-7　农沟自动控制蓄排水闸

图 6-8　毛沟自动控制蓄排水闸

图 6-9　腰沟自动控制蓄排水闸

6.2.1 研发背景

农沟是指农田排水系统中的田间排水沟道(小沟、毛沟、腰沟),数量众多,具有巨大的蓄水能力。将农田多余的雨水拦蓄在农沟进行控排,可以延长排水历时,提高雨水利用效率,同时利用农沟的泥沙沉淀、植物吸收、土壤吸附等效应,可以减少氮磷等污染物的排放,降低农业面源污染。

水稻生长期暴雨较多,稻田排水量大,高施肥量下的稻田易使大量氮磷随排水流失,导致水体环境恶化。沟田协同控制灌排技术利用农田、农沟对排水拦截,利用其湿地效应,减少排水量及氮磷浓度,降低污染物负荷,成果已在我国水稻区大面积推广应用,各地应用结果表明:灌溉定额较常规淹灌减少 20%～55%,排水定额减少 25%～70%,降雨利用效率增加 30%～50%,灌溉水生产效率提高 45%～85%,单位面积农田的氮磷负荷降低 70%,起到良好的节水减排、减污防污、高效利用水资源的作用效果。

在推广应用过程中发现,现状高标准农田一般农沟无排水控制措施,排水按照腰沟→毛沟→小沟→中沟→大沟排出,一般只在中沟和大沟上建节制闸控制排水,利用农沟拦蓄蓄水设施较少。水稻沟田协同灌溉技术现推荐的农沟控制排水建筑物对农沟的过水能力产生较大的影响,降低了农田的排涝标准,尤其对排水区内同时种植的旱作物除涝降渍不利,需要人工巡查值守,以打开或关闭闸门,增加了排水工作量,无法实现自动控制排水。

6.2.2 技术原理

现有技术中,高标准农田排水沟规划设计为:排水沟按日雨 200 mm 雨后 1 d 排出积水的排涝标准设计,排涝模数一般为 0.9～1.1 $m^3/(s \cdot km^2)$。排水沟规划根据当地实际地形及田块情况确定,一般中沟长 1 400 m,间距 1 000 m;断面标准为底宽 3 m,边坡 1:2,深 3 m。小沟长 1 000 m,间距 200 m;断面标准为底宽 1 m,边坡 1:1,深 2 m。垂直小沟开挖毛沟,毛沟长 200 m,间距 100 m;断面标准为底宽 0.5 m,边坡 1:0.5,深 0.8 m。垂直毛沟开挖腰沟,断面标准为底宽 0.3 m,深 0.5 m,间距 50 m。垂直腰沟开挖墒沟,深 0.2 m,间距 3～4 m。

沟田协同灌溉技术推广区主要采取在小沟出口(与中沟交汇处)修建控制建筑物,可采用溢流堰或闸门。

采用溢流堰时,顶高程一般低于地面 50 cm。缺点是过流断面小,影响过水能力和排涝标准,尤其对排水区内同时种植的旱作物除涝降渍不利。当溢流堰槽高度较小时,农沟控制水位较低,拦蓄水量较小,作用不大。

采用排水闸时,需在农沟上设置混凝土闸门。为充分发挥其效用,闸门宽度为 40～50 cm,厚度为 5 cm,闸顶高度低于挡墙 20 cm,一般低于地面 30 cm 左右。存在的不足是排水闸门的宽度较小,对农沟的过水能力产生较大的影响,降低了农田的排涝标准,且需要人工巡查值守,以打开或关闭闸门,增加排水工作量。

基于上述问题,对排水控制装置进行了改进。

农沟的设计断面参数:深度为 h,底宽为 a,坡度为 k。以农沟的设计蓄水位 $0.8h$ 作典型设计。

(1)闸板尺寸的设计

根据农沟的设计断面参数：深度为 h，底宽为 a，口宽为 L，坡度为 k，设计闸板尺寸的参数：深度为 $h_1 = 0.8h$，底宽为 a，上部矩形部分宽为 b，闸板支撑轴安装平面与沟底垂直距离为 h_0。

（2）闸板支撑轴位置的设计

在农沟设计水位为 $0.8h$ 时，闸板支撑轴上部闸板力矩等于下部力矩，水位高于设计水位时闸门翻转。假设闸板支撑轴安装所在的平面与沟底垂直距离为 h_0。

闸板支撑轴所在的平面以上闸板为矩形，水压作用力矩为：

$$M_{上} = \int_0^{h_1-h_0} \rho g x b (h_1 - h_0 - x) \mathrm{d}x = \frac{1}{6}\rho g b (h_1 - h_0)^3 \tag{6-6}$$

闸板支撑轴所在的平面以下闸板为梯形，水压作用力矩为：

$$M_{下} = \int_0^{h_0} \rho g (h_1 - x)(h_0 - x)\left(a + 2\frac{x}{k}\right)\mathrm{d}x = \rho g\left[\frac{a}{2}h_1 h_0^2 - \left(\frac{a}{6} - \frac{h_1}{3k}\right)h_0^3 - \frac{h_0^4}{6k}\right] \tag{6-7}$$

当 $M_{上} < M_{下}$ 时，闸板支撑轴上部闸板所受力矩小于下部闸板，闸板闭合止水；水位高于设计水位时，$M_{上} > M_{下}$，闸门翻转。本方程只有一个未知数 h_0，通过 Excel 表试算，即可确定 h_0 的值，即闸板支撑轴的高度。

农沟自动控制蓄排水闸原理如图 6-10 所示。

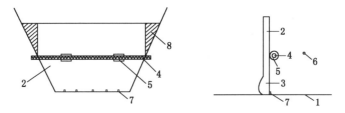

1—闸室底板；2—闸板；3—流线型凸起部；4—闸板支撑轴；

5—轴承；6—闸板第二限位栓；7—闸板第一限位栓；8—挡板。

图 6-10　农沟自动控制蓄排水闸原理图

6.2.3　高标准农田标准化的毛沟自动控制蓄排水闸的设计

现以高标准农田标准化的毛沟自动控制蓄排水闸作典型设计：毛沟底宽为 0.5 m，边坡 1∶0.5，深为 0.8 m，口宽为 1.3 m。

设计闸板尺寸的参数：深度 $h_1 = 0.64$ m，底宽 $a = 0.5$ m，坡度 $k = 2$，上宽 $b = 2\dfrac{h_0}{k} + a$，代入公式 $M_{上} = M_{下}$，经试算得 $h_0 = 0.229$ m，即闸板支撑轴中心距闸底高为 0.229 m，上部矩形闸板高为 0.411 m，下部梯形闸板高为 0.229 m。

高标准农田小沟、毛沟、腰沟自动控制蓄排水闸设计参数如表 6-4 所示。

表 6-4　小沟、毛沟、腰沟自动控制蓄排水闸设计参数

	1#	2#	3#
L	5.0	3.5	0.7
h	1.40	1.00	0.30

表 6-4(续)

	1#	2#	3#
h_0	0.410	0.298	0.090
a	1.60	0.90	0.20
b	2.59	1.67	0.35
k	0.82	0.77	1.20
h_1	1.12	0.80	0.24
$M_上$	1.560	0.350	0.002
$M_下$	1.550	0.350	0.002
$M_上 - M_下$	0.01	0	0

注:1#、2#、3#分别代表小沟、毛沟、腰沟的蓄排水闸。

6.2.4 应用说明

本装置通过三年不同田块农沟的试验应用,效果较好,达到设计效果。在制作安装时,应注意以下几点:

(1)严格按照农沟断面的面积大小,设计制作闸门宽度、高度和闸板的高度。

(2)在进行农沟自动控制蓄排水闸设计时,要合理确定滚筒或轴承的直径和闸门支撑轴的材质、直径及长度,保证闸门运转的稳定性。

(3)闸门重量要适宜,太轻则转动惯量小,稳定性差;过重则运行不灵活,成本高。根据应用比较,钢板太厚重,以 PVC 板材为佳。

(4)自动控制蓄排水闸要保证水流流态平顺,闸板迎水面下部尽量做成流线型,以免过闸水位突然变化而引起拍打,导致排水闸运行不稳。

(5)自动控制蓄排水闸布置时,在地质条件满足要求的情况下,优先选择在农沟顺直、沟底平整、纵坡平缓地段,使进闸和出闸水流比较均匀平顺,避免产生急流、旋涡等现象,有利于闸门正常运转。

(6)农沟自动控制蓄排水闸安装施工时,要清理出闸室基础,下部浇筑一定厚度的混凝土;对于较大断面的水闸最好埋设固定闸室的构件,对闸板支撑轴延伸部分浇筑支墩,在闸室前后的沟道上浇筑一定长度的混凝土护底、护坡。

6.3 旱作农田蓄雨排涝轻型渗井研发与应用

6.3.1 技术原理

徐州大部分地区地下水位较低,但由于存在透水性较弱的土层,入渗较慢,容易形成上层滞水,影响作物生长,且入渗不佳导致径流损失,降低雨水利用效率。

针对上述问题,研发了旱作农田蓄雨排涝轻型渗井,包括渗井孔以及安装于渗井孔内的井管。井管竖向安装于渗井孔内,下端安装管堵,上端安装可启闭的上管堵。井管从上至下依次设置相互连通的闭水管和透水管,透水管管壁均布透水孔,且透水管外表面包裹有尼龙网纱或透水土工布;透水管与渗井孔之间充填粗砂或细石子形成过滤层,闭水管与渗井孔之间充填土壤形成隔水层。在暴雨或连续降雨时,田面积水能通过井管迅速渗入深层透水性强的土壤中,减少旱作物涝灾,补充地下水。

6.3.2　工艺流程

6.3.2.1　制作

根据应用区的浅层地下水位以上土层的土壤类型、质地、水文地质的勘察情况,选择拟入渗土层、井管长度和透水管长度;根据试验渗井渗排能力,确定单井排水区面积。一般采用长度为 200～400 cm 的 DN110、DN90 或 DN75 的硬 PVC 管,透水管管壁钻出透水孔,外表面包裹尼龙网纱或透水土工布后备用。

6.3.2.2　施工

在不妨碍农作的田头墒沟或毛腰沟内,采用小型钻机或取土钻等工具钻出所需深度和孔径的渗井孔,将装配好的井管安装在渗井孔内,井管上端口处低于田面 0～30 cm,并与农田内三沟连通。下部透水管外部空隙用粗砂或细石子充填形成过滤层,闭水管外部孔隙用土壤密实充填形成隔水层,其表面低于井管上端口 10～20 cm。

6.3.2.3　运行

在暴雨或连续降雨时,打开上端管堵,田间积水通过井口拦污栅过滤杂物后,进入闭水管→透水管→透水孔→外表面包裹的尼龙网纱或透水土工布→透水性强的深层土壤。农田灌溉时,关闭上端管堵,防止灌溉水渗入深层土壤。

6.3.3　排涝试验

旱作农田蓄雨排涝轻型渗井试验选择在睢宁试验基地,试验面积为 400 m²(50.0 m×8.0 m)。该试验小区地面高程为 21.80 m,常年地下水位在 3.6～6.3 m。

土层结构为:①层粉砂壤土,黄夹灰色,层厚为 0.19 m,层底高程为 21.61 m;①-1层淤泥质壤土,黄灰色,层厚为 0.15 m,层底高程为 21.46 m;②层粉细砂,黄灰色,层厚为 0.45 m,层底高程为 21.01 m;②-1层壤土,黄褐、灰黄色,层厚为 0.33 m,层底高程为 20.68 m;②-2层砂壤土,黄、黄褐、灰黄色,夹壤土团块及薄层,层厚为 1.66 m,层底高程为 19.02 m;③层黏土,黄褐、灰黄色,层厚为 1.97 m,层底高程为 17.05 m。

选择渗透性强的②-2层砂壤土作为拟渗排水层。在不影响耕作的田头腰沟内,采用 ϕ110 小型钻机开孔至 4.3 m 深度,并扩孔形成渗井孔,将 4 m 长 DN90 的 PVC 管下段 1.5 m 开 4 排孔径 1.0 cm 的透水孔,透水孔纵向间距 5 cm,透水管段外包裹单层 60 目尼龙网纱,井管安装在渗井孔内,井管上端口低于田面 0.20 m,并与农田内的墒沟连通,透水管与渗井孔之间的空隙用粗砂填充,闭水管与渗井孔之间的缝隙用土壤密实填充,土壤层上表面低于井管上端口 0.10 m。

2019 年 6 月 9 日进行灌水试验:试验前地下水位为 4.16 m,灌水时间为暴雨后(6月5—6 日降雨量为 87.8 mm),试验区 0～0.50 m 土壤接近饱和,灌水量为 80 m³,水层深度为 20 cm,应用该旱作农田蓄雨排涝轻型渗井 46.3 h 后明水排净。

6.3.4　技术特点

经三年应用试验,本专利设施能按照设计要求将暴雨形成的田面积水排入地下深层土壤,排水效果良好。且该设施结构简单,造价低,无须动力,无须人工值守,施工方便,便于提高农田的蓄排水能力,可满足面广量大的农业生产的需求。

本技术产品解决的具体问题:能够通过井管将农田田面积水迅速渗入深层透水性强的土壤中储存。一方面,作为农田排水工程系统的补充设施,能够有效排除农田积水,提高旱作农田排涝能力,减轻沟河排水工程的排涝压力;另一方面,将农田多余的积水入渗到深层透水性强的土壤中,补充地下水资源,提高农田蓄水能力,提高了农田雨水利用率,同时可以减少排水造成的农田水土流失,减少氮磷等污染物排放对河道水环境的污染,减轻农业面源污染。

6.3.5 应用要点

(1)前期做好应用区水文地质勘察,确定透水性强、厚度大的土层作为拟渗排土层。

(2)开展试验渗井的测试,确定单井渗排能力。

(3)根据设计排涝标准、渗井渗排能力布设渗井的数量。

(4)渗井上部非透水管外部,用黏土封闭密实,防止灌溉水渗漏损失。

(5)成井后,立即洗井,可采用水泵注水冲出泥浆。

(6)运行期间经常巡查清除杂物,防止井口堵塞。

(7)非排水期用管堵封闭井口。

(8)汛期结束后,及时洗井,用管堵封闭井口。

6.4 农田蓄雨排涝降渍轻型渗井研发与应用

6.4.1 技术原理

农田蓄雨排涝降渍轻型渗井包括渗井孔和井管。井管上端口安装可启闭的上管堵,下端口安装下管堵,井管由上至下依次设置有相互连通的上段透水管、闭水管以及下段透水管,透水管管壁均成型有透水孔,且其外表面包裹尼龙网纱或透水土工布。井管设置在渗井孔内,上段透水管、下段透水管与渗井孔之间充填粗砂或细石子形成过滤层,闭水管与渗井孔之间充填土壤形成隔水层。井管内部还设置用于开启或封堵闭水管的活塞机构。一方面,在暴雨或连续降雨时,打开上管堵,拉出在井管内部的活塞机构,田面积水和上层土壤饱和水通过井管迅速渗入深层透水性强的土壤,提高农田排涝、降渍的能力,减轻沟河排水工程的排涝压力;另一方面,将农田多余的积水和上层土壤饱和水入渗到深层渗透性强的土壤中,补充地下水资源,提高农田雨水利用率;再一方面,在农田灌溉时,井管内设置的活塞机构封堵了闭水管,防止灌溉水通过闭水管进入井管下部,从而渗到深层土壤,减少灌溉水的损失,达到蓄雨、排涝、降渍和保证灌溉水有效利用的综合效果。

6.4.2 工艺流程

6.4.2.1 制作

根据应用区的浅层地下水位以上土层的土壤类型、质地、水文地质的勘察情况,选择拟入渗土层、井管长度和透水管长度,根据试验渗井渗排能力和旱作物涝渍综合排水指标,确定单井排水区面积。一般采用长度为 200~400 cm 的 DN110、DN90 或 DN75 的硬 PVC 管,上、下段均为透水管,上段透水管与下段透水管管壁均钻出透水孔且外表面包裹尼龙网纱或透水土工布后备用,管堵封闭井管下端口。

6.4.2.2 施工

在不妨碍农作的田头墒沟或毛腰沟内,采用小型钻机或取土钻等工具钻出所需深度和孔径的渗井孔,将装配好的井管安装在渗井孔内,井管上端口处低于田面 0~30 cm,并与农田内的墒沟或腰沟连通。上段透水管和下段透水管外部空隙用粗砂或细石子充填形成过滤层,上段透水管外粗砂层上表面低于井管上端口 10~20 cm,闭水管段外部孔隙用黏土密实充填形成隔水层。

6.4.2.3 运行

在降雨量大或需要排涝降渍时,打开井管的上部管堵、取出活塞机构,农田积水和上层土壤内的饱和水通过打开的上端管堵,后经过井口拦污栅过滤杂物后,通过管口及上段透水管上的透水孔流入井管,流经闭水管进入下段透水管,入渗到深层渗透性强的土壤,进行排涝降渍;灌溉时,井管内设置的活塞机构封堵闭水管,控制灌溉水的深层渗漏损失。

轻型渗井及其安装如图 6-11 所示。

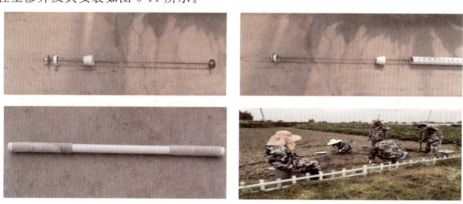

图 6-11 轻型渗井及安装试验

6.4.3 排涝降渍试验

本实用新型农田蓄雨排涝降渍轻型渗井在睢宁试验基地进行试验,试验场地布置在旱作物灌溉试验区,地面高程为 21.80 m,常年地下水位在 3.6~6.3 m。布置了 2 个灌排处理共 4 个试验小区,每个小区面积为 200 m²(50 m×4 m),灌水采用水表计量。试验小区四周畦埂高为 25 cm,每个小区中间开挖一条墒沟,沟宽为 30 cm,沟深为 20 cm。1#、4# 沟洫畦田试验小区,在墒沟的沟头分别设置农田蓄雨排涝降渍渗井;2#+3# 沟洫畦田试验小区,在墒沟的沟头设置一个农田蓄雨排涝降渍渗井。渗井井口均与田面平齐,井深为 4 m,井孔为 150 mm,PVC 井管为 DN90。井管的上部 0.8 m、下部 1.5 m 开 8 mm 孔,孔距为 20 mm,外部包裹塑料纱网,上部孔内采用等内径的橡胶活塞封堵,活塞连接 1.0 m 长拉杆启闭活塞,井口封堵并与活塞拉杆连接;上部 0.8 m、下部 1.5 m 井管外采用粗砂回填,中间空隙采用黏土封闭。每个处理畦田内设置 1 m 深的渗井,观测土层饱和含水量的深度。

土层结构为:①层粉砂壤土,黄夹灰色,层厚为 0.19 m,层底高程为 21.61 m;①_1 层淤泥质壤土,黄灰色,层厚为 0.15 m,层底高程为 21.46 m;②层粉细砂,黄灰色,层厚为 0.45 m,层底高程为 21.01 m;②$_{-1}$层壤土,黄褐、灰黄色,层厚为 0.33 m,层底高程为 20.68 m;②$_{-2}$层砂壤土,黄、黄褐、灰黄色,夹壤土团块及薄层,层厚为 1.66 m,层底高程为 19.02 m;③层黏土,黄褐、灰黄色,层厚为 1.97 m,层底高程为 17.05 m。土层渗透性如表 6-5 所示。

表 6-5 土层渗透性统计

土层	名称	渗透系数 K_V/(cm/s)	渗透性分级	土层	名称	渗透系数 K_V/(cm/s)	渗透性分级
①	粉砂壤土	5.35×10^{-5} 2.68×10^{-4}	弱透水 中等透水	②$_{-1}$	壤土	3.42×10^{-6} 6.08×10^{-6}	微透水
①$_{-1}$	淤泥质壤土	3.20×10^{-6} 9.33×10^{-5}	微透水 弱透水	②$_{-2}$	砂壤土	2.51×10^{-4} 4.33×10^{-4}	中等透水
②	粉细砂	7.66×10^{-4} 1.39×10^{-4}	中等透水	③	黏土	1.33×10^{-7} 7.29×10^{-7}	极微透水

选择渗透性强的②$_{-2}$层砂壤土作为拟渗排水层。在不影响耕作的田头腰沟内,采用 ϕ110 小型手持电动钻机开孔至 4.5 m 深度,形成渗井孔,开工后进行冲扩孔,确保孔径增大,孔内沉渣冲净,冲孔要反复两次。成孔后,立即下入井管,并保证垂直,井管分别安装在渗井孔内,井管上端口低于田面 20 cm,高于沟底 10 cm,并与农田内的墒沟连通,透水管与渗井孔之间的空隙用粗砂填充,闭水管与渗井孔之间的缝隙用黏土密实填充,成井后,立即用微型离心泵抽水洗井。

现选取 2020 年 6 月 16—17 日暴雨(次降雨量为 207.0 mm)为例进行分析。试验场地为旱作物灌溉试验区,前期 6 月 11—13 日次降雨量为 68.0 mm,6 月 15 日雨前观测浅层地下水位为 4.28 m,0～40 cm 土壤含水量接近田持量。在 6 月 16 日 20:00 田面积水时,开启 T1、T2 处理的井口封堵以及活塞开始渗井排水,每天 8:00 和 20:00 观测田面水深,取平均值作为当天的平均水深,田面无积水时,观测试验小区内设置的 1 m 渗井的水位。

2020 年 6 月 16—17 日降雨过程如图 6-12 和表 6-6 所示。6 月 16—20 日不同处理涝渍综合排水指标(SFEW$_{80}$)变化如表 6-7 所示。

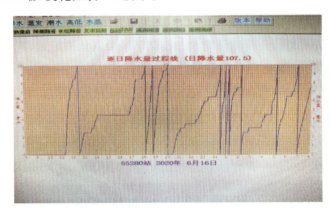

图 6-12 日降雨量过程线图

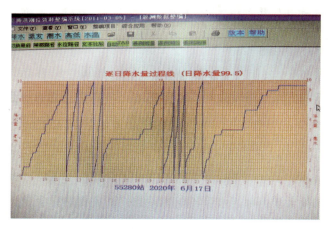

图 6-12　（续）

表 6-6　2020 年 6 月 16—17 日降雨过程

日期	6-16 12:00	6-16 16:00	6-16 20:00	6-16 24:00	6-17 04:00	6-17 08:00	6-17 12:00	6-17 16:00	6-17 20:00	6-17 24:00	6-18 04:00
降雨量/mm	7.5	14.5	38.5	45.5	96.5	107.5	118.0	152.5	158.0	200.0	207.0

表 6-7　2020 年 6 月 16—20 日不同处理涝渍综合排水指标（SFEW$_{80}$）变化

日　　期		6 月 16 日		6 月 17 日		6 月 18 日		6 月 19 日		6 月 20 日		6 月 21 日	
观测时间		8:00	20:00	8:00	20:00	8:00	20:00	8:00	20:00	8:00	20:00	8:00	20:00
累计降雨量/mm		0	38.5	107.5	158.0	207.0							
T1	田面水深/mm	19.0	18.6	1.1	0	0	0	0	0	0	0	0	
	饱和根层/mm	80.0	80.0	80.0	73.5	58.8	35.9	14.3	0	0	0	0	
	时段 SFEW$_{80}$/(cm·d)	49.50	49.30	40.55	36.75	29.4	17.95	7.15	0				
	累计 SFEW$_{80}$/(cm·d)	49.50	98.80	139.35	176.10	205.50	223.45	230.60					
T2	田面水深/mm	18.7	33.1	30.4	25.1	0	0	0	0	0			
	饱和根层/mm	80.0	80.0	80.0	80.0	80.0	63.1	45.9	20.3	2.9	0		
	时段 SFEW$_{80}$/(cm·d)	49.35	56.55	55.20	52.55	40.00	31.55	22.95	10.15	1.45			
	累计 SFEW$_{80}$/(cm·d)	49.35	105.90	161.10	213.65	253.65	285.20	308.15	318.30	319.75			

6.4.4　技术特点

　　经应用试验,本专利设施一方面能按照设计有效排除农田积水和上层土壤内的饱和水,提高农田排涝、降渍能力,减轻沟河排水工程的排涝压力;另一方面,能将农田多余的积水入渗到深层渗透性强的土壤中,补充地下水资源,提高农田雨水利用率;再一方面,在农田灌溉时,井管内设置的活塞机构封堵了闭水管,防止灌溉水通过闭水管进入井管下部,从而渗到深层土壤,减少灌溉水的损失,达到蓄雨、排涝、降渍和保证灌溉水有效利用的综合效果。该渗井结构简单,制作方便,成本低,运行无须动力,无须人工巡查值守,设置在田间地头或内三沟内基本不影响耕作和作物种植,能够迅速将田面积水、上层土壤饱和水渗入深层土壤,作为现有农田排水工程系统的补充设施,适合广大的农田应用。

6.4.5　应用要点

(1) 前期做好应用区水文地质勘察,确定浅层地下水位以上透水性强、厚度大的土层作为拟渗排水层。

(2) 开展试验渗井的测试,确定单井渗排降渍能力。

(3) 根据设计涝渍综合排水指标、单井渗井渗排降渍能力布设渗井的数量。

(4) 井管内设置的橡胶活塞与井管内径相同或略大于内径,不宜太薄或太厚。

(5) 活塞拉杆长度大于上部透水管长度 $10\sim20$ cm,确保非排水期封闭。

(6) 渗井中部非透水管外部,用黏土封闭密实,防止灌溉水渗漏损失。

(7) 成井后,立即洗井,可采用水泵注水冲出泥浆。

(8) 运行期间经常巡查清除杂物,防止井口堵塞。

(9) 非排水期安装橡胶活塞、拉杆封闭透水管,用管堵封闭井口。

(10) 汛期结束后,及时洗井。

6.5　喷微灌农田蓄雨降渍渗井研发与应用

6.5.1　技术原理

喷微灌农田蓄雨降渍渗井包括渗井孔和井管,井管竖向安装于渗井孔内,上、下端口分别安装有管堵,井管两端成型有透水管段,井管与渗井孔之间充填粗砂或细石子层,透水管管壁均布透水孔,且其外表面包裹尼龙纱网或透水土工布,在暴雨或连续降雨时,能够将喷微灌农田上部土壤饱和水快速渗入深层土壤中,提高喷微灌农田蓄雨降渍能力。

6.5.2　工艺流程

6.5.2.1　制作

根据应用区的浅层地下水位以上土层的土壤类型、质地、水文地质的勘察情况,选择拟入渗土层、井管长度和透水管长度,并根据试验渗井渗排能力和旱作物涝渍综合排水指标,确定单井排水面积。选择长度为 $200\sim400$ cm 的 DN90、DN75 或 DN50 的硬 PVC 管,上端口管堵与透水管管壁均采用 $0.6\sim1.0$ cm 钻头开孔,相邻两透水孔的纵向孔间距为 $3\sim5$ cm,上端口管堵及透水管外表面均用透水土工布进行包裹,并用塑料扎丝扎紧绑牢。

6.5.2.2　施工

采用小型钻机或取土钻人工开孔至 $2\sim4$ m 深度,形成渗井孔,将井管安装在对应渗井孔内,井管上端口低于田面 $0\sim0.2$ m,井管与渗井孔之间的缝隙用粗砂或细石子填充形成过滤层。

6.5.2.3　运行

农田上部土壤饱和水通过上段透水管上的透水孔流入井管,流经闭水管进入下段透水管,再经由下段透水管上的透水孔渗入深层土壤内,从而实现喷微灌农田的降渍,补充地下水。

轻型渗井井管如图 6-13 所示。

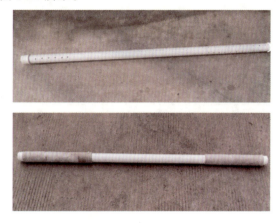

图 6-13　轻型渗井井管

6.5.3　排涝降渍试验

6.5.3.1　试验区布置

试验区布置在睢宁试验基地石榴小管出流灌田块,石榴品种为突尼斯软籽石榴,株行距均为 3.0 m×4.0 m,地面平整,高程在 21.8 m,耕作土壤结构为砂壤土,地下水埋深为 3.6~6.3 m。试验区布置了灌排蓄渗结合的沟洫畦田处理 3 个试验小区(1#~3#,表 6-8),每个小区面积为 400 m²(50 m×8 m),灌水采用水表计量。试验小区四周畦埂高 30 cm,每个小区中间开挖一条墒沟,沟宽为 30 cm,沟深为 20 cm。

表 6-8　睢宁试验基地石榴灌排蓄渗结合试验布置

处理	类型	规格	深度/m	开孔	数量
1#	间距 6 m	DN75	4	上部 0.8 m,下部 0.5 m	7
2#	间距 8 m	DN75	4	上部 0.8 m,下部 0.5 m	5
3#	间距 10 m	DN75	4	上部 0.8 m,下部 0.5 m	4

1#~3# 灌排蓄渗结合处理:在墒沟内分别设置间距为 6 m、8 m、10 m 喷微灌农田蓄雨降渍渗井,渗井井口均与沟底平齐,井深为 4 m,井孔为 110 mm,PVC 井管为 DN75,井管的上部 0.8 m、下部 0.5 m 开 8 mm 孔,孔距为 20 mm,外部包裹塑料纱网,上下井口封堵,上部 0.8 m、下部 1.5 m 井管外采用瓜子石回填,中部空隙采用黏土封闭。

6.5.3.2　试验区土层结构

①层粉砂壤土:黄夹灰色,层厚为 0.19 m,层底高程为 21.61 m。

①$_{-1}$层淤泥质壤土:黄灰色,层厚为 0.15 m,层底高程为 21.46 m。

②层粉细砂:黄灰色,层厚为 0.45 m,层底高程为 21.01 m。

②$_{-1}$层壤土:黄褐、灰黄色,层厚为 0.33 m,层底高程为 20.68 m。

②-2层砂壤土:黄、黄褐、灰黄色,夹壤土团块及薄层,层厚为 1.66 m,层底高程为 19.02 m。

③层黏土:黄褐、灰黄色,层厚为 1.97 m,层底高程为 17.05 m。

试验区根系土壤层物理参数如表 6-9 所示。

表 6-9　试验区根系土壤层物理参数

深度/cm	土壤容重/(g/cm³)	土壤孔隙率/%	田间持水量/%	土壤质地
0～10	1.11	58.1	27.5	粉砂壤土
10～20	1.14	57.0	25.3	
20～30	1.57	40.8	22.7	淤泥质壤土
30～40	1.44	45.7	26.7	粉细砂
40～50	1.40	47.2	27.5	
50～80	1.44	45.7	22.2	
80～110	1.53	41.3	21.8	壤土

6.5.3.3　排涝降渍轻型渗井设置

选择渗透性强的②-2层砂壤土作为拟渗排水层。在两行石榴中间墒沟内,采用 ϕ110 小型手持电动钻机开孔至 4.5 m 深度,形成渗井孔,开工后进行冲扩孔,确保孔径增大,孔内沉渣冲净,冲孔要反复两次。成孔后,立即下入井管并保证垂直,井管分别安装在渗井孔内,井管上端口与沟底齐平,透水管与渗井孔之间的空隙用粗砂填充,闭水管与渗井孔之间的缝隙用黏土密实填充,成井后,立即用微型离心泵抽水洗井。

灌排蓄渗结合的 1#～3# 试验小区设置的喷微灌农田蓄雨降渍渗井,排水时无须开启井口封堵,由上、下部透水孔自动入渗到深层土壤。

现选取 2020 年 6 月 16—17 日暴雨为例进行分析。前期 6 月 11—13 日次降雨量为 68.0 mm,6 月 15 日雨前观测浅层地下水位为 4.28 m,0～40 cm 土壤含水量接近田持量。从 6 月 16 日开始,每天 8:00 和 20:00 观测田面水深,取平均值作为当天的平均水深,田面无积水时,观测试验小区内设置的 1 m 渗井的水位。

2020 年 6 月 16—17 日降雨过程如图 6-12 和表 6-6 所示。6 月 16—20 日不同处理涝渍综合排水指标(SFEW$_{80}$)变化如表 6-10 所示。

表 6-10　2020 年 6 月 16—20 日不同处理涝渍综合排水指标(SFEW$_{80}$)变化

	日　期	6 月 16 日		6 月 17 日		6 月 18 日		6 月 19 日		6 月 20 日		6 月 21 日		合计
	观测时间	8:00	20:00	8:00	20:00	8:00	20:00	8:00	20:00	8:00	20:00	8:00	20:00	
	累计降雨量/mm	0	38.5	107.5	158.0	207.0								
T1	田面水深/mm	0	0	6.1	2.2	0	0	0						
	饱和根层/mm		80.0	80.0	80.0	49.8	16.1	0						
	时段 SFEW$_{80}$/(cm·d)		40.00	43.05	41.10	24.90	8.05	0						
	累计 SFEW$_{80}$/(cm·d)		40.00	83.05	124.15	149.05	157.10							157.10

表 6-10(续)

日 期		6月16日	6月17日	6月18日	6月19日	6月20日	6月21日			合计
T2	田面水深/mm	0	4.1	21.9	20.5	17.9	0	0	0	
	饱和根层/mm		80.0	80.0	80.0	80.0	57.6	25.2	0	
	时段 $SFEW_{80}$/(cm·d)		42.05	50.95	50.25	48.95	28.80	12.60	0	
	累计 $SFEW_{80}$/(cm·d)		42.05	93.00	143.25	192.20	221.00	233.60		233.60
T3	田面水深/mm	8.0	31.4	36.3	40.4	1.5	0	0	0	
	饱和根层/mm	80.0	80.0	80.0	80.0	80.0	50.2	21.9	0	
	时段 $SFEW_{80}$/(cm·d)	44.00	55.70	58.15	60.20	40.75	25.10	10.95	0	
	累计 $SFEW_{80}$/(cm·d)	44.00	99.70	157.85	218.05	258.80	283.90	294.85		294.85

6.5.4 技术特点

该渗井结构简单,制作方便,成本低,运行无须动力,无须人工巡查值守,不影响农田机械耕作,设置在灌水定额较小的喷微灌农田计划湿润层以下,可以减少灌溉水的渗漏损失,提高喷微灌农田蓄雨降渍能力。

6.5.5 应用要点

(1)前期做好应用区水文地质勘察,确定浅层地下水位以上透水性强、厚度大的土层作为拟渗排水层。

(2)开展试验渗井的测试,确定单井渗排降渍能力。

(3)根据设计涝渍综合排水指标、渗井渗排降渍能力合理确定渗井间距及布设渗井的数量。

(4)成井后,立即洗井,可采用水泵注水冲出泥浆。

(5)汛期结束后,及时洗井。

(6)喷微灌农田蓄雨降渍渗井与农田蓄雨排涝降渍轻型渗井或沟道外排联合应用,效果更佳。

6.6 田间自动控制进水闸门研发与应用

6.6.1 背景技术

田间进水口门是通过末级渠道配水灌溉的小型控制建筑物,具有面广量大的特点。目前市场上出现多种结构、多种材料的田间进水口门,但大多需要人为控制启闭。本项目研发的是一种能够实现自动控制灌水功能的田间进水闸门,以期实现农田灌溉自动化,减少劳动力,提高灌溉效率,推进农业节水。

田间小型配套建筑物是农田水利建设的重要组成部分,目前,在各类农田水利建设项目中比较重视农渠以上配套建筑物的规划建设,对田间小型配套建筑物重视不够,已经成为农田水利基础设施建设、农业节水最为薄弱的环节。其中田间进水口门对止水装置的严密性、闸门启闭的灵活性等方面有较高的要求。近年来市场上已形成插板式、箱式、悬挂式、拍门式、移门式、旋转式等多种结构、多种材料的田间进水口门。但这些口门的启闭需要灌水人员根据农田的水分情况人为控制,这种灌溉方式不仅浪费劳动力,且灌溉效率低,灌溉时间控制不合理会造成灌水过多,浪费水资源,且对作物生长不利。

6.6.2 技术原理

田间自动控制进水闸门,包括升降支架,升降支架顶点转动连接水平杠杆中部,水平杠杆两端分别设有闸门装置和浮筒装置。闸门装置包括闸门槽,闸门槽滑动连接闸门,闸门顶端通过提拉绳连接提闭杆,提闭杆与水平杠杆转动连接,升降支架上固定有横杆,横杆与提闭杆滑动连接,闸门装置内设有防滑和限位装置;浮筒装置包括设在田间水槽内的保护筒,保护筒下端开有若干进水口且其外壁包裹尼龙网纱,保护筒底面密封且设有磁铁,保护筒内设有浮筒,浮筒顶端固定连接杆,连接杆顶端与水平杠杆转动连接,浮筒底部设有铁块。本装置采用杠杆原理,能够按照田间设计灌水指标实现田间自动控制灌水,实现农田自动定量灌溉,推进农业节水。

如图 6-14 所示,田间自动控制进水闸门包括固定在田面上的可升降支架 18,可升降支架 18 顶点转动连接在一个水平杠杆 7 的中部,水平杠杆 7 两端对称滑动连接两个滑杆 26,

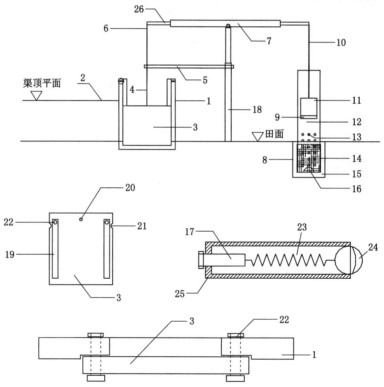

1—闸门槽;2—末级渠道;3—闸门;4—提拉绳;5—横杆;6—提闭杆;7—水平杠杆;
8—水槽;9—铁块;10—连接杆;11—浮筒;12—保护筒;13—进水口;
14—尼龙网纱;15—粗砂;16—磁铁;17—调节栓;18—可升降支架;19—竖向滑槽;
20—提拉孔;21—弧形槽;22—限位栓;23—弹簧;24—钢珠;25—保护壳;26—滑杆。

图 6-14 田间自动控制进水闸门图

两个滑杆 26 远离水平杠杆 7 的一端分别设有闸门装置和浮筒装置。闸门装置包括固定在田间末级渠道 2 壁上的 U 形闸门槽 1,闸门槽 1 内设置有能够上下滑动的闸门 3,闸门 3 顶端中部通过提拉绳 4 固定连接提闭杆 6,提闭杆 6 远离提拉绳 4 的一端与相邻的滑杆 26 转动连接,可升降支架 18 上固定有横杆 5,横杆 5 与提闭杆 6 滑动连接,保证提闭杆 6 在竖直方向上直线运动,闸门装置内还设有防滑和限位装置。浮筒装置包括固定在田间柱形水槽 8 内的保护筒 12,保护筒 12 下端开有若干个进水口 13 并且其外壁上包裹有尼龙网纱 14,保护筒 12 下端与水槽 8 之间填满粗砂 15,保护筒 12 底面密封并且固定设有磁铁 16,保护筒 12 内设置有能够上下滑动的浮筒 11,浮筒 11 顶端竖向固定有连接杆 10,连接杆 10 顶端与相邻的滑杆 26 转动连接,浮筒 11 底部设有铁块 9。

防滑装置包括对称设置在闸门槽 1 两端且横向布置的两个柱形保护壳 25,保护壳 25 远离闸门 3 的一端螺纹连接有调节栓 17,保护壳 25 内设有能够滑动的钢珠 24,钢珠 24 与调节栓 17 之间固定连接有弹簧 23,闸门 3 上开有两个与钢珠 24 适配的弧形槽 21。

钢珠 24 的直径与保护壳 25 内壁的直径相同。

闸门 3 的两端均开有竖向滑槽,闸门槽 1 两端固定有两个与竖向滑槽滑动连接的限位栓 22,可防止闸门 3 倾斜卡住,同时防止闸门 3 丢失。

可升降支架 18、连接杆 10 以及提闭杆 6 均为能够自锁的伸缩杆结构。

闸门槽 1 的底槽平面等于或高于田面 1~5 cm。

保护筒 12 深入田面内的深度为 10~20 cm,能够在设计灌水深度较小时,保证闸门 3 最大的开启度,实现大流量引水进田,提高灌水效率。

浮筒 11 重量与闸门 3 重量相同。

本装置适宜渠道设计水位与田面高差较小(10~20 cm)的平原区毛渠应用。根据杠杆原理,水平杠杆 7 中间为支撑点,当田间无水层时,浮筒 11、连接杆 10、铁块 9 的重量以及磁铁 16 的吸力之和大于闸门 3 与提闭杆 6 的总重量,浮筒 11 下沉,通过浮筒 11 的连接杆 10、水平杠杆 7 的一端滑杆 26 带动提闭杆 6 和提拉绳 4,并拉动闸门 3 上行,开启闸门 3,设计闸门 3 最大开启高度为防滑装置内钢珠 24 与闸门 3 上的弧形槽 21 适配时的高度,弹簧 23 处于自然状态时,钢珠 24 的一半球体露出保护壳 25 之外抵在弧形槽 21 内;当渠道来水时,田块通过开启的闸门 3 自动灌水,浮筒 11 在田间水位的浮力作用下上浮,通过连接杆 10、水平杠杆 7 的一端滑杆 26 带动提闭杆 6 下行,当田间水深达到设计深度时,提闭杆 6 下端高度低于闸门 3 上端且提拉绳 4 达到紧绷状态,拉动闸门 3 使弧形槽 21 与钢珠 24 脱离,拉闸门 3 下行关闭闸门,停止田间进水。

作物不同生育阶段的设计灌水深度是不同的,根据不同生育阶段设计灌水深度通过可升降支架 18 调整支点的高度,同时调整连接杆 10、提闭杆 6 和提拉绳 4 的长度,提拉绳 4 的长度为设计灌水深度的 1/2,以满足不同设计灌水深度的需要。

防滑装置防止田间灌水时,浮筒 11 上浮,闸门 3 自行下落,减小闸门 3 开启度,影响灌水速度,只有在达到设计灌水深度时,提闭杆 6 带动提拉绳 4 下拉闸门 3,一次性关闭闸门 3,在田间无水层时,闸门 3 提升至最大开启度防滑装置卡住闸门 3;浮筒 11 底部设的铁块 9 与保护筒 12 内的磁铁 16 相互吸引,在田间无水时,可以增加浮筒 11 对闸门 3 的拉力,使闸门 3 完全开启;保护筒 12 下端开若干进水口 13,用以保持保护筒 12 内水位与田间水位一致。

闸门 3 与提闭杆 6 通过提拉绳 4 软连接,可以灵活调节可升降支架 18 与浮筒 11 及保护筒 12 的位置,设置在闸门 3 一侧,使其避免因为水流波动而影响自动控制开启的效果,又可少占农田,不影响农作。

闸门槽 1、闸门 3、保护筒 12 应定期检查,防止异物堵塞、进入和淤积。

6.6.3　技术要点

(1) 限位装置要运行灵活,包括对称设置在闸门槽两端且横向布置的两个柱形保护壳,保护壳远离闸门的一端螺纹连接有调节栓,保护壳内设有能够滑动的钢珠,钢珠与调节栓之间固定连接有弹簧,闸门上开有两个与钢珠适配的弧形槽。

(2) 钢珠的直径与保护壳内壁的直径相同。

(3) 闸门的两端均开有竖向滑槽,闸门槽两端固定有两个与竖向滑槽滑动连接的定位栓。

(4) 升降支架、连接杆以及提闭杆均为能够自锁的伸缩杆结构。

(5) 闸门槽的底槽平面等于或高于田面 1~5 cm。

(6) 保护筒深入田面内的深度为 10~20 cm。

(7) 浮筒重量等于或略大于闸门重量。

6.6.4　试验应用效果

经制作试验应用,该专利结构简单,制作方便,成本低廉,无须动力,无须人工值守,能够按照田间设计灌水指标实现田间自动控制灌水,实现了农田的自动定量灌溉,提高水资源利用效率,不需人工启闭闸门,不需野外值守灌水作业。但是使用过程中,由于水垢、尘土等影响,对称设置在闸门槽两端的限位装置存在卡顿、不够灵活的问题,需要改进。

田间自动控制进水闸门发明专利证书及应用效果见图 6-15。

图 6-15　田间自动控制进水闸门发明专利证书及应用效果图

6.7 田间自动控制进水管研发与应用

6.7.1 技术原理

田间自动控制进水管装置,包括升降支架,升降支架顶点转动连接在水平杠杆中部,水平杠杆两端通过滑杆分别设有水管装置和浮筒装置。水管装置包括进水管,进水管内设有能够抽出的闸板,闸板通过提拉绳连接提闭杆,提闭杆转动连接相邻滑杆;浮筒装置包括设在田间水槽内的保护筒,保护筒下端开有若干进水口且其外壁包裹尼龙网纱,保护筒底面密封且设有磁铁,保护筒内设有浮筒,浮筒顶端固定连接杆,连接杆顶端与相邻滑杆转动连接,浮筒底部设有铁块。本装置采用杠杆原理,能够按照田间设计灌水指标实现田间自动控制灌水,实现农田自动定量灌溉,提高灌溉水利用效率。

如图 6-16 所示,一种田间自动控制进水管装置,包括固定在田面上的可升降支架 18,可升降支架 18 顶点转动连接在一个水平杠杆 7 的中部,水平杠杆 7 两端分别滑动连接两个滑杆 26,两个滑杆 26 远离水平杠杆 7 的一端分别设有水管装置和浮筒装置。

水管装置包括进水管 19,进水管 19 一端与田间末级渠道 2 接通,另一端深入田间并设有能够抽出的闸板 3,闸板 3 上固定竖板 27,竖板 27 顶端中部通过提拉绳 4 固定连接提闭杆 6,提闭杆 6 远离提拉绳 4 的一端与相邻的滑杆 26 转动连接,进水管 19 外壁对称固定两个支架 1,两个支架 1 的顶端均设置限位装置,其中一个支架 1 上设有 L 型杆 5,L 型杆 5 与提闭杆 6 滑动连接。

浮筒装置包括固定在田间柱形水槽 8 内的保护筒 12,保护筒 12 下端开有若干个进水口 13 并且其外壁上包裹有尼龙网纱 14,保护筒 12 下端与水槽 8 之间填满粗砂 15,保护筒 12 底面密封并且固定设有磁铁 16,保护筒 12 内设置有能够上下浮动的浮筒 11,浮筒 11 顶端竖向固定有连接杆 10,连接杆 10 顶端与相邻的滑杆 26 转动连接,浮筒 11 底部设有铁块 9。

限位装置包括分别设置在两个支架 1 顶端并且互相对称的两个 U 型板 28,U 型板 28 上横向固定柱形保护壳 25,保护壳 25 内设有能够滑动的钢珠 24,U 型板 28 上设有调节栓 17,调节栓 17 螺纹端穿入保护壳 25 内,钢珠 24 与调节栓 17 之间固定连接有弹簧 23,竖板 27 两侧对称设有两个与钢珠 24 适配的弧形槽 22。

钢珠 24 的直径与保护壳 25 内壁的直径相同。

可升降支架 18、连接杆 10 以及提闭杆 6 均为能够自锁的伸缩杆结构。

进水管 19 靠近末级渠道的一端设有能够转动的防逆流片 20,防逆流片 20 下方设有逆流片限位块 21,逆流片限位块 21 固定在进水管 19 内壁上,防逆流片 20 可以有效防止田间水倒流进入渠道,增加闸门 3 止水的严密性。

进水管 19 底部所在的平面与田面平齐或高于田面 1~3 cm。

保护筒 12 深入田面内的深度为 15~30 cm。

浮筒 11 的重量等于闸板 3 的重量。

闸门 3 的外径与进水管 19 的内径相同。

进水管 19 靠近末级渠道的一端设有蜂窝过滤网。

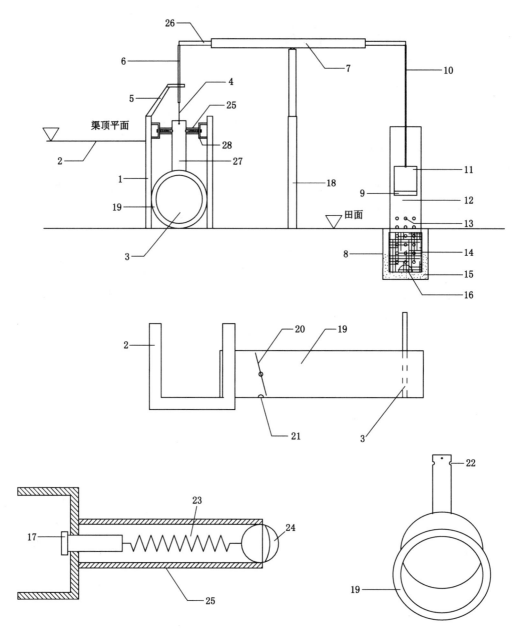

1—支架；2—末级渠道；3—闸板；4—提拉绳；5—L 型杆；6—提闭杆；
7—水平杠杆；8—水槽；9—铁块；10—连接杆；11—浮筒；12—保护筒；
13—进水口；14—尼龙网纱；15—粗砂；16—磁铁；17—调节栓；18—可升降支架；
19—进水管；20—防逆流片；21—逆流片限位块；22—弧形槽；23—弹簧；
24—钢珠；25—保护壳；26—滑杆；27—竖板；28—U 型板。

图 6-16　田间自动控制进水管图

本装置适宜安装在渠道设计常水位与田面高差较大（25 cm 以上）的渠道应用，根据杠杆原理，水平杠杆 7 中间为支撑点，当田间无水层时，浮筒 11、铁块 9、连接杆 10 以及磁铁 16 的吸力之和大于闸门 3、竖板 27 以及提闭杆 6 的总重量，浮筒 11 下沉，通过浮筒 11 的连接杆 10、水平杠杆 7 的一端滑杆 26 带动提闭杆 6 和提拉绳 4 拉动闸门 3 上行,开启闸门 3。进水管 19 内的水流向田间。设计闸门 3 最大开启高度为限位装置内钢珠 24 与闸门 3 上的弧形槽 22 适配时的高度,弹簧 23 处于自然状态时,钢珠 24 的一半球体露出保护壳 25 之外抵在弧形槽 22 内。当渠道来水时,田块通过开启闸门 3 的进水管 19 自动灌水,浮筒 11 在田间水位的浮力作用下上浮,通过连接杆 10、水平杠杆 7 的一端滑杆 26 带动提闭杆 6 下行,当田间水深达到设计深度时,提闭杆 6 下端高度低于竖板 27 上端且提拉绳 4 达到紧绷状态,拉动竖板 27 使弧形槽 22 与钢珠 24 脱离,拉动闸门 3 下行使其封堵住进水管 19,停止田间进水。

作物不同生育阶段的设计灌水深度是不同的,根据不同生育阶段设计灌水深度通过可升降支架 18 调整支点的高度,同时调整连接杆 10、提闭杆 6 和提拉绳 4 的长度,提拉绳 4 的长度为设计灌水深度的 1/2,以满足不同设计灌水深度的需要。

限位装置防止田间灌水时,浮筒 11 上浮,闸门 3 自行下落,减小闸门 3 开启度,影响灌水速度,只有在达到设计灌水深度时,提闭杆 6 带动提拉绳 4 下拉闸板 3,一次性关闭闸板 3,在田间无水层时,闸板 3 提升至最大开启度限位装置卡住闸板 3;浮筒 11 底部设的铁块 9 与保护筒 12 内的磁铁 16 相互吸引,在田间无水时,可以增加浮筒 11 对闸板 3 的拉力,使闸板 3 完全开启;保护筒 12 下端开若干进水口 13,用以保持保护筒 12 内水位与田间水位一致。

闸板 3 与提闭杆 6 通过提拉绳 4 软连接,可以灵活调节可升降支架 18 与浮筒 11 及保护筒 12 的位置。

进水管 19、闸板 3、保护筒 12 应定期检查,防止异物堵塞、进入和淤积。

6.7.2 技术要点

(1)限位装置要运行灵活,包括分别设置在两个支架顶端并且互相对称的两个 U 型板,U 型板上横向固定柱形保护壳,保护壳内设有能够滑动的钢珠,U 型板上设有调节栓,调节栓螺纹端穿入保护壳内,钢珠与调节栓之间固定连接有弹簧,竖板两侧对称设有两个与钢珠适配的弧形槽。

(2)钢珠的直径与保护壳内壁的直径相同。

(3)可升降支架、连接杆以及提闭杆均为能够自锁的伸缩杆结构。

(4)进水管靠近末级渠道的一端设有能够转动的防逆流片,防逆流片下方设有逆流片限位块,逆流片限位块固定在进水管内壁上。

(5)进水管底部所在的平面与田面平齐或高于田面 1～5 cm。

(6)保护筒深入田面内的深度为 15～30 cm。

(7)浮筒重量等于或略大于闸板重量。

(8)闸门外径与进水管内径相同。

(9)进水管靠近末级渠道的一端设有蜂窝过滤网。

6.7.3 试验应用效果

经制作试验应用,该专利结构简单,制作方便,成本低廉,无须动力,无须人工值守,能够按照田间设计灌水指标实现田间自动控制灌水,实现农田的自动定量灌溉,提高水资源利用效率,不需人工启闭闸门,不需野外值守灌水作业。但是使用过程中,由于水垢、尘土等影响,对称设置在闸门槽两端的限位装置存在卡顿、不够灵活的问题,需要改进。

田间自动控制进水管专利证书及应用效果如图 6-17 所示。

图 6-17　田间自动控制进水管专利证书及应用效果图

6.8　磁吸式田间自动控制进水闸门研发与应用

针对田间自动控制闸门、田间自动控制进水管存在的限位装置卡顿、启闭不够灵活等技术不足,本项目组研发了磁吸式田间自动控制进水闸门,较好地解决了限位装置灵活启闭的问题,可以实现自动精确控制灌水。

6.8.1　技术原理

磁吸式田间自动控制进水闸门,包括可升降支架,可升降支架顶点转动连接在水平杠杆的中部,水平杠杆两端分别连接闸门装置和浮筒装置。闸门装置包括闸门槽,闸门槽滑动连接闸门板,闸门板顶端通过提拉绳连接闸门提闭杆,闸门提闭杆顶端与水平杠杆转动连接,闸门装置内设有磁力吸附装置和限位装置;浮筒装置包括设在田间的保护筒,保护筒下端开有若干进水孔且其外壁包裹尼龙网纱,内设密封浮筒,浮筒顶端连接可调节浮筒连接杆,连接杆顶端与水平杠杆转动连接,浮筒内部放置泡沫球和砂石,泡沫球可以在浮筒失去密封的条件下保证浮筒的浮力,砂石调节重量。本装置采用杠杆原理,能够按照田间设计灌水指标实现田间自动控制灌水,实现农田自动定量灌溉,推进农业节水。

如图 6-18 所示,一种磁吸式田间自动控制进水闸门,包括通过支架底盘 7 固定在田面上的可升降支架 8,可升降支架 8 顶点转动连接在水平杠杆 10 的中部,水平杠杆 10 的两端分别固定提闭杆 9 和铰接连接杆 11,提闭杆 9 下方设有闸门装置。闸门装置包括固定在田间末级渠道壁上的闸门槽 1,闸门槽 1 内设有与其适配的闸门板 2,闸门槽 1 顶部设有能够盖合的顶板 5,顶板 5 与闸门板 2 内分别置有能够相互吸引的磁铁 6,闸门板 2 的顶部还设有凸板 3,顶板 5 上开有能够让凸板 3 穿出的槽口,提闭杆 9 远离水平杠杆 10 的一端通过提拉绳 4 与凸板 3 连接;连接杆 11 下方设有浮筒装置,浮筒装置包括固定在田间水槽内的保护筒 13,保护筒 13 下端开有若干个进水孔 15 并且其外壁上包裹有尼龙网纱 16,保护筒 13

下端与田间水槽之间填满粗砂,保护筒 13 内设置有能够上下浮动的浮筒 12,浮筒 12 顶端与连接杆 11 铰接,浮筒 12 内密封放置浮球 14 和砂石 17。

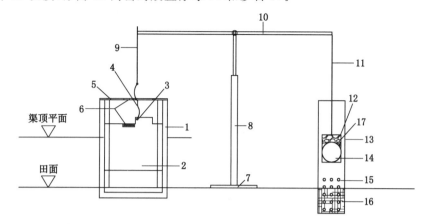

1—闸门槽;2—闸门板;3—凸板;4—提拉绳;5—顶板;6—磁铁;7—支架底盘;
8—可升降支架;9—提闭杆;10—水平杠杆;11—连接杆;12—浮筒;13—保护筒;
14—浮球;15—进水孔;16—尼龙网纱;17—砂石。

图 6-18　磁吸式田间自动控制进水闸门

提闭杆 9 远离水平杠杆 10 的一端固定有用于下压凸板 3 的压杆。

连接杆 11 与提闭杆 9 均为能够自锁的伸缩杆结构。

闸门槽 1 的底槽平面等于或高于田面 1～10 cm。

保护筒 13 深入田面下的深度为 10～20 cm。

浮筒 12 的重量大于闸门板 2 重量的 10%～20%。

本装置适宜渠道设计水位与田面高差较小(10～20 cm)的平原区毛渠应用。根据杠杆原理,水平杠杆 10 中间为支撑点,当田间无水层时,浮筒 12、连接杆 11 的重力及两个磁铁 6 之间的吸力大于闸门板 2 和提闭杆 9 两者的重力,闸门板 2 处于开启状态;当渠道来水时,田块通过开启的闸门板 2 自动灌水,浮筒 12 在田间水位的浮力作用下上浮,通过连接杆 11、水平杠杆 10 带动提闭杆 9 下行,当田间水深达到设计深度时,提闭杆 9 下端的压杆压住凸板 3 使两个磁铁 6 分离,使闸门板 2 下行,闸门板 2 关闭,停止田间进水。

作物不同生育阶段的设计灌水深度是不同的,根据不同生育阶段设计灌水深度,通过可升降支架 8 调整支点的高度,同时调整提闭杆 9、连接杆 11 和提拉绳 4 的长度,提拉绳 4 的长度为设计灌水深度的 1/2,以满足不同设计灌水深度的需要。

两个磁铁 6 之间的磁力吸附防止田间灌水时浮筒 12 上浮,闸门板 2 在重力作用下自行下落,减小闸门板 2 开启度,影响灌水速度,只有在达到设计灌水深度时,提闭杆 9 下压闸门板 2 上凸板 3,一次性关闭闸门板 2,在田间无水层时,闸门板 2 提升至最大开启度,磁力吸附装置吸住闸门板 2,闸门板 2 内设的磁铁 6 与闸门槽顶板 5 设置的磁铁 6 相互吸引,使闸门板 2 完全开启;保护筒 13 下端开若干进水孔 15,用以保持保护筒 13 内水位与田间水位一致。

闸门板 2 与提闭杆 9 通过提拉绳 4 软连接,可以灵活调节可升降支架 8 与浮筒 12 及保护筒 13 的位置,可以设置在闸门槽 1 的一侧,使其避免因为水流波动而影响自动控制开启的效果,又可少占农田,不影响农作。

6.8.2 技术要点

(1) 提闭杆 9 远离水平杠杆 10 的一端固定有用于下压凸板 3 的压杆。
(2) 连接杆 11 与提闭杆 9 均为能够自锁的伸缩杆结构。
(3) 闸门槽 1 的底槽平面等于或高于田面 1～10 cm。
(4) 保护筒 13 深入田面下的深度为 10～20 cm。
(5) 浮筒 12 的重量大于闸门板 2 重量的 10%～20%。

6.8.3 试验应用效果

经应用试验,该专利结构简单,制作方便,成本低廉,无须动力,无须人工值守,启闭控制灵活,能够按照田间设计灌水指标实现田间自动控制灌水,实现农田的自动定量灌溉,提高灌溉水利用效率,不需要人工启闭闸门,不需要野外值守灌水作业,可以减少灌水用工,适合广大的灌区田间应用,具有广阔的推广应用前景。

磁吸式田间自动控制进水闸门专利证书如图 6-19 所示,应用效果如图 6-20 所示。

图 6-19 磁吸式田间自动控制进水闸门专利证书

图 6-20 磁吸式田间自动控制进水闸门应用效果图

6.9 涝渍综合排水指标试验装置及其使用方法

6.9.1 背景技术

季风气候区降雨主要集中在汛期,多以暴雨或连续降雨的形式出现,由于降雨时空分布不均,降雨强度大、历时长,排水不畅,从而导致农田积水及高地下水位,每年均发生不同程度的旱作物涝渍受灾减产。农田排水试验是进行排涝除渍工程规划设计和排水工程管理的重要依据。为探索涝渍农田的排水管理、发展农业生产,对易涝易渍地域而言,选择栽培广泛的主要旱作物进行涝渍综合试验研究是十分必要的。目前,关于旱作物涝渍综合试验研究工作已经正式起步,但现有排水试验设施还有不足之处。根据《农田排水试验规范》(SL 109—2015)附录 A 作物淹水试验方法和测坑、测筒及测环的技术要求,在开展作物涝渍兼治——涝渍综合排水指标($SFEW_X$)试验时,以一定时期的地面水深和地下水位连续动态($SFEW_X$)作控制指标的试验处理,试验设施主要存在以下问题:① 地下水位动态监测方面,一般采用在测筒内装设地下水位监测井,采用人工量测水位或水位自动监测仪器测定水位动态变化,存在人工量测水位误差较大、水位自动监测仪器量测投入成本高等问题。② 供水平水系统方面,20 世纪 80 年代中后期进行作物受渍试验时,一种形式是在测筒外壁垂直竖立可读数的玻璃管,玻璃管下端通过橡皮管与测筒下部的排水管相连,通过灌水或排水调节控制地下水位。该方法在细玻璃管调节水位时,测筒地下水位稳定需要较长时间,各处理间地下水位稳定时间相差很大,频繁灌水排水调节地下水位费工费时,也与田间水位变化不相符。另一种形式是测筒水位控制通过马氏瓶原理的供水平水装置实现,若外界因素导致自动补水装置的平衡状态被打破,比如测筒中的水位因蒸发而降低,此时补水柱中的水就要向平衡杯流动以保持水位的平衡,这又构成补水柱上部负压的增大,为了自动维持平衡,空气将通过进气管被吸入补给柱以使补给柱中的气体与水加起来的压力为一个大气压(因为平衡杯水面的压力为一个大气压),如果试验柱中的水位由于不断蒸发而降低,那么补水柱就不断地向平衡杯流动而补给试验柱,空气也就不断地通过并向试验柱流动,测筒中的水位超过控制水位时,则通过平衡杯溢出。该装置虽然较科学,但是需要人工值班观察并及时向补水柱补水,比较耗时费工,一般一个测筒配一套供水平水装置,建设成本较高。

6.9.2 技术原理

涝渍综合排水指标试验装置(ZL 2019 2 0806516.3),包括设置在地面预先修筑洞坑内的测筒,测筒的底部设置有反滤层,反滤层内横向设置有 3 个导水管,导水管的其中一端伸出测筒之外并分别连接有排水阀、竖向透明玻璃管以及水箱,水箱通过套筒固定连接在可升降支架上,可升降支架设置在地面上,与水箱连接的导水管上还设置有供水阀和测量水表,透明玻璃管上设置有刻度线,刻度线的零点设置在透明玻璃管顶部;测筒的上端还水平设置有溢流管,溢流管的管口下部与透明玻璃管的顶部共面设置;水箱通过进水管与外部水源连接并在内部设置有相互连接的浮球阀和浮球。

如图 6-21 所示,一种涝渍综合排水指标试验装置,包括设置在地面预先修筑洞坑内的测筒 1,测筒 1 的底部设置有反滤层,反滤层内横向设置有 3 个导水管 6,导水管 6 的其中一端伸出测筒 1 之外并分别连接有排水阀 9、竖向透明玻璃管 8 以及水箱 13，水箱 13 通过套筒 17、螺栓 18 连接在可升降支架 12 上，可升降支架 12 设置在地面上，与水箱 13 连接的导水管 6 上还设置有供水阀 10 和计量水表 11，透明玻璃管 8 上设置有刻度线，刻度线的零点设置在透明玻璃管 8 顶部；测筒 1 的上端还水平设置有溢流管 7，溢流管 7 的管口下部与透明玻璃管 8 的顶部共面设置；水箱 13 通过进水管 16 与外部水源连接并在内部设置有相互连接的浮球阀 14 和浮球 15。

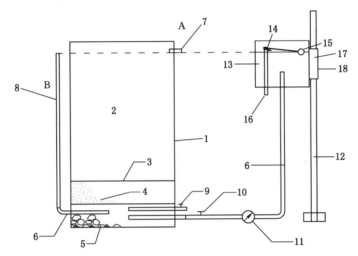

1—测筒；2—原状土柱；3—透水土工布；4—粗砂；5—碎石；6—导水管；
7—溢流管；8—透明玻璃管；9—排水阀；10—供水阀；11—计量水表；
12—可升降支架；13—水箱；14—浮球阀；15—浮球；16—进水管；17—套筒；18—螺栓。

图 6-21　涝渍综合排水指标试验装置图

本发明还提供一种涝渍综合排水指标试验装置的使用方法，包括以下步骤：

（1）将若干个相同处理的测筒 1 设为一组，采用同一个水箱 13 进行供水，保证每个测筒 1 淹水程度一致，减少水位误差。

（2）按试验区的土壤类别剖取一定深度的原状土柱 2 或人工配制填装的土体，分层按设计的土壤密度装入测筒 1 内，每层厚度为 10～15 cm。

（3）将测筒 1 安置在地下预先修筑的洞坑内，保证测筒 1 上口缘高出地面 10～15 cm，测筒 1 内所盛土样的表面与洞坑上端的地面齐平，测筒 1 所盛土体的深度，根据试验作物容根层深度确定，且不宜小于 0.8 m，在测筒 1 内外种植相同的农作物，做统一的栽培管理，形成与大田地一致的生长环境。

（4）开启供水阀 10，排水阀 9 保持关闭状态，水箱 13 由外接进水管 16 开始注水，水位逐渐上升，将与之相连的若干个测筒 1 注水至相平位置，此位置与浮球阀 14 达到设定控制水位一致，测筒 1 水位低于此位置时，水箱 13 自动连续补水。

（5）浮球 15 调节测筒 1 的控制水位，达到设定控制水位后，浮球阀 14 自动关闭停止水箱供水。

（6）在测筒 1 上端的水平溢流管 7 及时排出高于设计淹水深度的水量，以控制降雨时测筒 1 最高水位，将其管口下部所在平面作为测筒 1 最高水位，即农作物设计最大淹水深

度 H_0。

(7)计量水表 11 读取进水过程中进入测筒 1 的总水量。

(8)关闭供水阀 10,调节排水阀 9,按照试验设计模拟不同处理的水位连续动态过程,在涝渍试验开始后的每天固定时段读取竖向透明玻璃管 8 上的读数,其均值即为测筒 1 内的当天水位 H_t,直至涝渍抑制结束为止;试验将涝渍视为一个连续过程,利用该涝渍综合排水试验装置造成涝渍抑制的生长环境,以累计综合涝渍水深(SFEW$_X$)作为衡量作物涝渍综合排水指标;测筒 1 水位高于设计地下水位 $X(H_0+X-H_t)$ 的累计时间反映农田受涝渍程度,即:

$$SFEW_X = \sum_{t=1}^{n}(H_0 + X - H_t)$$

式中 SFEW$_X$——累计综合涝渍水深,cm·d;

　　　H_0——设计淹水深度,cm;

　　　X——测筒设计地下水位,cm,根据作物不同生育期对渍害敏感程度设计;

　　　H_t——测筒水位高于设计地下水位 X 时 B 的读数,cm;

　　　t——作物生长阶段受涝渍抑制的时间,一般为天数,d;

　　　n——作物生长阶段的总天数,d。

(9)涝渍试验结束后,打开排水阀 9,排出筒内淹水及土层中的渍水。

6.9.3　技术要点

(1)测筒水平截面的形状包括圆形、正方形以及矩形并且其有效面积大于或等于 $0.36~m^2$。

(2)测筒材质包括 PVC、玻璃钢、有机玻璃、加筋 PE、包裹保温隔热材料的钢板以及钢筋混凝土。

(3)导水管在测筒内的部分采用多孔设计,表面包裹有透水过滤层,过滤层材质包括尼龙纱网、透水土工布以及棕树皮。

(4)反滤层包括从下至上依次设置在测筒内且厚度分别为 $10 \sim 15~cm$ 的碎石、粗砂以及一块面积与测筒内截面相同的透水土工布,透水土工布宜选用规格为 $100 \sim 300~g/m^2$。

6.9.4　应用效果

本发明的优点在于:

(1)实现无人值守、连续供水。采用抽水马桶水箱的工作原理,水箱外接不间断供水管路,保证试验期无人工值守,连续供水。

(2)灵活调节控制测筒内的水位在设定位置。采用抽水马桶的供水平水原理,可升降支架与水箱浮球、浮球阀组合,共同调节控制测筒内的水位在设定位置。

(3)水箱一箱多用,减少水位误差。相同涝渍试验处理的若干个测筒为一组,由一个供水平水系统供水,保证淹水程度一致,减少水位误差。

(4)供水系统精准快捷。供水系统通过供水阀由下向上供水,比上部灌水更易于控制调节测筒的设定水位。

(5)下部排水能够灵活模拟不同处理的水位连续动态过程,即水位降落速度。在涝渍试验结束后,通过排水阀排出测筒内淹水及土层中的渍水。

（6）上部溢流管准确控制测筒最高水位。上部溢流管在降雨时排出高于设计淹水深度的水量,精确控制测筒最高水位。

（7）采用测筒外接的带刻度的透明玻璃管,刻度由上至下,其读数即为测筒内的水位H_t,可以精确直观地观测筒内的水位,是一种更为直观、准确、低成本的水位监测方法。

（8）该装置原理可靠、精度高、结构简单、建设成本低。

涝渍综合排水指标试验装置专利证书及应用效果如图 6-22 所示。

图 6-22　涝渍综合排水指标试验装置专利证书及应用效果图

6.10　渠灌田间放水口门毕托管差压分流文丘里管量水计研发

为了推进实施农业水价综合改革,解决渠道灌溉的田间用水计量问题,满足最末级田间放水口实现计量控制需要,从根本上实现由"计量包片"到"计量到户"的管理要求,本项目组设计发明了渠灌田间放水口门毕托管差压分流文丘里管量水计。

6.10.1　技术原理

渠灌田间放水口门毕托管差压分流文丘里管量水计包括主管和分流支管,在水平支管上安装有水表,主管由直管段、变径段和尾管段依次首尾相接构成,直管段的端口插入末级渠道内为进水口,灌溉水通过进水口前部的微型拦污栅和微型闸门引水进入主管,与主管的尾管段端部连接的接头为45°弯头,且45°弯头的出水口截面最高点在垂直方向上与主管的尾管段上部平齐,出水口截面与水平面夹角为0°～30°,保证了满管出流,减小了水流阻力,使水流更加通畅。

　　如图6-23所示,图中的一种渠灌田间放水口门毕托管差压分流文丘里管量水计,包括主管和分流支管3,主管的一个端口插入末级渠道内为进水口,灌溉水通过进水口引水至主管,其另一个端部为出水口,在水平支管上安装有水表4。主管的流量(即田间放水口门)与分流支管3上的水表4读数经过试验设备精确标定,确定分流支管3上的水表4读数与田间放水口门进水流量倍数关系,由分流支管3上的水表4读数乘以标定的放大倍数即为田间放水口门进水流量,从而满足了最末级田间放水口实现计量控制的需要,从根本上实现由"计量包片"到"计量到户"的用水管理需要,可以解决渠道灌溉面积的田间用水计量问题;主

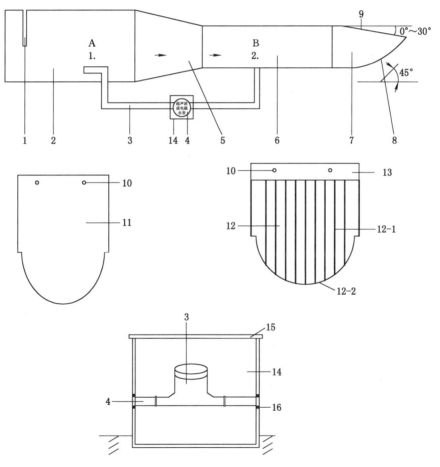

1—垂向槽口;2—直管段;3—分流支管;4—水表;5—变径段;6—尾管段;
7—45°弯头;8—45°弯头的圆弧段;9—出水口截面;10—提拉闸门把手孔;
11—微型闸门;12—微型拦污栅;12-1,12-2—ϕ4 mm的钢筋;
13—微型拦污栅的方形板件;14—全封闭专用微型水表箱;15—箱盖;16—填料。
图6-23　渠灌田间放水口门毕托管差压分流文丘里管量水计图

管由直管段 2、变径段 5 和尾管段 6 依次首尾相接构成,直管段 2 的端口插入末级渠道内为进水口,灌溉水通过进水口引水至主管,变径管式的主管设计解决了在渠道常水位与田面高差较小时(小于 20 cm),仅靠较小的毕托管差压,通过分流支管的流量较小,田间放水口门流量与水表读数的比值大,易导致计量精度不高的问题;与主管的尾管段 6 端部连接的接头为 45°弯头 7,即从图中可看出 45°弯头的圆弧段 8 与水平面的夹角为 45°,且 45°弯头 7 的出水口截面 9 最高点在垂直方向上与主管的尾管段 6 上部平齐,出水口截面 9 与水平面夹角为 0°~30°。本实用新型适用范围广,测量精度更高,能够保证满管出流,减小水流阻力,使水流更加通畅。

通常,实施例中主管道的尾管段 6 与直管段 2 的管径之间的比值为 0.6~1.0。可以根据渠道常水位与田面高差情况,合理选择不同的比值,渠道常水位与田面高差大时(通常大于 50 cm)取大值,渠道常水位与田面高差小时(一般小于 20 cm)取小值,例如取值可以为 0.6、0.7、0.8 或 1.0 等。

为了便于根据设计灌水量开启和关闭,在现有设计中,会在进水口后设置与流量主管的管径吻合的微型闸门 11。为了进一步优化设计,本实施例在主管的进水口前部加设一个与主管吻合度好的微型拦污栅 12,微型拦污栅 12 和微型闸门 11 前后排布,微型拦污栅 12 位于迎向水流的前方,共同放置在主管进水口后部的垂向槽口 1 内,在主管进水口后部具有垂向槽口 1(即主管的上半部开槽),微型闸门 11 和微型拦污栅 12 相加的厚度与垂向槽口 1 的宽度一致,微型拦污栅 12 起到过滤的作用,防止杂草、杂物进入堵塞本量水计。

当现有的微型闸门 11 设计成上部方形、下部半圆形的插板结构时,本实施例中的微型拦污栅 12 则设计为与微型闸门 11 一致的呈上部方形、下部半圆形的外部形状,其上部方形为方形板件和栅栏,下部半圆形是栅栏,半圆形的栅栏可以是垂向的栅栏条在底部通过 φ4 mm 的钢筋 12-2 连接成整体而形成,更具体的实现结构方案可以是采用 φ4 mm 的钢筋 12-1 作为栅栏条,钢筋间距 40 mm,上部方形与下部半圆形固连成整体构成微型拦污栅 12。插板的半圆形下部的尺寸及微型拦污栅 12 的半圆形栅栏的尺寸均与主管的管径吻合,插板的方形上部及微型拦污栅 12 的方形板件都与槽口卡接,之后插板的方形和半圆形部分共同对主管的内径形成遮挡,遮挡面积随着闸门的向下运动逐渐增加,实现流量控制,直至完全遮挡形成流量关闭,而微型拦污栅 12 的栅栏始终位于管道内部形成对杂草、杂物的阻挡。但微型闸门 11 的具体结构不限于此,其他能够实现灌水量开启和关闭的结构形式均可,因此微型拦污栅 12 的外形也随之可以有多种变换形状,只要可以实现阻隔杂草、杂物作用的结构形式均适用。此外,在微型闸门 11 和微型拦污栅 12 的上端部均可以开设提拉闸门把手孔 10,通过提拉闸门把手孔 10 可以为微型闸门 11 和微型拦污栅 12 增加把手,更便于操作。

从材质上来说,微型拦污栅的方形板件 13 可以采用 PVC 板制作,其栅栏选用细钢筋制作而成。其他常规的能满足使用环境需要的材料也可选用。

作为本实施例的优选设计方案,水平支管上安装的水表 4 选用小口径的水车式水表或超声波水表或者电磁水表。特别是优选采用水车式水表,该水表防堵性能优异,能防止水中泥沙和杂草的缠绕,适用含少量杂草和小颗粒固体的水,广泛应用于农业灌溉用水和污水处理等场合的计量。

如图 6-23 所示,为了长期保护水表 4 安全稳定运行,根据水表 4 的外形尺寸,仅在水表

4 的外部安装全封闭专用微型水表箱 14。水表 4 置于全封闭专用微型水表箱 14 内,与水表 4 连接的分流支管 3 穿出全封闭专用微型水表箱 14,分流支管 3 与全封闭专用微型水表箱 14 采用填料 16 进行密封处理,例如在分流支管 3 与全封闭专用微型水表箱 14 之间的间隙处使用玻璃胶或油麻作为填料 16 来密封;进一步地为了维修方便,还可以为全封闭专用微型水表箱 14 设计箱盖 15 等便于检修查看的结构;该全封闭专用微型水表箱 14,结构合理,采取工厂化整体制作,方便快速安装施工。其中,全封闭专用微型水表箱选用 PVC、玻璃钢、陶瓷或混凝土等材料预制,并且当全封闭专用微型水表箱的材质为 C30 混凝土预制时,壁厚设为 30 mm,其材质为陶瓷时壁厚为 10 mm,其材质为 PVC 时壁厚为 5 mm,而全封闭专用微型水表箱的壁厚的通常设置范围是 5~30 mm。

与本实用新型的技术原理较相似的设计为农用分流式量水计。农用分流式量水计以文丘里管为主管,在其喉管部位接一分支管,分支管的进口设在主管上或与上游水位相连,支管中间安装水表。量水计主管的压差与支管的压差是相同的,此压差(H)与量水计的主管流量(Q)和支管流量(q)的平方均成正比。量水计的主管流量与支管流量的比值 M 在一定压差范围内是常数,与压差大小无关。由水表测得的支管过水量乘以 M 值即为主管的总过水量。

本实用新型的技术原理如下:通过某一过水断面的水量 $W = \sum Q_t t$,$Q_t = \bar{v}_t S$。对于某一固定有压管道断面,过水断面面积 S 为已知常数,欲求 Q_t,只需求出 $\bar{v}_t$ 即可。由水力学可知,在圆管道水流断面上,各点流速不等,但流速分布有规律可循,如果能够找到过水断面的一个点,其流速可代表整个圆断面的平均流速的话,那么,只要测量出该点的流速,就可计算出流过该管道的流量。

(1)均速点位置的确定。

水力学告诉我们,在管道内的流体流速分布状态有层流和紊流两类,流体的速度分布状态与流体的黏度、管径、速度有关,通常用雷诺数 Re 来表征流体的流动状态。当 $Re \leqslant 2\,320$ 时为层流,Re 远大于 $2\,320$ 时为紊流。大量事实表明,圆管道的流速分布多是紊流状态。紊流状态可用流体力学中的尼古拉兹经验公式表示:

$$U(r) = v_c \left(\frac{y}{R} \right)^{\frac{1}{n}} \tag{6-8}$$

式中　$U(r)$——圆管道内任一点的流速;

　　　v_c——圆管道内中心轴上的流速;

　　　R——圆管道的半径;

　　　r——被测点到圆轴中心的距离;

　　　y——由圆管壁到被测点的距离;

　　　n——管道流体的雷诺数指数。

通过对公式(6-8)的面积分,再除以圆面积,即可求出平均流速及圆管壁到被测点的距离:

$$\bar{v} = \left(\frac{2n^2}{(n+1)(2n+1)} \right) \cdot v_c \tag{6-9}$$

$$y = \left(\frac{2n^2}{(n+1)(2n+1)} \right)^n \cdot R \tag{6-10}$$

通常,紊流管道的雷诺数都大于 5 000,由尼古拉兹实验数据或按有关公式计算,n 值大约在 7~11,于是可得 y 大约在 $0.25R$,当然这是对光滑管道的推导。对粗糙管道,由于在管壁处具有更大切力,它将阻止更多的流体流动。即一定的雷诺数条件下,粗糙度增大时,速度分布曲线则变得稍尖些,y 值可能增大。同样,一定的粗糙度条件下,雷诺数增大,y 值减小。在一些标准中,以 $n=7$ 代入公式(6-10),得到 $y=0.242R$ 作为平均流速点的位置,即测得管道内壁为管道的 $0.121D_0$ 处的流速,作为断面平均流速 $\bar{v}$,就可计算出过水断面 A 的流量 Q。

（2）量水原理

由水力学可知,在输水管道直线段的恒定流中,两过水断面 A、B 流量相等,两过水断面能量方程为:

$$Z_A + \frac{p_A}{r} + \frac{v_A^2}{2g} = Z_B + \frac{p_B}{r} + \frac{v_B^2}{2g} + h'_w \tag{6-11}$$

主管流量公式为:

$$Q = \frac{\mu \pi D^2}{4\sqrt{1-\rho^4}}\sqrt{2gh_{AB}} \tag{6-12}$$

式中　h_{AB}——AB 两点间的压差值;

　　　D——尾管段直径;

　　　ρ——收缩率,$\rho = \dfrac{D}{D_0}$;

　　　μ——流量系数,由试验确定。

分流支管流量公式为:

$$q = \frac{1}{\sqrt{\varepsilon_支}}\frac{\pi d^2}{4}\sqrt{2g\left(h_{AB} + \frac{v_A^2}{2g}\right)} = \frac{\pi d^2 \sqrt{2gh_{AB} + v_A^2}}{4\sqrt{\varepsilon_支}} \tag{6-13}$$

式中　h_{AB}——AB 两点间的压差值;

　　　$\varepsilon_支$——支管总局部水头损失系数;

　　　d——支管水表公称直径。

流量比为:

$$M = \frac{Q}{q} = \frac{\mu D^2}{d^2}\sqrt{\frac{\varepsilon_支(1+\mu^2\pi^2\rho^4)}{1-\rho^4}} \tag{6-14}$$

式中　D、d、ρ——常数;

　　　μ——与 D、d、ρ 相关的常数。

如果 $\varepsilon_支$ 保持常数不变,则流量比 M 亦为常数。

$$W = \int_0^t Q\mathrm{d}t = M\int_0^t q\mathrm{d}t = Mw \tag{6-15}$$

式中　W——量水计在 t 时段内的过水总量;

　　　w——水表在 t 时段内的过水量,即为通水前后水表两次读数差值。

可以得出:在同一时段内量水计的过水总量与水表过水量成正比,与供水压差无关。此即为该量水计的量水原理。

6.10.2　技术要点

（1）从材质上来说,微型拦污栅的方形板件 13 可以采用 PVC 板制作,其栅栏选用细钢丝制作而成。其他常规的能满足使用环境需要的材料也可选用。

（2）水平支管上安装的水表 4 选用小口径的水车式水表或超声波水表或者电磁水表。优选采用水车式水表，该水表防堵性能优异，能防止水中泥沙和杂草的缠绕,适用含少量杂草和小颗粒固体的水,广泛应用于农业灌溉用水和污水处理等场合的计量。

6.10.3 应用效果

经应用检验,该量水计原理可靠,不受流速限制,放大比值 M 在一定压差范围内是常数,与压差大小无关,测流范围大,量水精度高;计量表安装在旁路上,结构简单,阻力件小,水头损失小,不影响主管流量,流通能力大,不消耗能源;不受温度、电导率、黏性等物理参数的影响,适应各种管径的输水管道安装,灵敏度高;制作工艺简单,操作安装方便,维护检修工作量小,造价低。

水表放大倍数率定试验如表 6-11 所示。

表 6-11　水表放大倍数率定试验表

序号	小水表起始流量/(m³/h)	小水表终止流量/(m³/h)	水槽开始水深/mm	水槽终止水深/mm	水槽直径/mm	水表流量/(m³/h)	水槽总进水量/m³	放大倍数	备注
1	13.210	13.420	135	580	1 540	0.210	0.83	3.95	
2	3.470	3.686	135	580	1 540	0.216	0.83	3.84	
3	2.550	2.750	135	580	1 540	0.200	0.83	4.15	
4	5.620	5.825	135	580	1 540	0.205	0.83	4.05	
5	1.642	1.860	135	580	1 540	0.218	0.83	3.81	
6	1.025	1.250	135	580	1 540	0.225	0.83	3.69	
7	2.638	2.848	135	580	1 540	0.210	0.83	3.95	
8	5.420	5.660	135	580	1 540	0.240	0.83	3.46	
9	0.160	0.380	135	580	1 540	0.220	0.83	3.77	
10	1.030	1.240	135	580	1 540	0.210	0.83	3.95	
11	1.000	1.208	135	580	1 540	0.208	0.83	3.99	
12	1.080	1.290	135	580	1 540	0.210	0.83	3.95	
13	1.000	1.205	135	580	1 540	0.205	0.83	4.05	
14	0.450	0.650	135	580	1 540	0.200	0.83	4.15	
15	0.910	1.100	135	580	1 540	0.190	0.83	4.37	
16	1.030	1.225	135	580	1 540	0.195	0.83	4.26	
17	1.665	1.860	135	580	1 540	0.195	0.83	4.26	
18	1.820	2.030	135	580	1 540	0.210	0.83	3.95	
19	2.540	2.735	135	580	1 540	0.195	0.83	4.26	
20	3.730	3.952	135	580	1 540	0.222	0.83	3.74	
21	3.470	3.670	135	580	1 540	0.200	0.83	4.15	

表 6-11(续)

序号	小水表起始流量/(m³/h)	小水表终止流量/(m³/h)	水槽开始水深/mm	水槽终止水深/mm	水槽直径/mm	水表流量/(m³/h)	水槽总进水量/m³	放大倍数	备注
22	1.476	1.674	135	580	1 540	0.198	0.83	4.19	
23	1.120	1.330	135	580	1 540	0.210	0.83	3.95	
24	1.490	1.710	135	580	1 540	0.220	0.83	3.77	
25	1.585	1.790	135	580	1 540	0.205	0.83	4.05	
26	2.650	2.854	135	580	1 540	0.204	0.83	4.07	
27	0.255	0.460	135	580	1 540	0.205	0.83	4.05	
28	1.620	1.830	135	580	1 540	0.210	0.83	3.95	
29	1.100	1.325	135	580	1 540	0.225	0.83	3.69	
30	5.480	5.674	135	580	1 540	0.194	0.83	4.28	
31	0.830	1.030	135	580	1 540	0.200	0.83	4.15	
32	3.130	3.340	135	580	1 540	0.210	0.83	3.95	
33	0.190	0.400	135	580	1 540	0.210	0.83	3.95	
34	3.970	4.180	135	580	1 540	0.210	0.83	3.95	
35	1.320	1.530	135	580	1 540	0.210	0.83	3.95	
36	2.840	3.040	135	580	1 540	0.200	0.83	4.15	
37	2.350	2.550	135	580	1 540	0.200	0.83	4.15	
38	1.290	1.490	135	580	1 540	0.200	0.83	4.15	
39	2.350	2.570	135	580	1 540	0.220	0.83	3.77	
40	4.350	4.560	135	580	1 540	0.210	0.83	3.95	
41	6.800	7.015	135	580	1 540	0.215	0.83	3.86	
42	2.750	2.950	135	580	1 540	0.200	0.83	4.15	
43	3.870	4.070	135	580	1 540	0.200	0.83	4.15	
44	2.040	2.240	135	580	1 540	0.200	0.83	4.15	
45	1.840	2.040	135	580	1 540	0.200	0.83	4.15	
46	2.270	2.480	135	580	1 540	0.210	0.83	3.95	
47	1.970	2.170	135	580	1 540	0.200	0.83	4.15	
48	1.900	2.110	135	580	1 540	0.210	0.83	3.95	
49	2.160	2.380	135	580	1 540	0.220	0.83	3.77	
50	1.750	1.940	135	580	1 540	0.190	0.83	4.37	
51	1.800	2.020	135	580	1 540	0.220	0.83	3.77	
52	1.510	1.725	135	580	1 540	0.215	0.83	3.86	
53	2.700	2.900	135	580	1 540	0.200	0.83	4.15	
54	3.270	3.470	135	580	1 540	0.200	0.83	4.15	
55	2.190	2.380	135	580	1 540	0.190	0.83	4.37	

表 6-11(续)

序号	小水表起始流量/(m³/h)	小水表终止流量/(m³/h)	水槽开始水深/mm	水槽终止水深/mm	水槽直径/mm	水表流量/(m³/h)	水槽总进水量/m³	放大倍数	备注
56	1.570	1.770	135	580	1 540	0.200	0.83	4.15	
57	1.080	1.290	135	580	1 540	0.210	0.83	3.95	
58	3.060	3.270	135	580	1 540	0.210	0.83	3.95	
59	1.250	1.450	135	580	1 540	0.200	0.83	4.15	
60	1.070	1.260	135	580	1 540	0.190	0.83	4.37	
61	1.180	1.400	135	580	1 540	0.220	0.83	3.77	
62	1.560	1.780	135	580	1 540	0.220	0.83	3.77	
63	1.760	1.990	135	580	1 540	0.230	0.83	3.61	
64	2.430	2.640	135	580	1 540	0.210	0.83	3.95	
65	1.770	1.990	135	580	1 540	0.220	0.83	3.77	
66	1.660	1.870	135	580	1 540	0.210	0.83	3.95	
67	4.030	4.210	135	580	1 540	0.180	0.83	4.61	
68	1.090	1.210	135	580	1 540	0.120	0.83	6.92	
69	1.590	1.710	135	580	1 540	0.120	0.83	6.92	
70	0.270	0.410	135	580	1 540	0.140	0.83	5.93	
71	1.340	1.470	135	580	1 540	0.130	0.83	6.38	
72	2.200	2.320	135	580	1 540	0.120	0.83	6.92	
73	3.470	3.590	135	580	1 540	0.120	0.83	6.92	长尾管段
74	2.910	3.030	135	580	1 540	0.120	0.83	6.92	
75	1.230	1.350	135	580	1 540	0.120	0.83	6.92	
76	2.590	2.715	135	580	1 540	0.125	0.83	6.64	
77	0.200	0.320	135	580	1 540	0.120	0.83	6.92	
78	0.300	0.430	135	580	1 540	0.130	0.83	6.38	
79	3.110	3.310	135	580	1 540	0.200	0.83	4.15	
80	1.000	1.190	135	580	1 540	0.190	0.83	4.37	
81	3.840	4.050	135	580	1 540	0.210	0.83	3.95	
82	0.934	1.150	135	580	1 540	0.216	0.83	3.84	
83	2.050	2.240	135	580	1 540	0.190	0.83	4.37	
84	3.200	3.400	135	580	1 540	0.200	0.83	4.15	
85	3.756	3.950	135	580	1 540	0.194	0.83	4.28	
86	2.750	2.955	135	580	1 540	0.205	0.83	4.05	
87	1.560	1.750	135	580	1 540	0.190	0.83	4.37	
88	1.780	1.960	135	580	1 540	0.180	0.83	4.61	
89	1.700	1.920	135	580	1 540	0.220	0.83	3.77	

表 6-11(续)

序号	小水表起始流量/(m³/h)	小水表终止流量/(m³/h)	水槽开始水深/mm	水槽终止水深/mm	水槽直径/mm	水表流量/(m³/h)	水槽总进水量/m³	放大倍数	备注
90	1.000	1.200	135	580	1 540	0.200	0.83	4.15	
91	2.940	3.130	135	580	1 540	0.190	0.83	4.37	
92	1.220	1.420	135	580	1 540	0.200	0.83	4.15	
93	3.040	3.240	135	580	1 540	0.200	0.83	4.15	
94	2.600	2.820	135	580	1 540	0.220	0.83	3.77	
95	2.420	2.610	135	580	1 540	0.190	0.83	4.37	
96	1.050	1.260	135	580	1 540	0.210	0.83	3.95	
97	1.650	1.854	135	580	1 540	0.204	0.83	4.07	
98	2.060	2.260	135	580	1 540	0.200	0.83	4.15	
99	0.260	0.390	135	580	1 540	0.130	0.83	6.38	长尾管段

　　渠灌田间放水口门毕托管差压分流文丘里管量水计专利证书如图 6-24 所示。其应用效果如图 6-25 和图 6-26 所示。

图 6-24　渠灌田间放水口门毕托管差压分流文丘里管量水计专利证书

图 6-25　渠道毕托管差压分流文丘里管量水计应用效果图

图 6-26 渠灌田间放水口门毕托管差压分流文丘里管量水计应用效果图

7 徐州易涝农田灌排蓄渗降系统治理创新技术体系及治理模式

根据徐州市涝渍区风险度评估结果及"以水定地"确定的灌溉发展规模和作物种植布局,依据前述创新技术产品研究和应用效果,提出了徐州易涝农田灌排蓄渗降系统治理的基本思路:在农渠(小沟)控制田块范围内,采用自动控制精量灌水、自动控制精确排水、沟洫蓄水、深层土壤渗蓄、渗井降渍除涝等创新技术设施,实施不同类型区农田灌排蓄渗降系统治理。

(1)自动控制精量灌水:实施先进节水灌溉制度(水稻沟田协同控制灌排技术、水稻蓄水控灌技术、旱作物地面节水灌溉技术),根据不同作物的节水灌溉技术指标,采用田间自动控制进水口门、渠灌田间放水口门毕托管差压分流文丘里管量水计,实施精量控制灌水,实现灌水定额管理和总量控制目标。

(2)自动控制精确排水:实施先进田间排水制度,根据不同作物排水指标(水稻沟田协同控制灌排田间蓄排水指标、水稻蓄水控灌田间蓄排水指标、旱作物涝渍综合排水指标),采用田间自动排水口门、农田排水轻型渗井,实现田间排水的自动精确控制,减少田间排水和养分损失,提高水肥资源的利用效率。

(3)沟洫蓄水:根据不同作物蓄排水指标(水稻沟田协同控制灌排田间蓄水指标、旱作物涝渍综合排水指标),加高田埂、开挖内三沟,建设沟洫畦(圩)田蓄水;采用农沟自动控制蓄排水闸,利用生态农沟拦蓄田间径流,实现农沟蓄水的自动控制,提高雨水资源的利用效率,减少农田排水引起的河湖水体面源污染。

(4)深层土壤渗蓄:采用农田排水轻型渗井,将田间多余的水分导入深层土壤,提高土壤调蓄水能力,实现田间土壤水分的垂直调节。

(5)渗井补充地下水:根据不同作物蓄排水指标(水稻沟田协同控制灌排田间蓄水指标、水稻蓄水控灌田间蓄水指标、旱作物涝渍综合排水指标),采用农田排水轻型渗井、农田排水降渍轻型渗井,将田间多余土壤水分补给浅层地下水,减少田间排水对河湖水体的面源污染。

7.1 水田灌排蓄渗创新技术体系及治理模式

根据"以水定地"实施方案,优化水稻种植区域,利用灌区梯级河网和"蓄、引、调、排"控制工程,实现灌区水资源高效管理;选择水稻适宜的节水减排技术模式,采用农田灌排蓄新技术(稻田田间蓄雨自动控制排水口门、农沟自动控制蓄排水闸、农田蓄雨排涝轻型渗井、田间自动控制进水闸门等)进行灌水、排水和蓄水,实现稻田水位精准控制和水资源的高效利用。

(1)精量自动控制灌水:按照水稻沟田协同控制灌排技术不同生育期的灌水指标,利用田间自动控制进水闸门补充水田水分,以满足水稻耗水要求。

精量自动控制灌水:水源 —减少输水损失→ 田间 —进水闸门控制灌溉水深→ 水稻

(2) 精确自动控制排水:按照水稻沟田协同控制灌排技术不同生育期的排水指标,利用稻田田间蓄雨自动控制排水口门自动控制田间水深,自动排除水田多余的水分,以满足水稻生长的适宜水层条件。

精确自动控制排水:水田多余水 —自动控制排水口门 控制田间水深→ 沟道

(3) 沟井蓄水:利用灌区梯级河网和节制工程拦蓄地表径流,利用水稻不同生育期的耐淹特性,田间加高田埂,采用稻田田间蓄雨自动控制排水口门、农沟自动控制蓄排水闸自动控制农田蓄水,将降雨尽可能滞蓄在水稻的沟田内,利用农田蓄雨排涝轻型渗井补给深层非饱和土壤或浅层地下水,以充分利用雨水资源,减少排水量、灌溉水量和面源污染,实现雨水资源的高效利用。

沟井蓄水:降雨径流
- 田埂拦蓄 → 田间滞蓄 → 水稻耗水
- 轻型渗井 → 深层土壤 —补给→ 地下水
- 农沟自动控制蓄排水闸 → 农沟拦蓄 → 控制排水量,减少面源污染

7.1.1 一般易涝区灌排蓄渗结合的水稻节水减排模式及其效果分析

在灌溉可用水源丰富、地下水位较低、土壤渗透性弱的涝渍中、低风险区域,扩大水稻种植面积,在完善现状灌排工程的基础上,根据农田土壤及水文地质条件,选择灌排蓄渗结合的水稻节水减排模式,采用稻田田间蓄雨自动控制排水口门、农沟自动控制蓄排水闸、农田蓄雨排涝渗井、田间自动控制进水闸门、毕托管与文丘里管差压分流式流量计等新技术对水田进行灌溉、排水和蓄水,实现稻田水位精准控制和农业水资源的高效管理。该模式主要应用的新技术设施有:田间自动控制进水闸门+田间蓄雨自动控制排水口门+农沟自动控制蓄排水闸+农田蓄雨排涝渗井+水稻沟田协同控制灌排模式(水稻蓄水控制灌溉模式),构建井字沟网,沟沟相通、沟井相连,上下贯通。

7.1.1.1 技术示范应用区概况

2019—2021 年度试验区布置在睢宁试验基地,位于北纬 33°40′,东经 117°31′,地面平整,高程在 21.8~22.0 m,耕作土壤质地为砂壤土,土壤肥力水平中上,0~30 cm 的土壤容重为 1.27 g/cm³,田间持水量为 25.2%(占干土重),田间饱和水量为 34.3%,地下水埋深为 3.6~6.3 m。试验区布置了两种灌水方式处理共 20 个试验小区,每个小区面积为48.2 m²,1#~7#试验小区为灌排蓄渗结合处理,8#~20#试验小区为浅湿灌溉处理,灌排蓄渗结合模式采用田间自动控制进水闸门+稻田蓄雨自动控制排水口门+农沟自动控制蓄排水闸+农田蓄雨排涝渗井+水稻沟田协同控制灌排模式。

睢宁试验基地水稻试验区平面布置如图 7-1、图 7-2 所示,灌排蓄渗设施布置如图 7-3 所示。

图 7-1　睢宁试验基地水稻试验区平面布置实物图

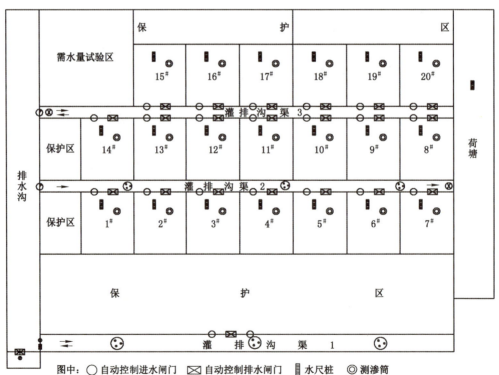

图中：○ 自动控制进水闸门　⊠ 自动控制排水闸门　▮ 水尺桩　◎ 测渗筒
　　　◔ 水表　⊗ 农用量水计　⊠ 农沟自动控制蓄排水闸　◔ 蓄雨排涝渗井
1#～7#小区作灌排蓄渗结合处理，8#～20#小区作浅湿灌溉处理。

图 7-2　2019—2021 年睢宁试验基地水稻试验区平面布置图

图 7-3 睢宁试验基地试验区灌排蓄渗设施布置图

7.1.1.2 田间灌排水分指标控制

两种灌水方式,一种为常规灌排,一种为灌排蓄渗结合,具体水分指标如表 7-1 所示。

表 7-1 不同灌排水方式处理控制参数

灌溉技术		返青期	分蘖前期	分蘖后期	拔节孕穗期	抽穗开花期	乳熟期	黄熟期
常规灌排	灌水上限 /mm	30	30	30	20	20	20	0
	灌水下限/%	100	100	60~70	100	100	100	60~70
	蓄雨上限/mm	100	70~80	30	80	90	80	60~70
灌排蓄渗结合	灌水上限/mm	30	30	20	40	40	30	30
	灌水下限/%	100	70~90	60~70	70~80	80~90	80~90	70~80
	蓄雨上限/mm	70	80~100	—	150	150	150	—
	临时蓄雨上限/mm	100	150	—	200	200	150	0
	允许滞蓄时间/h	24	24	—	24	12	24	—
	灌水时间(在脱水后)/d	无水即灌	2	3	2~3	2~3	2~3	自然落干

注:表中的百分数为根层土壤含水率占饱和含水率的百分数。

(1)灌排蓄渗结合的沟田协同控制灌排水技术指标控制

在各试验小区进水口安装田间自动控制进水闸门(ZL 2019 1 0653595.3)、田间自动控制进水管(ZL 2019 2 1149168.3),对各小区灌水指标进行准确控制;在毛渠进水口安装渠灌田间放水口门毕托管差压分流文丘里管量水计(ZL 2017 2 0520484.1),对各小区灌水进行计量,并在各试验小区内设置水尺观测田间水深,进行校核。在各试验小区安装稻田田间蓄雨自动控制排水口门(ZL 2018 1 0281475.0、ZL 2018 2 0471763.8),在毛沟、农沟出水口安装自动控制蓄排水闸(ZL 2018 2 0601213.3),严格落实水稻沟田协同控制灌排技术的田间蓄水上限指标和控制排水技术要求。

（2）常规灌排的浅湿灌溉灌排水技术控制

采用与稻田田间蓄雨自动控制排水口门相似的排水口门控制，其闸板上不设排水孔，可拆换闸板的高度与常规灌溉设计蓄水上限一致。当降雨超过设计浅湿灌溉的蓄水上限时，径流从闸板上方自由溢流排出。

（3）农田蓄雨排涝轻型渗井设置

在灌排蓄渗结合模式的毛沟内设置3个可控制（可调节管口高度和带管堵）的农田蓄雨排涝轻型渗井（ZL 2018 2 1614033.5），孔径为110 mm，管径为75 mm，深度为4.0 m，高出沟底15 cm（即低于田面15 cm）。井管底部封堵，下部2.5 m为透水管，外包PVC纱网，井管下部1.0～4.0 m的空隙填充粗石英砂，井管外部0～1.0 m的空隙填充黏土封闭，以防漏气。

7.1.1.2.1　试验区土层结构

①层粉砂壤土：黄夹灰色，层厚为0.19～0.23 m，层底高程为21.71～21.67 m。

①$_{-1}$层淤泥质壤土：黄灰色，层厚为0.16～0.25 m，层底高程为21.55～21.42 m。

②层粉细砂：黄、黄灰色，局部夹砂壤土薄层及团块，层厚为1.01～1.06 m，层底高程为20.54～20.36 m。

②$_{-1}$层壤土：黄褐、灰黄色，局部夹砂壤土薄层及团块，层厚为0.93～1.15 m，层底高程为19.61～19.21 m。

②$_{-2}$层砂壤土：黄、黄褐、灰黄色，夹壤土团块及薄层，局部呈互混状，土质不均匀，层厚为1.56～1.80 m，层底高程为18.05～17.88 m。

③层黏土：黄褐、灰黄色，层厚为1.52～2.10 m，层底高程为16.54～15.87 m。

土层渗透性如表7-2所示。

表7-2　土层渗透性统计

土层	名称	渗透系数 K_V/(cm/s)	渗透性分级	土层	名称	渗透系数 K_V/(cm/s)	渗透性分级
①	粉砂壤土	5.35×10^{-5} 2.68×10^{-4}	弱透水 中等透水	②$_{-1}$	壤土	3.42×10^{-6} 6.08×10^{-6}	微透水
①$_{-1}$	淤泥质壤土	3.20×10^{-6} 9.33×10^{-5}	微透水 弱透水	②$_{-2}$	砂壤土	2.51×10^{-4} 4.33×10^{-4}	中等透水
②	粉细砂	7.66×10^{-4} 1.39×10^{-4}	中等透水	③	黏土	1.33×10^{-7} 7.29×10^{-7}	极微透水

7.1.1.2.2　轻型渗井施工

轻型渗井施工可采用手持式液压取芯钻机或高压水枪冲孔，开孔深度要深于井管0.3～0.5 m，以保证成孔效率高，开孔后进行冲扩孔，确保孔径增大，孔内沉渣冲净，冲孔要反复两次。成孔后，立即下入井管，并保证垂直，要求每个井管高度基本一致，立即填入滤料（中粗砂或瓜子石），填料深度至离井口1.0 m处，上部用黏土封口，以防漏水，成井后，立即用微型离心泵抽水洗井。

睢宁试验基地水稻试验区田间设施布置如图7-4所示。

图 7-4 睢宁试验基地水稻试验区田间设施布置

7.1.1.3 两种灌排方式对灌水量的影响

2019—2021 年,在睢宁试验基地对灌水量进行了计量,具体数据如表 7-3 所示。

表 7-3 水稻全生育期灌水情况表

不同灌溉方式		泡田期灌水/(m³/亩)	本田期灌水/(m³/亩)	灌水量/(m³/亩)	灌水次数/次
2019 年	常规灌排	108.4	325.1	433.5	10
	灌排蓄渗结合	105.6	263.3	368.9	8
2020 年	常规灌排	106.5	321.5	428.0	8
	灌排蓄渗结合	106.5	180.5	287.0	6
2021 年	常规灌排	110.1	188.9	299.0	6
	灌排蓄渗结合	110.1	100.9	211.0	5

从表 7-3 可以看出:2019 年灌排蓄渗结合模式比常规灌排模式的灌水次数减少 2 次,常规灌排试验小区灌水次数为 10 次,亩均灌水量为 433.5 m³;灌排蓄渗结合试验小区灌水次数为 8 次,亩均灌水量为 368.9 m³;灌排蓄渗结合比常规灌排节约灌溉水量为 64.6 m³/亩,节水率为 14.9%。2020 年灌排蓄渗结合比常规灌排灌水次数减少 2 次,常规灌排试验小区灌水次数为 8 次,亩均灌水量为 428.0 m³;灌排蓄渗结合试验小区灌水次数为 6 次,亩均灌水量为 287.0 m³;灌排蓄渗结合比常规灌排节约灌溉水量为 141.9 m³/亩,节水率为 32.9%。2021 年灌排蓄渗结合比常规灌排灌水次数减少 1 次,常规灌排试验小区灌水次数为 6 次,亩均灌水量为 299.0 m³;灌排蓄渗结合试验小区灌水次数为 5 次,亩均灌水量为 211.0 m³;灌排蓄渗结合比常规灌排节约灌溉水量为 78.0 m³/亩,节水率为 29.4%。

7.1.1.4 灌排模式对排水量、入渗量和雨水利用率的影响

（1）两种灌排模式对雨水利用率的影响

常规灌排模式的田埂高度为 150 mm,灌排蓄渗结合模式的田埂高度为 250 mm,两种灌排模式的试验小区排水均通过相应的稻田田间蓄雨自动控制排水口门控制,两种灌排模式的排水量均通过安装在其毛渠排水口的渠灌田间放水口门毕托管差压分流文丘里管量水计(ZL 2017 2 0520484.1)计量,灌排蓄渗结合模式的渗井入渗水量通过水量平衡计算。两种灌排模式的统计如表 7-4 所示。

表 7-4　两种灌排模式的有效降雨量和排水量统计

生育期		降雨量/mm	有效降雨/mm		排水量/mm		渗井入渗水量/mm	
			常规灌排	灌排蓄渗结合	常规灌排	灌排蓄渗结合	常规灌排	灌排蓄渗结合
2019 年	返青期(6 月 26 日至 7 月 5 日)	37.8	37.8	37.8	0	0	0	0
	分蘖期(7 月 6 日至 7 月 18 日)	86.4	86.4	86.4	0	0	0	0
	分蘖后期(7 月 19 日至 8 月 10 日)	271.6	208.4	259.0	63.2	0	0	12.2
	拔节孕穗期(8 月 11 日至 8 月 25 日)	10.6	10.6	10.6	0	0	0	0
	抽穗开花期(8 月 26 日至 9 月 4 日)	12.5	12.5	12.5	0	0	0	0
	成熟期(9 月 5 日至 10 月 31 日)	20.1	20.1	20.1	0	0	0	0
	小计	439.0	375.8	426.4	63.2	0	0	12.2
2020 年	返青期(6 月 30 日至 7 月 9 日)	23.9	23.9	23.9	0	0	0	0
	分蘖期(7 月 10 日至 7 月 22 日)	220.9	71.1	213.3	149.8	0	0	7.6
	分蘖后期(7 月 23 日至 8 月 15 日)	148.5	62.8	114.7	85.7	0	0	33.8
	拔节孕穗期(8 月 16 日至 8 月 29 日)	76.1	76.1	76.1	0	0	0	0
	抽穗开花期(8 月 30 日至 9 月 10 日)	34.4	34.4	34.4	0	0	0	0
	成熟期(9 月 11 日至 10 月 31 日)	37.3	37.3	37.3	0	0	0	0
	小计	541.1	305.6	499.7	235.5	0	0	41.4

表 7-4(续)

生育期		降雨量/mm	有效降雨/mm		排水量/mm		渗井入渗水量/mm	
			常规灌排	灌排蓄渗结合	常规灌排	灌排蓄渗结合	常规灌排	灌排蓄渗结合
2021年	返青期(6月25日至7月2日)	49.9	49.9	49.9	0	0	0	0
	分蘖期(7月3日至7月14日)	172.2	82.5	141.7	89.7	0	0	30.5
	分蘖后期(7月15日至8月8日)	295.3	105.1	96.1	190.2	83.4	0	115.8
	拔节孕穗期(8月9日至8月27日)	48.8	48.8	48.8	0	0	0	0
	抽穗开花期(8月28日至9月7日)	95.7	95.7	95.7	0	0	0	0
	成熟期(9月8日至10月29日)	122.5	122.5	122.5	0	0	0	0
	小计	784.4	504.5	554.7	279.9	83.4	0	146.3

降雨利用率为水稻本田全生育期有效降雨占降雨总量的比例。2019年水稻本田期内共降雨 439.0 mm,其中分蘖后期降雨较多,共计 271.6 mm,占总降雨量的 61.9%;拔节孕穗期降雨较少,共计 10.6 mm,占总降雨量的 2.4%。灌排蓄渗结合模式有效降雨大于常规灌排模式有效降雨 50.6 mm,利用率提高 11.53%。2020年水稻本田期内共降雨 541.1 mm,其中分蘖前、中期降雨较多,共计 220.9 mm,占总降雨量的 40.8%;返青期降雨较少,共计 23.9 mm,占总降雨量的 4.4%。灌排蓄渗结合模式有效降雨大于常规灌排模式有效降雨 194.1 mm,利用率提高 35.87%。2021年水稻本田期内共降雨 784.4 mm,其中分蘖后期降雨较多,共计 295.3 mm,占总降雨量的 37.6%;拔节孕穗期降雨较少,共计 48.8 mm,占总降雨量的 6.2%,总体降雨分配较均匀。灌排蓄渗结合模式有效降雨大于常规灌排模式有效降雨 50.2 mm,利用率提高 6.40%。两种模式降雨利用率统计见表 7-5。

表 7-5　两种模式降雨利用率统计

生育期		降雨量/mm	常规灌排		灌排蓄渗结合	
			有效降雨/mm	降雨利用率/%	有效降雨/mm	降雨利用率/%
2019年	返青期	37.8	37.8		37.8	
	分蘖前、中期	86.4	86.4		86.4	
	分蘖后期	271.6	208.4		259.0	
	拔节孕穗期	10.6	10.6		10.6	
	抽穗开花期	12.5	12.5		12.5	
	成熟期	20.1	20.1		20.1	
	小计	439.0	375.8	85.60	426.4	97.13

表 7-5（续）

生育期		降雨量/mm	常规灌排		灌排蓄渗结合	
			有效降雨/mm	降雨利用率/%	有效降雨/mm	降雨利用率/%
2020 年	返青期	23.9	23.9		23.9	
	分蘖前、中期	220.9	71.1		213.3	
	分蘖后期	148.5	62.8		114.7	
	拔节孕穗期	76.1	76.1		76.1	
	抽穗开花期	34.4	34.4		34.4	
	成熟期	37.3	37.3		37.3	
	小计	541.1	305.6	56.48	499.7	92.35
2021 年	返青期	49.9	49.9		49.9	
	分蘖前、中期	172.2	82.5		141.7	
	分蘖后期	295.3	105.1		96.1	
	拔节孕穗期	48.8	48.8		48.8	
	抽穗开花期	95.7	95.7		95.7	
	成熟期	122.5	122.5		122.5	
	小计	784.4	504.5	64.32	554.7	70.72

从表中可以看出，各生育期灌排蓄渗结合模式的降雨利用率均大于或等于常规灌排模式的降雨利用率。

（2）两种灌排模式对排水总量的影响

灌排蓄渗结合模式排水量比常规灌排模式分别减少 63.2 mm、235.5 mm 和 196.5 mm；灌排蓄渗结合模式渗井入渗补给地下水量分别为 12.2 mm、41.4 mm 和 146.3 mm。具体统计见表 7-6。

表 7-6 两种灌排模式排水量及渗井入渗量统计

	不同灌溉模式	降雨量/mm	排水总量/mm	排水次数/次	渗井入渗量/mm	入渗次数/次
2019 年	常规灌排	439.0	63.2	2	0	0
	灌排蓄渗结合	439.0	0	0	12.2	1
2020 年	常规灌排	541.1	235.5	5	0	0
	灌排蓄渗结合	541.1	0	0	41.4	2
2021 年	常规灌排	784.4	279.9	5	0	0
	灌排蓄渗结合	784.4	83.4	2	146.3	4

7.1.1.5 结论

根据三年小区水稻试验的灌溉量、降雨量、排水量实测数据分析，主要得到以下结论：

（1）节约灌溉用水。灌排蓄渗结合模式的灌水量和灌水次数均小于常规灌排模式的灌水量和灌水次数，这表明水稻灌排蓄渗结合模式具有节约灌溉用水的优势。

（2）提高雨水利用率。灌排蓄渗结合模式各生育期的降雨利用率均大于或等于常规灌排模式各生育期的降雨利用率,这表明控制排水具有提高雨水利用率的优势。

（3）减排防污。与常规灌排模式相比,灌排蓄渗结合模式排水量和排水次数均有明显减少,具有减排控污的效果。

（4）增加浅层地下水量。灌排蓄渗结合模式可以增加补充浅层地下水量,有利于提高潮土区的冬季作物的土壤墒情。

（5）为达到本研究项目设计指标(水稻示范区农田排涝能力达到日雨 200 mm 不外排,达到水稻沟田协同控制灌排技术指标,不受涝),建议水稻示范区每亩农田在毛沟内设置 4 个 DN110 可控制(可调节管口高度和带管堵)的农田蓄雨排涝轻型渗井。

7.1.2 洼地圩区灌排蓄结合水稻节水减污模式

根据"以水定地"实施方案,在灌溉可用水源丰富、地下水位较高、土壤渗透性弱的涝渍中、高风险区域,扩大水稻种植面积,在完善现状灌排工程的基础上,根据农田土壤及水文地质条件,选择灌排蓄结合的水稻节水减排模式,采用稻田田间蓄雨自动控制排水口门、农沟自动控制蓄排水闸、田间自动控制进水闸门、毕托管与文丘里管差压分流式流量计等新技术对水田进行灌溉、蓄水和排水,实现稻田水位精准控制和农业水资源的高效管理。该模式主要应用的新技术设施有:稻田田间自动控制进水闸门＋田间蓄雨自动控制排水口门＋农沟自动控制蓄排水闸＋水稻沟田协同控制灌排模式(水稻蓄雨控制灌溉模式),构建"深沟、密网、平底"的井字沟网,沟沟相通,灌排蓄设施配套完善。

7.1.2.1 技术示范应用区概况

选择在睢宁县庆安镇杨圩村、东楼村开展应用试验示范。

（1）杨圩试验区

杨圩试验区位于废黄河南大堤南侧 1 km,邳睢路(庆安水库南干渠)西侧 400 m,北、西、东部地势高,向南部排水的沟道标准低,属于废黄河两侧洼地易涝区,地面高程为 22.36 m,孔隙潜水主要赋存于①层耕植土、③层砂质粉土及⑤层砂质粉土中,水量较大。地下水位随季节、气候变化而上下浮动,年变化幅度约为 2.40 m。测得潜水初见水位埋深为 0.68～3.12 m。地下水位变幅为 0.50～2.80 m。根据野外钻探,试验区 0～4 m 地层自上而下可划分为以下 5 个层次,各层的特性分述如下。

①层耕植土:灰黄色,以黏性土和黏质粉土为主,厚度为 0.18～0.22 m。

②层黏土:灰黄色,中密,局部夹粉质黏土。

③层砂质粉土:灰黄,中密,局部夹少量粉砂。

④层粉质黏土:灰黄色,密实,局部夹粉土和黏土薄层。

⑤层砂质粉土:黄灰色,中密,局部夹黏质粉土和粉质黏土薄层。

试验示范区共占地 176.7 亩,试验区占地 36.7 亩,示范核心区占地 140 亩,如图 7-5 所示。试验示范区北部为村级公路,高出田面 1.00 m,西部、东部均为生产路,高出田面 0.60 m,北部田块南边设置田埂,高出田面 0.60 m,南部田块南北两边设置田埂,均高出田面 0.60 m,形成两块相对独立的圩田田块。北部田块北边为庆安一支渠和农渠,均为混凝土防渗渠,为北部田块供水;南部田块依靠庆安一支渠的二斗渠和农渠供水。试验区分为 12 个处理,每个处理有 1 个进水口、排水口,安装了渠灌田间放水口门毕托管差压分流文丘里管量水计,用于计量灌溉水量。每个试验小区南田埂安装稻田自动控制排水口门控制排水指标。试验区南侧为 1 号沟,为农沟级别,沟口宽 5 m,沟深 1.5 m,底宽 2 m,沟道上设置了 3 道节制闸,设置了 4 种生态沟道植物组合形式。南部示范田块每个小区安装渠灌田间放水口门毕托管差压分流文丘里管量水计、稻田自动控制排水口门。示范区北侧为 2 号沟,沟口宽 5 m,沟深 1.5 m,底宽 2 m,沟道上设置自动控制蓄排水闸,拦蓄排水。

图 7-5　杨圩试验示范区布置图

2020 年度,在东北部试验田块,开展两种灌溉方式(常规灌溉和蓄雨控灌),常规施肥水平下 3 种施肥模式(1 次基肥 1 次追肥、1 次基肥 2 次追肥、1 次基肥 3 次追肥)共 6 个处理的对比试验,以及采取相同水肥管理方式下,4 种生态沟道植物组合形式、组合形式+湿地(莲藕)对稻田排水中 TN、NH_4^+-N、NO_3^--N、TP 的削减效应的对照试验研究,其中 3 代表 3 次追肥,三级代码 1 代表 1 次重复,2 代表 2 次重复,3 代表 3 次重复。

杨圩试验区试验处理布置图见图 7-6,杨圩试验示范区现场照片见图 7-7。

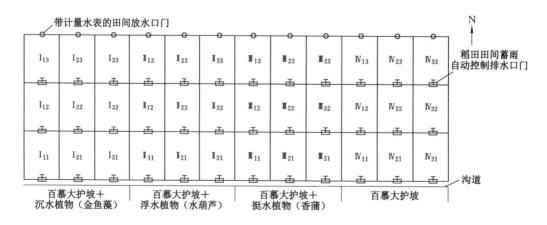

图 7-6　杨圩试验区试验处理布置图

图 7-7 杨圩试验示范区现场照片

（2）东楼试验区

2021 年选择庆安灌区东楼村作为试验示范区。试验示范区共占地 122.5 亩,其中试验区占地 12.5 亩,示范核心区占地 110 亩。试验示范区土壤类型为黄潮土。该地块属于局部洼地易涝区,北部为地势较高的黄河南大堤和庆安水库,西部为庆安水库自流灌溉的南干渠,东部为高出地面 0.5 m 的生产路,地块南部修筑 0.5 m 的田埂及排水农沟。

2021 年度,在试验区东地块中部布设了 2 条毛沟,在沟道 1,分段设置了 4 种生态沟道植物组合形式,每段 45 m 长,控制地块面积 2.0 亩的排水,在沟道 1 的北部,又设置了一道排水沟 2,沟道 2 与沟道 1 设置了排水管涵,且沟道 2 与地块东部排水沟相通,用以解决大雨时沟道 1 的排水。开展两种灌溉方式(常规灌溉和灌排蓄结合),常规施肥水平下 3 种施肥模式(1 次基肥 1 次追肥、1 次基肥 2 次追肥、1 次基肥 3 次追肥)共 6 个处理的对比试验,以及采取相同水肥管理方式下,4 种生态沟道植物组合形式、植物组合形式＋湿地(莲藕)对稻田排水中 TN、NH_4^+-N、NO_3^--N、TP 的削减效应的对照试验研究。

东楼试验区试验处理布置图见图 7-8 和图 7-9,现场照片见图 7-10。

7.1.2.2 田间灌排水分指标控制

试验设置两种灌水方式,一种为常规灌排,一种为灌排蓄结合,具体水分指标如表 7-7 所示。水稻全生育期灌水情况如表 7-8 所示。

从表 7-8 中可以看出:2020 年灌排蓄结合比常规灌排灌水次数减少 2 次。常规灌排试验小区灌水次数为 8 次,亩均灌水量为 385.2 m³;灌排蓄结合试验小区灌水次数为 6 次,亩均灌水量为 287.0 m³;灌排蓄结合比常规灌排节约灌排水量 98.2 m³/亩,节水率为 25.5%。

图 7-8　东楼试验示范区布置图

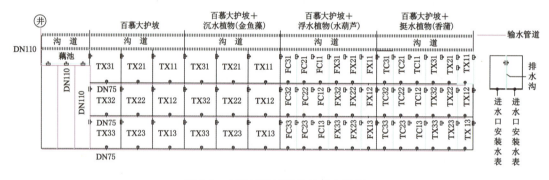

图 7-9　东楼试验区试验处理布置图

图 7-10　东楼试验区现场照片

图 7-10 （续）

表 7-7 不同灌排水方式处理控制参数

灌溉技术		返青期	分蘖前期	分蘖后期	拔节孕穗期	抽穗开花期	乳熟期	黄熟期
常规 灌排	灌水上限/mm	30	30	30	20	20	20	0
	灌水下限/%	100	100	60～70	100	100	100	60～70
	蓄雨上限/mm	100	70～80	30	80	90	80	60～70
灌排蓄 结合	灌水上限/mm	30	20	100	30	30	20	100
	灌水下限/%	100	70～90	60～70	70～80	80	70	自然落干
	蓄雨上限/mm	70	80～100	30	150	150	150	—
	临时蓄雨上限/mm	100	150	100	200	200	200	0
	允许滞蓄时间/h	24	24	—	24	12	24	—
	灌水时间(在脱水后)/d	无水即灌	2	3	2～3	2～3	2～3	自然落干

注：表中的百分数为根层土壤含水率占饱和含水率的百分数。

表 7-8 水稻全生育期灌水情况表

不同灌溉方式		泡田期灌水/(m³/亩)	本田期灌水/(m³/亩)	灌水量/(m³/亩)	灌水次数/次
2020 年	常规灌排	108.2	277.0	385.2	8
	灌排蓄结合	111.8	175.2	287.0	6
2021 年	常规灌排	110.4	188.8	299.2	6
	灌排蓄结合	112.1	109.5	221.6	4

2021 年灌排蓄结合比常规灌排灌水次数减少 2 次。常规灌排试验小区灌水次数为 6 次,亩均灌水量为 299.2 m³;灌排蓄结合试验小区灌水次数为 4 次,亩均灌水量为 221.6 m³;灌排蓄结合比常规灌溉节约灌溉水量 77.6 m³/亩,节水率为 25.9%。

7.1.2.3 两种灌溉方式对排水总量的影响

排水总量为全生育期各次排水量之和,从表 7-9 2020 年、2021 年两年的试验统计数据可以看出,灌排蓄结合模式排水量比常规灌溉模式排水量分别减少 89 mm 和 164.9 mm。

表 7-9 常规灌排和灌排蓄结合排水量及排水次数统计

不同灌溉模式		生育期降雨量/mm	生育期有效降雨量/mm	灌溉量/mm	排水总量/mm	排水次数/次
2020 年	常规灌排	537.6	383.9	577.51	89.0	3
	灌排蓄结合	537.6	478.9	430.28	0	0
2021 年	常规灌排	845.4	571.9	448.58	243.3	4
	灌排蓄结合	845.4	721.9	332.23	78.4	2

7.1.2.4 不同灌溉模式对水稻产量的影响

不同灌溉方式对水稻的产量影响不同,试验小区 2020 年、2021 年不同灌溉方式产量统计如表 7-10 所示,由表可知灌排蓄结合模式的水稻亩产量分别为 634.8 kg 和 675.1 kg,常规灌排模式的水稻亩产量分别为 594.5 kg 和 648.8 kg,分别增产 6.8% 和 4.1%。

表 7-10 不同灌溉方式产量统计表

不同灌溉方式		平均亩产量/kg
2020 年	常规灌排	594.5
	灌排蓄结合	634.8
2021 年	常规灌排	648.8
	灌排蓄结合	675.1

根据 2020 年、2021 年的小区试验和示范,徐州市水稻灌排蓄结合的水分管理与施基肥加 3 次追肥模式优于其他水肥模式。分析主要有三方面原因:

(1) 灌排蓄结合方式下,土壤的适度缺水是由于水稻的自身反馈调节能力使根系下扎,水稻根数及根表面的吸附面积增加,根系活力亦增强,能为稻株生长发育吸收更多的水分和养分,从而具有丰产优势。

(2) 灌排蓄结合方式下的土壤通透性好,有利于有机质的分解和根系吸收,同时可以增大昼夜温差,有利于稻株分蘖早、分蘖快,分蘖末期晒田,能抑制无效分蘖。

(3) 灌排蓄结合方式降低了稻田渗漏量,从而减少了随渗漏水流失的化肥量,提高了肥料利用率,提高了千粒重、结实率,从而增加了产量。

7.1.2.5 洼地圩区灌排蓄结合水稻节水减污模式

(1) 田间水分管理

① 外田埂高度采用 50～60 cm。在发生大暴雨和特大暴雨时,可防止外部洪涝水灌入田间,田埂外为排水农沟,可根据农沟水位情况,适时外排,增加稻田蓄水。

② 缩短泡田时间。泡田时间以 1～2 d 为宜,泡田水深在满足耕作的前提下尽量浅,土地平整后田面保持 20～30 mm 的水层,可减少遇大雨外排水量及基肥随田面排水流失。

③ 插秧和返青期,田面保持 20～30 mm 浅水层,落干至湿润后再行灌水。该阶段可适

当拦蓄雨水,深度以不淹没最上一片叶耳为宜。

④ 分蘖前期以浅水层为主,分蘖后期落干烤田后,实行湿润灌溉,灌水上限为 10～20 mm 浅水层,自然落干至土壤含水量达饱和含水率的 70%～90% 时再行灌水,分蘖前期取大值,后期取低值。一般在需落干后 1～2 d 灌水。可结合天气预报和水情预报,适当提前或推迟灌水;雨后临时蓄水深度可增加至 150 mm,滞蓄时间为 24 h,蓄水上限为 100 mm。

⑤ 分蘖后期处于雨季,雨量较大,雨后临时蓄水深度控制在 100 mm,滞蓄时间为 24 h,蓄水上限为 30 mm,主要是考虑到前期的干旱抑制生长,不宜过度增加蓄水深度。

⑥ 拔节孕穗期前期适当控水可促进茎秆粗壮,灌水下限可控制在 70% 饱和含水率,后期可增加至 80%。孕穗后期是幼穗分化期,对水分要求较高,且该阶段属于高温期,正常情况下田面以保持浅水层或湿润为主,灌水下限控制在 80% 饱和含水率。遇到高温时,需要及时灌水。

⑦ 拔节期后,水稻株高增加,耐涝能力提高,雨后临时蓄水深度可增加至 200 mm,滞蓄时间为 24 h,蓄水上限为 150 mm,相当于大暴雨日雨量。

⑧ 黄熟期一般不需要灌溉。若遇降雨,应及时排除,以利于茎秆干物质向籽粒转移。若遇高温,土壤过于干旱时,可采取灌"跑马水"形式适当补充水分。收割前一周内需断水,以利于机械进田。

(2) 施肥管理

坚持"施足基肥、早施分蘖肥、重施穗肥"的施肥策略,实现前期早发尽快达到穗数苗、中期稳健生长控制无效分蘖、后期主攻大穗大粒。生育期用氮总量控制在 17 kg/667 m² 左右,基肥主要为复合肥(氮磷钾),分蘖肥、拔节孕穗肥和穗肥主要为尿素。根据叶龄(叶龄余数 3.5～3.0 叶)确定施穗肥时间。

第一次追肥在分蘖初期,即插秧后 10～12 d(分蘖肥);第二次追肥在拔节初期,约插秧后 35～40 d(拔节孕穗肥);第三次追肥为穗肥,根据叶龄(叶龄余数 3.5～3.0 叶)确定施穗肥时间。

(3) 农沟蓄排水管理

根据试验研究成果,延长涝水在沟田的滞蓄时间对削减氮磷负荷具有重要影响。施肥 7～10 d 内应尽量控制排水;雨后农田蓄水时间不低于 3 d;沟道滞蓄时间以 3～5 d 为宜。

① 各级沟道按照 10 年一遇的标准开挖疏浚断面,构建"深沟、密网、平底"的井字沟网,沟沟相通。

② 各级沟道的沟头按照设计排涝标准配齐控制蓄排水的节制闸(堰),最好配置自动控制沟道水位的蓄排水闸(堰),蓄排控制灵活。

③ 在各级农沟采用植物生态模式,降低水流速度,延长排水滞留时间,充分利用水生植物对排水中的氮、磷进行吸收和削减。结合徐州市的实际,水生植物推荐为香蒲,有条件的可以利用坑塘湿地种植莲藕,净化水质的同时,既可以取得经济效益,又可以实现其观赏价值,改善生态环境。

7.1.3 洼地圩区以蓄、灌为主的稻渔综合种养模式

根据《农业农村部关于长江流域重点水域禁捕范围和时间的通告》(农业农村部通告〔2019〕4号),长江干流和重要支流除水生生物自然保护区和水产种质资源保护区以外的天

然水域,最迟自 2021 年 1 月 1 日 0 时起实行暂定为期 10 年的常年禁捕,期间禁止天然渔业资源的生产性捕捞。徐州市骆马湖、微山湖、大运河等水域天然渔业资源已列入禁止生产性捕捞范围,并实施骆马湖、微山湖退渔还湖面积 8 万亩,对徐州区域的水产品市场产生重大影响。群众生活对水产品的供给需求是亟待解决的问题。徐州市政府因地制宜提出大力发展稻田综合种养措施,改造稻田种养方式,发展生态种养,做到"一水两用、一田多收",提升稻田使用效率和经济效益,取得显著成效。全市 2021 年已实施的稻田综合种养面积达到 15.63 万亩,以养殖尾水达标排放为核心,大力推广养殖尾水生态治理、配合饲料替代冰鲜幼杂鱼等生态养殖相关技术,创新实施了池塘容纳量控制净化模式、原位净化模式、循环水净化模式、异位净化模式 4 种生态改造模式,严禁超标排放。

根据"以水定地"实施方案,在灌溉可用水源丰富、水质优良、地下水位高的涝渍高风险区域,根据《徐州市稻田综合种养发展工作方案》的要求,按照《稻渔综合种养技术规范 通则》(SC/T 1135.1—2017)、《稻田综合种养技术要点》,建设沟洫圩田,推广稻渔综合种养技术模式,扩大稻蟹、稻虾共作面积。在现状灌排工程的基础上,对稻渔综合种养区的沟、渠、路、闸等配套基础工程进行提档升级改造,扩挖疏浚各级排水沟道、坑塘湿地,建设生态净化沟(塘),构建更有利于鱼虾生长的"深沟、密网、平底"的井字沟网,充分涵养水草资源,培育浮游生物。开挖田内环沟,构筑圩埂,以拦蓄雨水为主,辅以灌溉补水,采用稻田田间自动控制进水闸门、农沟自动控制蓄排水闸、稻田田间蓄雨自动控制排水口门等新技术对水田进行蓄水、灌溉和排水,实现水田水位精准控制和农业水资源的高效管理。推荐采用模式:稻田田间自动控制进水闸门+农沟自动控制蓄排水闸+稻田田间蓄雨自动控制排水口门+稻渔综合种养模式+生态净化沟。现以沛县胡西农场为例介绍稻虾综合种养技术模式,其示范区如图 7-11 所示。

沛县东临微山湖,京杭大运河、顺堤河、苏北堤河穿境而过,湿地、水田广袤肥沃,是虾蟹繁育生长的天然良地。微山湖西岸入选首批"中国好水"水源地,沛县生态稻米因"中国好水"灌溉而得名。目前全县采用这种种养模式的面积达 30 800 亩,带动 1 000 多个家庭增收致富。湖西农场稻虾共作基地被农业农村部命名为国家级稻渔综合种养示范区。

稻渔综合种养是沛县近年来积极探索并成功实践的生态种养模式之一。这种模式改变了传统粗放单一的种养模式,将水稻栽培和虾蟹饲养融合为一个生态系统,水稻可以为虾蟹遮阴、避害、促进虾蟹生长;虾蟹能清除稻田里的杂草,吃掉部分害虫,排出的粪便对土壤有增肥作用。稻渔综合种养不仅做到稻谷不减产,实现一田双收,更能通过水质净化、土壤修复等带来生态效应。

稻克氏原螯虾综合种养技术模式依据克氏原螯虾生物学特性,运用生态学原理,利用水稻与克氏原螯虾共作,通过科学的稻田工程、饲养管理、水位调控、留种、保种等措施,使克氏原螯虾在稻田内自繁、自育、自养,实现商品虾和苗种的批量生产。

7.1.3.1 环境条件

(1)产地。土质以壤土、黏土为好,田埂坚固结实不漏水,远离污染源。稻田环境和底质应符合《无公害农产品 种植业产地环境条件》(NY/T 5010—2016)、《无公害农产品 淡水养殖产地环境条件》(NY/T 5361—2016)的规定。

(2)水源、水质。灌溉水源保证率 90% 以上,排灌方便,水质优良,生产用水应符合《渔业水质标准》(GB 11607—1989)、《无公害食品 淡水养殖用水水质》(NY 5051—2001)的

图 7-11　沛县胡寨镇稻虾综合种养示范区

规定。

7.1.3.2　田间工程

（1）地块选择。田间工程沟、渠、路、闸等配套齐全，配套率、完好率100％，灌排控制灵活，地势平坦，面积以30～50亩一个单元为宜。

（2）生态净化沟（塘）。扩挖疏浚种养田块外部各级排水沟道、坑塘湿地，种植伊乐藻、轮叶黑藻、苦草、水花生等水生植物，以伊乐藻为主，建成更有利于净化水质的生态净化沟（塘），充分涵养水草资源，培育浮游生物。

（3）环沟。沿稻田田埂内侧1～2 m开挖环沟，沟深120～150 cm，宽3～4 m，坡比1∶1左右，环沟面积占稻田总面积的8％～10％。

（4）堤埂。利用挖环沟的泥土加宽、加高堤埂。堤埂加高、加宽时，每一层泥土都要打紧夯实，做到堤埂不裂、不垮、不渗水漏水。改造后的堤埂，高度宜高出田面80 cm以上，能关住田面水50～60 cm。埂面宽不少于150 cm，堤埂坡比为1∶1.25为宜。

（5）进、排水系统。进水口和排水口应成对角设置。在田埂的进水口安装稻田田间自动控制进水管；在环沟最低处设置排水口，安装稻田田间蓄雨自动控制排水口门，根据水稻不同生长期的设计蓄水位，由自动控制排水口门的活动闸板控制调节。

（6）防逃设施。用水泥瓦、厚塑料薄膜或钙塑板沿田埂四周围成封闭防逃墙，防逃墙高40～50 cm，四角转弯处呈弧形。进、排水口应加设孔径为0.9 mm左右的网片防逃。

（7）防敌害设施。肉食性鱼、鼠、蛙、鸟以及水禽等均能捕食克氏原螯虾，为防止这些敌害动物进入稻田，应采取措施加以防备。鱼类可在进水口用孔径为0.9 mm左右的长型网袋过滤进水，将其拒于稻田之外；鼠类可在田埂上设置鼠夹、鼠笼等加以捕杀；蛙类可在夜间进行捕捉；鸟类及水禽可及时进行驱赶。

（8）环沟消毒。稻田改造完成后，用生石灰150 kg/亩带水对环沟进行消毒，杀灭敌害生物和致病菌，预防克氏原螯虾发生疾病。

（9）种植水草。环沟消毒7～10 d后，在沟内种植水草。水草种类包括伊乐藻、轮叶黑藻、苦草、水花生等，以伊乐藻为主。种植面积占环沟面积的50％左右。其中：伊乐藻一般在12月、1月、2月水温低于10 ℃时种植，轮叶黑藻在3月水温稳定在10 ℃以上时种植，苦草在4月水温稳定在15 ℃以上时种植，水花生在3月至10月均可种植。

7.1.3.3　水稻种植

（1）稻种选择。稻种选择参照《稻渔综合种养技术规范 通则》（SC/T 1135.1—2017）执行，选择叶片开张角度小、抗病虫害、耐肥性强、可深灌、株型适中的紧穗型中稻品种。

（2）田面整理。6月1日左右开始整田。整田的标准是上软下松，泥烂适中。高低不过寸，寸水不漏泥，灌水棵棵到，排水处处干。

（3）秧苗栽插。6月上旬完成栽插。水稻栽插方式为手栽或者机插。栽插时，可通过人工边行密植弥补田间工程占地减少的穴数。

（4）晒田。第一次晒田时间为分蘖后期，第二次晒田时间为收割前15 d。晒田总体要求是轻晒或短期晒，即晒田时，使田块中间不陷脚，田边表土不裂缝和发白。

（5）施肥。肥料的使用应符合《绿色食品 肥料使用准则》（NY/T 394—2021）和《肥料合理使用准则 通则》（NY/T 496—2010）的要求。施肥宜少量多次，方法参照《无公害食品水稻生产技术规程》（NY/T 5117—2002）执行，严禁使用对克氏原螯虾有害的氨水、碳酸氢铵等化肥。

（6）水位控制。整田至插秧期间保持田面水位在 5 cm 左右,晒田时环沟水位低于田面 20 cm 左右。第一次晒田后田面雨后蓄水位逐渐加至 25 cm 左右,临时蓄雨上限水位 30 cm;第二次黄熟期晒田后至水稻收割结束环沟水位不变。

不同灌排水方式处理控制参数如表 7-11 所示。

表 7-11 不同灌排水方式处理控制参数

灌溉技术		返青期	分蘖前期	分蘖后期	拔节孕穗期	抽穗开花期	乳熟期	黄熟期
蓄灌结合	灌水上限/mm	50	50～100	0	100	100	100	0
	灌水下限/%	10	10	−200	50	50	50	−50
	蓄雨水位/mm	50	100	0	200	250	250	0
	临时蓄雨上限/mm	70	150～200	50	250	300	300	0
	允许滞蓄时间/h	24	24	24	24	12	24	—

（7）病虫害防治。病虫害防治参照《无公害食品 水稻生产技术规程》(NY/T 5117—2002)、《稻田养鱼技术规范》(SC/T 1009—2006)执行,农药施用应符合《农药合理使用准则（二）》(GB/T 8321.2—2000)的要求,应选用高效、低毒、低残留农药,不得使用有机磷、菊酯类、氰氟草酯、噁草酮等对克氏原螯虾有毒害作用的药剂。

（8）日常管理。参照《无公害食品 水稻生产技术规程》(NY/T 5117—2002)执行。

（9）收割。在 10 月上旬左右开始进行稻谷收割,留茬 40 cm 左右。

7.1.3.4 稻田克氏原螯虾生态繁养

7.1.3.4.1 品种及来源

选择本地或周边地区的克氏原螯虾幼虾或亲虾,要求苗种来源地距离养殖稻田的车程不宜超过 2 h。

7.1.3.4.2 繁养模式

（1）投放幼虾模式。

4 月初前后投放幼虾,4 月至 6 月中旬为成虾养殖期,6 月中旬至 8 月底为留种、保种期,9 月为繁殖期,10 月至翌年 4 月为苗种培育期。

① 幼虾质量。群体规格整齐;体色为青褐色最佳,淡红色次之,不宜为深红色,要求色泽鲜艳;附肢齐全、体表无病灶;反应敏捷,活动能力强。

② 幼虾投放量。投放规格在 3～4 cm 的幼虾 6 000～10 000 只/亩左右,第二年不必投幼虾。

（2）投放亲虾模式。

8 月底前投放亲虾,9 月为繁殖期,10 月至翌年 4 月为苗种培育期,4 月至 6 月中旬为成虾养殖期,6 月中旬至 8 月底为留种、保种期。

① 亲虾质量。附肢齐全、无损伤、体格健壮、活动能力强;体色暗红或深红色,有光泽,体表光滑无附着物;体重在 35 g 以上;雌雄亲本来自不同地区。

② 亲虾投放量。亲虾投放量为 25～30 kg/亩,雌雄比例为 2：1～3：1,第二年可补充亲虾 10～15 kg/亩。

③ 运输。克氏原螯虾一般采用干法淋水保湿运输,如离水时间较长,放养前需进行如下操作:先将虾在稻田水中浸泡 1 min 左右,提起搁置 2~3 min,再浸泡 1 min,再搁置 2~3 min,如此反复 2~3 次,让虾体表和鳃腔吸足水分,再将虾均匀取点、分开轻放到浅水区或水草较多的地方,让其自行进入水中。

④ 饲料投喂。

a. 成虾养殖。4 月开始宜强化投饵,日投饵量为稻田虾总重的 2%~6%,具体投饵量应根据天气和虾的摄食情况调整。饵料种类包括麸皮、米糠、饼粕、豆渣、克氏原螯虾专用配合饲料以及绞碎的螺蚌肉、屠宰场的下脚料等动物性饵料,配合饲料应符合《饲料卫生标准》(GB 13078—2017)和《无公害食品 渔用配合饲料安全限量》(NY 5072—2002)的要求。

b. 苗种繁育。苗种培育期,每月应施一次经发酵腐熟的农家有机肥培育天然饵料生物,施用量以 100~150 kg/亩为宜。稻田内天然饵料不足时,可适量补充绞碎的螺蚌肉、屠宰场的下脚料等动物性饵料。12 月水温低于 12 ℃时可停止投饵。翌年 3 月前后水温达到 12 ℃时开始投饵以加快幼虾的生长。日投饵量以稻田虾总重的 1% 为宜,后随着水温升高逐渐增加投饵量,具体投饵量应根据天气和虾的摄食情况调整。

⑤ 繁养管理。

a. 水位控制。1 月至 2 月,水位控制在田面上 50 cm 左右。3 月后水位控制在 20~30 cm。4 月中旬之后,水位控制在 50 cm 左右。6 月初整田前降低水位至 5 cm 左右。6 月至9 月水位控制见水稻期:稻谷收割前应排水,促使虾在环沟中掘洞,最后环沟内水位保持在80~100 cm;稻谷收割后 10~15 d 田面长出青草后开始灌水,随后草长水涨。11 月之前,水位控制在田面上 30 cm 左右。11 月至 12 月,水位控制在田面上 40 cm 左右。除拦蓄降雨外,年灌水量一般在 600~800 m³/亩。

b. 水质调节。头一年 9 月至翌年 4 月为苗种繁育期,其间通过施肥和加水、换水使水体透明度始终控制在 30~40 cm。其他时间根据水色、天气和虾的活动情况,适时通过加水、换水等方法调节水质,使水体透明度始终控制在 40~50 cm。

c. 水草管理。水草保持在环沟面积的 50% 左右,水草过多时及时割除,水草不足时及时补充。高温季节应对伊乐藻、轮叶黑藻进行割茬处理,防止高温烂草。

d. 巡田。经常检查虾的吃食情况、有无病害、防逃设施并检测水质等,发现问题及时处理。

e. 留种、保种。进行成虾捕捞时,当成虾日捕捞量低于 0.25 kg/亩时,即停止捕捞,剩余的虾用来培育亲虾;整田前,在靠近环沟的田面筑好一圈高为 20 cm、宽为 30 cm 的小堤埂,将田面和环沟分隔开,避免整田、施肥、施药对虾造成伤害,为虾的生长繁殖提供所需的生态环境;开挖环沟时适当增加环沟深度和宽度,确保晒田和稻谷收割时环沟内有充足的水,避免虾因温度过高或密度过大导致死亡;适当增加水草种植面积以降低水体温度,避免虾过早性成熟并为虾蜕壳提供充足的隐蔽场所。

f. 繁殖。宜适量补充动物性饵料,日投饵量以亲虾总重的 1% 为宜,以满足亲虾性腺发育的需要;宜适当移植凤眼莲、浮萍等漂浮植物以降低水体光照强度,达到促进亲虾性腺发育的目的,漂浮植物覆盖面积宜为环沟面积的 20% 左右;宜适量补充莴苣叶、卷心菜、玉米等富含维生素 e 的饵料以提高亲虾的繁殖能力。

g. 病害防控。坚持以"预防为主,防重于治"的原则。发生病害时,治疗使用的药物应执行《无公害食品 渔用药物使用准则》(NY 5071—2002)中的规定。预防措施有:苗种放养前,用生石灰消毒环沟,杀灭稻田中的病原体;运输和投放苗种时,避免堆压等造成虾体损伤;放养苗种时用 5～10 g/m³ 聚维酮碘溶液(有效碘 1%)浸洗虾体 5～10 min,进行虾体消毒;加强水草的养护管理;饲养期间饲料要投足投匀,防止因饵料不足使虾相互争斗;定期改良底质,调节水质;在 5 月之前通过捕捞适当降低养殖密度。

h. 捕捞。捕捞时间:幼虾捕捞从 3 月下旬开始,到 4 月中旬结束;成虾捕捞从 5 月初开始,到 6 月上旬结束。捕捞工具:捕捞工具主要是地笼,幼虾捕捞地笼网眼规格宜为 1.6 cm,成虾捕捞地笼网眼规格宜为 2.5～3.0 cm。捕捞方法:捕捞初期,直接将地笼布放于稻田及环沟之内,隔几天转换一个地方,当捕获量渐少时,可将稻田中水排出,使虾落入环沟中,再集中于环沟中放地笼。进行幼虾捕捞时,当幼虾捕捞总量达到 50 kg/亩左右时,宜停止捕捞,剩余的幼虾用来养殖成虾。进行成虾捕捞时,始终捕大留小。

7.2　旱作物农田灌排蓄渗降创新技术体系及治理模式

根据"以水定地"实施方案,灌区利用梯级河网和节制工程实现水资源"蓄、排、引、调"高效管理;旱作农田利用沟洫畦田、灌排蓄渗降新技术和选择适宜的旱作物种植模式,按照旱作物适宜的水分指标(灌溉和涝渍综合指标),采用旱作农田蓄雨排涝轻型渗井、农沟自动蓄排水闸、农灌毕托管分流式量水计等对农田进行灌水、蓄水、排水和降渍,实现土壤水分和农业水资源的有效管理。

(1)精量控制灌水:根据旱作物节水灌溉制度,采用农灌毕托管分流式量水计计量控制农田灌水,以满足旱作物需水要求。

(2)精确控制排水:利用田间自动控制排水口门、农沟自动蓄排水闸,排除超设计标准暴雨形成的农田多余水分,以满足作物生长的适宜水分条件。

(3)沟井蓄水:利用灌区梯级河网和节制工程实现地表径流拦蓄高效利用;利用沟洫畦田、田间自动控制排水口门、农沟自动蓄排水闸等技术,节节拦蓄降水径流,将田间径流入渗到作物根系层区的土壤,蓄雨保湿;利用农田蓄雨排涝轻型渗井,将多余径流补给深层土壤,增加深层土壤的调蓄能力,提高降雨有效利用率,以满足作物生长的适宜水分条件,减少灌溉水量和排水量,实现雨水资源高效利用。

（4）降渍：利用沟网、墒网、渗井控制旱作物根系层土壤水分。当发生超设计暴雨时，灌区利用河、沟网排水，降低外三沟水位；田间利用内三沟、农田蓄雨排涝渗井等，将田间多余水分入渗到作物根系层以下透水性强的非饱和深层土壤，以满足作物生长的适宜水分条件；增加作物根系层与深层土壤的水分垂直交流，实现雨水资源高水平的均衡调节。

降渍过程：田间多余水分 —————→ 墒网 —轻型渗井降渍→ 入渗深层土壤 —补给→ 地下水

7.2.1　蓄渗灌结合的旱作物沟洫畦田模式

根据"以水定地"实施方案，在灌溉可用水源不足、区域排涝标准低、地下水位较低、土壤渗透性弱的易旱易涝渍中、高风险区，扩大种植优质小麦、旱作水稻、大豆等旱作物面积；在完善现状灌排工程的基础上，田间加高田埂，开挖内三沟，采用旱作农田蓄雨排涝降渍轻型渗井、毕托管与文丘里管差压分流式流量计等新技术，建设以蓄、渗为主的旱作物沟洫畦田模式，对农田进行蓄水、渗排、灌溉，实现土壤含水量和农业水资源的高效利用管理。该模式主要应用的新技术设施有：旱作物（小麦、玉米、大豆、旱作水稻、蔬菜）地面节水灌溉＋毕托管与文丘里管差压分流式流量计＋农田蓄雨排涝降渍轻型渗井的沟洫畦田模式。

7.2.1.1　试验区布置

2019—2021 年度试验区布置在睢宁试验基地西南侧田块，地面平整，高程在 21.8 m，耕作土壤质地为砂壤土，土壤肥力水平中上，0～30 cm 土壤容重为 1.27 g/cm³，田间持水量为 25.2%（占干土重），田间饱和水量为 34.3%，地下水埋深为 3.6～6.3 m。试验区布置了 3 个灌排处理共 5 个试验小区，每个小区面积为 200 m²（50 m×4 m），灌水采用水表计量。试验小区四周畦埂高 25 cm，每个小区中间开挖一条墒沟，沟宽为 30 cm，沟深为 20 cm。1#、4# 试验小区为 1 个渗井/小区的蓄渗灌结合的沟洫畦田小区（T1），2#～3# 试验小区为 0.5 个渗井/小区的蓄渗灌结合的沟洫畦田小区（T2），5# 为常规畦灌对比小区（T3）。

睢宁试验基地旱作物试验区位置如图 7-12 所示，其布置如图 7-13 和图 7-14 所示。旱作物试验区根系土壤层物理参数如表 7-12 所示。旱作农田（玉米-蔬菜）蓄渗灌试验布置如表 7-13 所示。

图 7-12　睢宁试验基地旱作物试验区位置图

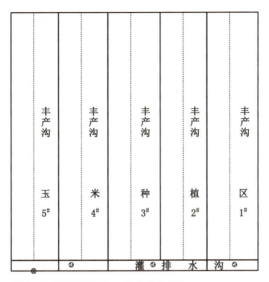

图中：⊙ 蓄雨排涝渗井　⊗ 农用量水计

图 7-13　睢宁试验基地旱作物试验区平面布置图

露地甘蓝试验区

玉米试验区

洋葱试验区

图 7-14　睢宁试验基地旱作物试验区布置图

表 7-12　旱作物试验区根系土壤层物理参数

深度/cm	土壤容重/(g/cm³)	土壤孔隙率/%	田间持水量/%	土壤质地
0～10	1.11	58.1	27.5	粉砂壤土
10～20	1.14	57.0	25.3	
20～30	1.57	40.8	22.7	淤泥质壤土
30～40	1.44	45.7	26.7	粉细砂
40～50	1.40	47.2	27.5	
50～80	1.44	45.7	22.2	
80～110	1.53	41.3	21.8	壤土

表 7-13　睢宁试验基地旱作农田(玉米-蔬菜)蓄渗灌试验布置

处理		设施类型	规格	型式	数量
蓄渗灌结合	T1	蓄雨排涝降渍渗井	DN90	深度为 4 m,开孔上部为 0.8 m,下部为 1.0 m	1 个/小区
	T2	蓄雨排涝降渍渗井	DN90	深度为 4 m,开孔上部为 0.8 m,下部为 1.0 m	0.5 个/小区
常规灌排	T3	分流式流量计	DN200		1 个/小区

7.2.1.2　田间灌排水分指标控制

（1）灌水指标

两种处理方式,一种为常规田间灌排,一种为蓄渗灌结合的沟洫畦田模式,2019—2021 年两种处理春季作物分别为大蒜、甘蓝、洋葱,夏季作物各年度均为玉米。供试品种为:

① 2019 年大蒜供试品种为徐州白蒜,按照各生育期灌水上、下限指标灌水,采用畦灌方式,平均过进畦水量为 10～15 m³/h,试验按常规高产管理模式,行距为 20 cm,株距为 15 cm。

② 2020 年甘蓝供试品种为春福,按照各生育期灌水上、下限指标灌水,采用畦灌方式,平均过进畦水量为 10～15 m³/h,试验按常规高产管理模式,行距为 50 cm,株距为 45 cm。

③ 2021 年洋葱供试品种为湘田赤,按照各生育期灌水上、下限指标灌水,采用畦灌方式,平均过进畦水量为 10～15 m³/h,试验按常规高产管理模式,行距为 20 cm,株距为 15 cm。

④ 2019—2021 年度,玉米供试品种为隆平 206,试验按常规高产管理模式确定各生育期灌水上、下限指标。

春季露地蔬菜各生育期灌水上、下限指标如表 7-14 所示,夏季玉米各生育期灌水上、下限指标如表 7-15 所示。

表 7-14　春季露地蔬菜各生育期灌水上、下限指标

灌溉技术		苗期	快速发育期	膨大期	成熟期
大蒜	灌水上限/%	100	100	100	100
	灌水下限/%	75	75	80	75
	计划湿润层/cm	0～20	0～30	0～30	0～30

表 7-14(续)

灌溉技术		苗期	快速发育期	膨大期	成熟期
甘蓝	灌水上限/%	100	100	100	100
	灌水下限/%	75	80	80	75
	计划湿润层/cm	0～20	0～30	0～40	0～40
洋葱	灌水上限/%	100	100	100	100
	灌水下限/%	75	80	80	80
	计划湿润层/cm	0～20	0～30	0～30	0～30

注:灌水上、下限均为占田持量的比值。

表 7-15　夏季玉米各生育期灌水上、下限指标

灌溉技术		初始生长期	快速发育期	抽雄灌浆期	成熟期
玉米	灌水上限/%	100	100	100	100
	灌水下限/%	70	65	70	65
	计划湿润层/cm	0～20	0～30	0～40	0～40

(2)排水技术指标控制

1#、4#蓄渗灌结合的沟洫畦田试验小区,在墒沟的沟头分别设置农田蓄雨排涝降渍渗井,2#+3#蓄渗灌结合的沟洫畦田试验小区,在墒沟的沟头设置一个农田蓄雨排涝降渍渗井。渗井井口均与田面平齐,井深为 4 m,井孔为 150 mm,PVC 井管为 DN90。井管的上部 0.8 m、下部 1.0 m 开 8 mm 孔,孔距为 20 mm,外部包裹塑料纱网,上部孔内采用等内径的橡胶活塞封堵,活塞连接 100 mm 长拉杆启闭活塞,井口封堵并与活塞拉杆连接;上部 0.8 m、下部 1.5 m 井管外采用粗砂回填,中间空隙采用黏土封闭。5# 为常规畦灌对比小区,不设渗井,墒沟自由排水,采用毕托管与文丘里管差压分流式流量计计量。

在蓄渗灌结合的 1#～4# 试验小区不设排水口,当日降雨量达到 50 mm 以上且田面积水时,开启墒沟内的渗井渗排水;在常规灌溉 5# 试验小区墒沟出水口安装毕托管与文丘里管差压分流式流量计,有积水即排并进行计量。

每个处理畦田内设置 1 m 深的渗井,观测土层饱和含水量的深度。

7.2.1.3 农田蓄雨排涝降渍轻型渗井设置

(1)试验区土层结构

①层粉砂壤土:黄夹灰色,层厚为 0.19 m,层底高程为 21.61 m。

①−1层淤泥质壤土:黄灰色,层厚为 0.15 m,层底高程为 21.46 m。

②层粉细砂:黄灰色,层厚为 0.45 m,层底高程为 21.01 m。

②−1层壤土:黄褐、灰黄色,层厚为 0.33 m,层底高程为 20.68 m。

②−2层砂壤土:黄、黄褐、灰黄色,夹壤土团块及薄层,层厚为 1.66 m,层底高程为 19.02 m。

③层黏土:黄褐、灰黄色,层厚为 1.97 m,层底高程为 17.05 m。

土层渗透性如表 7-16 所示。

表 7-16 土层渗透性统计

土层	名称	渗透系数 $K_V/(cm/s)$	渗透性分级	土层	名称	渗透系数 $K_V/(cm/s)$	渗透性分级
①	粉砂壤土	5.35×10^{-5} 2.68×10^{-4}	弱透水 中等透水	②$_{-1}$	壤土	3.42×10^{-6} 6.08×10^{-6}	微透水
①$_{-1}$	淤泥质壤土	3.20×10^{-6} 9.33×10^{-5}	微透水 弱透水	②$_{-2}$	砂壤土	2.51×10^{-4} 4.33×10^{-4}	中等透水
②	粉细砂	7.66×10^{-4} 1.39×10^{-4}	中等透水	③	黏土	1.33×10^{-7} 7.29×10^{-7}	极微透水

（2）轻型渗井井点施工

轻型渗井井点施工可采用小型手持式电动打井机开孔，开孔深度要深于井点管 0.50 m，以保证成孔效率高，开工后进行冲扩孔，确保孔径增大，孔内沉渣冲净，冲孔要反复两次。成孔后，立即下入井点管，并保证垂直，上部 0.8 m、下部 1.5 m 井管外采用粗砂或瓜子石回填，中间空隙采用黏土封闭，上部用黏土封口，以防漏气，成井后，立即用微型离心泵抽水洗井。

7.2.1.4 不同处理灌水量分析

不同处理的灌水次数、灌水量如表 7-17 所示。

表 7-17 不同处理的灌水次数、灌水量

作物	灌水处理	灌水次数/次	灌水定额/(m³/亩)	灌溉定额/(m³/亩)
大蒜 （2019 年）	T1	1	36.1	36.1
	T2	1	34.3	34.3
	T3	2	35.2	70.4
甘蓝 （2020 年）	T1	2	35.1	70.2
	T2	2	34.5	69.0
	T3	3	34.4	103.2
洋葱 （2021 年）	T1	2	31.6	63.2
	T2	2	28.4	56.8
	T3	3	30.5	91.5
玉米 （2019 年）	T1	0	0	0
	T2	0	0	0
	T3	0	0	0
玉米 （2020 年）	T1	0	0	0
	T2	0	0	0
	T3	0	0	0
玉米 （2021 年）	T1	0	0	0
	T2	0	0	0
	T3	0	0	0

春季蔬菜:2019 年大蒜生长期间降雨量为 221.1 mm,4 月至 5 月降雨量仅为42.3 mm,比常年偏少 34.2 mm。此期大蒜处于蒜薹生长和鳞茎膨大期,植株生长旺盛,水分消耗较多,土壤含水量应保持在田间持水量的 75%。T1 处理灌水 1 次,灌水量为 36.1 m³/亩;T2处理灌水 1 次,灌水量为 34.3 m³/亩;T3 处理灌水 2 次,灌水量为70.4 m³/亩。2020 年甘蓝生长期间降雨量为 199.4 mm,4 月至 5 月降雨量仅为 26.3 mm,比常年偏少 37.9 mm。此期甘蓝植株生长旺盛,水分消耗较多。T1 处理灌水 2 次,灌水量为 70.2 m³/亩;T2 处理灌水 2 次,灌水量为 69.0 m³/亩;T3 处理灌水 3 次,灌水量为103.2 m³/亩。2021 年洋葱生长期间降雨量为 287.1 mm,4 月降雨量仅为 38.5 mm,比常年偏少。此期洋葱处于鳞茎膨大期,植株生长旺盛,水分消耗较多。T1 处理灌水 2 次,灌水量为 63.2 m³/亩;T2 处理灌水 2 次,灌水量为 56.8 m³/亩;T3 处理灌水 3 次,灌水量为 91.5 m³/亩。从三年的灌水量试验结果看,春季露地蔬菜的灌水量 T3>T1>T2。

夏季玉米:2019 年从 6 月 3 日播种至 9 月 20 日收获,降雨量为 465.3 mm,占全年降雨量的 73.7%,从玉米 40 cm 深土壤监测结果看,土壤控制层水分均在适宜的范围内,尚未达到灌溉指标,不需要灌溉。2020 年从 6 月 25 日播种至 10 月 22 日收获,降雨量为578.4 mm,占全年降雨量的 55.2%,由于降雨日数多,土壤湿度偏大,不需要灌溉。2021 年从 6 月 21 日播种至 10 月 3 日收获,降雨量为 770.1 mm,占全年降雨量的 63.8%,由于降雨日数多,土壤湿度偏大,不需要灌溉。

7.2.1.5　不同处理的外排水量

不同处理的排水次数、排水量如表 7-18 所示。

表 7-18　不同处理的排水次数、排水量

作物	处理	排水次数/次	排水量/(m³/亩)	渗井开启次数
大蒜 (2019 年)	T1	0	0	0
	T2	0	0	0
	T3	2	26.6	/
甘蓝 (2020 年)	T1	0	0	0
	T2	0	0	0
	T3	2	19.3	/
洋葱 (2021 年)	T1	0	0	0
	T2	0	0	0
	T3	1	13.9	/
玉米 (2019 年)	T1	0	0	3
	T2	0	0	3
	T3	6	119.3	/
玉米 (2020 年)	T1	0	0	5
	T2	0	0	5
	T3	6	159.4	/
玉米 (2021 年)	T1	0	0	5
	T2	0	0	5
	T3	9	231.3	/

春季蔬菜:2019—2021 年度,蓄渗灌结合处理未外排和未通过渗井下渗,降雨量全部为有效降雨,被作物利用。常规灌排处理有外排水量:2019 年外排 2 次,外排水量为 26.6 m³/亩,降雨有效利用率为 78.7%;2020 年外排 2 次,外排水量为 19.3 m³/亩,降雨有效利用率为 85.1%;2021 年外排 1 次,外排水量为 13.9 m³/亩,降雨有效利用率为 91.1%。

夏季玉米:2019 年从 6 月 3 日播种至 9 月 20 日收获,降雨量为 465.3 mm,占全年降雨量的 73.7%,常规灌排处理排水 6 次,总排水量为 119.3 m³/亩;蓄渗灌结合的 2 个处理开启渗井排水均为 3 次。2020 年从 6 月 25 日播种至 10 月 22 日收获,降雨量为 578.4 mm,占全年降雨量的 55.2%,常规灌排处理排水 6 次,总排水量为 159.4 m³/亩;蓄渗灌结合的 2 个处理开启渗井排水均为 5 次。2021 年从 6 月 21 日播种至 10 月 3 日收获,降雨量为 770.1 mm,占全年降雨量的 63.8%,常规灌排处理排水 9 次,总排水量为 231.3 m³/亩;蓄渗灌结合的 2 个处理开启渗井排水均为 5 次。

7.2.1.6　夏季玉米蓄渗灌结合不同处理涝渍指标分析

以 2019—2021 年三年试验中次降雨量最大的 2021 年 7 月 26 日至 31 日降雨过程观测资料进行分析,雨前浅层地下水位为 3.95 m,0～40 cm 土壤含水量约为田持量的 70%,在 7 月 28 日 8:00 田面积水深度为 45.2 mm 时,开启 T1、T2 处理的井口封堵开始渗井排水,每天 8:00 和 20:00 观测田面水深,取平均值作为当天的平均水深,田面无积水时,观测试验小区内设置的 1 m 渗井的水位。

2021 年 7 月 27 日至 8 月 1 日不同处理涝渍综合排水指标($SFEW_{80}$)变化如表 7-19 所示。根据玉米、大豆涝渍综合排水指标试验结果,徐州地区玉米抽雄期适宜的涝渍综合排水指标 $SFEW_{80}$ 值为 390.57 cm·d,大豆开花盛期适宜的涝渍综合排水指标 $SFEW_{80}$ 为 407.28 cm·d。为达到本研究项目设计指标:旱作示范区农田排涝能力达到日雨 300 mm 不外排、达到主要农作物主要生育阶段适宜的涝渍综合排水指标($SFEW_x$),建议旱作粮食区参照 T1 处理,每亩农田布置 3 个 DN90 的蓄雨排涝降渍渗井,分别布置在田头及腰沟内。

表 7-19　2021 年 7 月 27 日至 8 月 1 日不同处理涝渍综合排水指标($SFEW_{80}$)变化

日　期		7 月 27 日		7 月 28 日		7 月 29 日		7 月 30 日		7 月 31 日		8 月 1 日		合计
观测时间		8:00	20:00	8:00	20:00	8:00	20:00	8:00	20:00	8:00	20:00	8:00	20:00	
累计降雨量/mm		4.2	27.4	95.0	186.8	201.2	202.4	202.6	216.9					
T1	田面水深/mm			45.2	68.4	15.6	0	0	0	0	0	0	0	
	饱和根层/mm			80.0	80.0	80.0	67.1	49.7	36.2	17.9	0	0	0	
	时段 $SFEW_{80}$/(cm·d)			62.60	74.20	47.80	33.55	24.85	18.10	8.95				270.05
	累计 $SFEW_{80}$/(cm·d)			62.60	136.80	184.60	218.15	243.00	261.10	270.05				
T2	田面水深/mm			45.9	91.7	60.1	15.3	0	0	0	0	0	0	
	饱和根层/mm			80.0	80.0	80.0	80.0	75.6	61.6	40.2	22.9	3.5	0	
	时段 $SFEW_{80}$/(cm·d)			62.95	85.85	70.05	47.65	37.80	30.80	20.10	11.45	1.75	0	368.40
	累计 $SFEW_{80}$/(cm·d)			62.95	148.80	218.85	266.50	304.30	335.10	355.20	366.65	368.40		

7.2.1.7　不同处理产量分析

从表 7-20 中的统计结果分析,春季蔬菜各处理间的产量差异不明显,常规灌排处理灌水量、外排水量均大于蓄渗灌结合处理,蓄渗灌结合可以起到节水减排的效果。夏季玉米常规灌排处理的产量略高于蓄渗灌结合处理,但外排水量远大于蓄渗灌结合处理。因此,蓄渗灌结合技术模式在遭遇大暴雨时对减轻骨干河道的排涝压力具有重要意义。

表 7-20　不同处理的产量分析

作物	处理	灌水量/(m³/亩)	外排水量/(m³/亩)	开启渗井次数/次	产量/(kg/亩)
大蒜 (2019 年)	T1	36.1	0	0	1 380.9
	T2	34.3	0	0	1 393.2
	T3	70.4	26.6	/	1 387.1
甘蓝 (2020 年)	T1	70.2	0	0	3 268.7
	T2	69.0	0	0	3 271.9
	T3	103.2	19.3	/	3 289.1
洋葱 (2021 年)	T1	63.2	0	0	7 815.9
	T2	56.8	0	0	7 835.5
	T3	91.5	13.9	/	7 806.3
玉米 (2019 年)	T1	0	0	3	1 145.8
	T2	0	0	3	1 153.1
	T3	0	119.3	/	1 168.6
玉米 (2020 年)	T1	0	0	5	1 096.1
	T2	0	0	5	1 085.2
	T3	0	159.4	/	1 103.8
玉米 (2021 年)	T1	0	0	5	1 038.4
	T2	0	0	5	1 020.3
	T3	0	231.3	/	1 049.8

7.2.2　灌排蓄渗降结合的旱作物高效节水灌溉模式

根据"以水定地"实施方案,在灌溉可用水源较好、区域排涝标准低、地下水位低、土壤渗透性弱的易旱易涝渍中风险区,发展高效经济作物种植面积(如丰县大沙河果树区、故黄河沿线蔬菜种植区)。在农渠(小沟)控制田块范围内,加高田埂(25 cm 以上),开挖毛沟、腰沟、墒沟,在毛沟、腰沟内设置旱作农田蓄雨排涝降渍轻型渗井,在墒沟内设置喷微灌农田蓄雨降渍渗井等新技术,发展微灌工程,建设以灌排蓄渗降结合的旱作物高效节水灌溉模式,拦蓄设计排涝标准以内的降雨,增加土壤入渗,提高降雨有效利用率,适时适量灌溉;超设计排涝标准的降雨,联合应用沟道外排、排涝降渍轻型渗井渗排措施,确保不产生涝渍,实现土壤含水量和农业水资源的高效利用管理。该模式主要应用的新技术设施有:蔬菜、果树(牛蒡、山药、蔬菜、果树)喷微灌＋旱作农田蓄雨排涝轻型渗井(毛腰沟)＋喷微灌农田蓄雨降渍渗井(墒沟)＋沟洫畦田模式。

7.2.2.1　试验区布置

2019—2021 年度试验区布置在睢宁试验基地石榴小管出流灌田块,石榴品种为突尼斯软籽石榴,株行距均为 3.0 m×4.0 m,地面平整,高程在 21.8 m,耕作土壤质地为砂壤土,土壤肥力水平中上,0～30 cm 土壤容重为 1.27 g/cm³,田间持水量为 25.2%(占干土重),田间饱和水量为 34.3%,地下水埋深为 3.6～6.3 m。试验区布置了 T1～T3 灌排蓄渗降结合的沟洫畦田三个处理,共 3 个试验小区(1#～3#),每个小区面积为 300 m²(50 m×6 m),灌水采用水表计量。试验小区四周畦埂高 30 cm,每个小区中间开挖一条墒沟,沟宽为 30 cm,沟深为 20 cm。每个小区在墒沟沟头腰沟内设置旱作农田蓄雨排涝降渍轻型渗井 1 个,渗井井口均与田面平齐,井深为 4 m,井孔为 150 mm,PVC 井管为 DN90。井管的上部 0.8 m、下部 1.0 m 开 8 mm 孔,孔距为 20 mm,外部包裹塑料纱网,上部孔内采用等内径的橡胶活塞封堵,活塞连接 100 mm 长拉杆启闭活塞,井口封堵并与活塞拉杆连接;上部 0.8 m、下部 1.5 m 井管外采用粗砂回填,中间空隙采用黏土封闭。

1#～3# 灌排蓄渗降结合处理小区,在墒沟内分别设置间距为 6 m、8 m、10 m 喷微灌农田蓄雨降渍渗井,渗井井口均与沟底平齐,井深为 4 m,井孔为 110 mm,PVC 井管为 DN75。井管的上部 0.8 m、下部 0.5 m 开 8 mm 孔,孔距 20 mm,外部包裹塑料纱网,上下井口封堵,上部 0.8 m、下部 1.5 m 井管外采用瓜子石回填,中部空隙采用黏土封闭。

睢宁试验基地石榴试验区位置与布置如图 7-15～图 7-17 所示。旱作物试验区根系土壤层物理参数如表 7-21 所示。

图 7-15　睢宁试验基地石榴试验区位置图

图 7-16　睢宁试验基地石榴试验区布置图

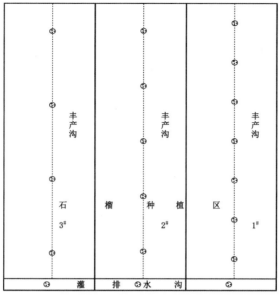

图中：⊙ 蓄雨排涝渗井

图 7-17　2019—2021 年睢宁试验基地石榴试验区平面布置图

表 7-21　旱作物试验区根系土壤层物理参数

深度/cm	土壤容重/(g/cm³)	土壤孔隙率/%	田间持水量/%	土壤质地
0～10	1.11	58.1	27.5	粉砂壤土
10～20	1.14	57.0	25.3	粉砂壤土
20～30	1.57	40.8	22.7	淤泥质壤土
30～40	1.44	45.7	26.7	粉细砂
40～50	1.40	47.2	27.5	粉细砂
50～80	1.44	45.7	22.2	粉细砂
80～110	1.53	41.3	21.8	壤土

7.2.2.2　田间灌排水分指标控制

（1）灌水指标

石榴各生育阶段灌水上、下限指标见表 7-22。

表 7-22　石榴各生育阶段灌水上、下限指标

灌溉技术		发芽期	开花坐果期	膨大期	成熟期
石榴	灌水上限/%	100	100	100	100
	灌水下限/%	70	75	70	65
	计划湿润层/cm	0～40	0～40	0～40	0～40

注：灌水上、下限均为占田持量的比值。

（2）排水技术指标控制

在灌排蓄渗降结合的 $1^{\#} \sim 3^{\#}$ 试验小区，当日降雨量达到 50 mm 以上且田面积水时，开启腰沟内的渗井渗排水。每个处理畦田内设置 1 m 深的渗井，观测土层饱和含水量的深度；喷微灌农田蓄雨降渍渗井无须开启井口封堵，由上、下部透水孔自动入渗到深层土壤。

7.2.2.3 排涝降渍轻型渗井设置

（1）试验区土层结构

①层粉砂壤土：黄夹灰色，层厚为 0.19 m，层底高程为 21.61 m。

①$_{-1}$层淤泥质壤土：黄灰色，层厚为 0.15 m，层底高程为 21.46 m。

②层粉细砂：黄灰色，层厚为 0.45 m，层底高程为 21.01 m。

②$_{-1}$层壤土：黄褐、灰黄色，层厚为 0.33 m，层底高程为 20.68 m。

②$_{-2}$层砂壤土：黄、黄褐、灰黄色，夹壤土团块及薄层，层厚为 1.66 m，层底高程为 19.02 m。

③层黏土：黄褐、灰黄色，层厚为 1.97 m，层底高程为 17.05 m。

土层渗透性见表 7-23。

表 7-23 土层渗透性统计

土层	名称	渗透系数 $K_V/(cm/s)$	渗透性分级	土层	名称	渗透系数 $K_V/(cm/s)$	渗透性分级
①	粉砂壤土	5.35×10^{-5} 2.68×10^{-4}	弱透水 中等透水	②$_{-1}$	壤土	3.42×10^{-6} 6.08×10^{-6}	微透水
①$_{-1}$	淤泥质壤土	3.20×10^{-6} 9.33×10^{-5}	微透水 弱透水	②$_{-2}$	砂壤土	2.51×10^{-4} 4.33×10^{-4}	中等透水
②	粉细砂	7.66×10^{-4} 1.39×10^{-4}	中等透水	③	黏土	1.33×10^{-7} 7.29×10^{-7}	极微透水

（2）轻型渗井设置

睢宁试验基地石榴灌排蓄渗降结合试验轻型渗井布置如表 7-24 所示。

表 7-24 睢宁试验基地石榴灌排蓄渗降结合试验轻型渗井布置

处理	类型	规格	深度/m	开孔	数量
T1	间距为 6 m	DN75	4	上部 0.8 m，下部 0.5 m	7
T2	间距为 8 m	DN75	4	上部 0.8 m，下部 0.5 m	5
T3	间距为 10 m	DN75	4	上部 0.8 m，下部 0.5 m	4

喷微灌农田蓄雨降渍渗井及安装试验如图 7-18 所示。

7.2.2.4 不同处理灌水量分析

不同处理的灌水次数、灌水量如表 7-25 所示。

图 7-18　喷微灌农田蓄雨降渍渗井及安装试验

表 7-25　不同处理的灌水次数、灌水量

年份	灌水处理	灌水次数/次	灌水定额/(m³/亩)	灌溉定额/(m³/亩)
2019 年	T1	1	17.1	17.1
	T2	1	16.5	16.5
	T3	1	15.2	15.2
2020 年	T1	2	16.9	33.8
	T2	2	16.3	32.6
	T3	2	15.4	30.8
2021 年	T1	2	17.6	35.2
	T2	2	16.4	32.8
	T3	2	15.5	31.0

　　从三年的灌水量试验结果看,灌水均在发芽期～开花坐果期,灌水次数相同,灌水时间 T3 较 T2 延迟 2 d,T2 较 T1 延迟 1 d,灌水量 T1>T2>T3。

7.2.2.5　不同处理的腰沟渗井渗排水次数

　　不同处理的腰沟渗井渗排水次数如表 7-26 所示。

表 7-26　不同处理的腰沟渗井渗排水次数

年份	处理	腰沟渗井开启次数/次
2019 年	T1	2
	T2	3
	T3	4

表 7-26（续）

年份	处理	腰沟渗井开启次数/次
2020 年	T1	2
	T2	3
	T3	4
2021 年	T1	2
	T2	2
	T3	3

2019 年 T1、T2、T3 处理开启腰沟渗井排水分别为 2、3、4 次；2020 年 T1、T2、T3 处理开启腰沟渗井排水分别为 2、3、4 次；2021 年 T1、T2、T3 处理开启腰沟渗井排水分别为 2、2、3 次。

7.2.2.6 不同处理涝渍指标分析

以 2019—2021 年三年试验中次降雨量最大的 2021 年 7 月 26 日至 31 日降雨过程观测资料进行分析，雨前浅层地下水位为 3.95 m，0～40 cm 土壤含水量约为田持量的 70%，7 月 28 日 8:00 T2、T3 处理田面积水时，开启 T2、T3 处理的腰沟渗井井口封堵开始渗井排水，7 月 28 日 20:00 T1 处理田面积水时，开启 T1 处理的腰沟渗井井口封堵开始渗井排水，每天 8:00 和 20:00 观测田面水深，取平均值作为当天的平均水深，田面无积水时，观测各试验处理小区内设置的 1 m 渗井的水位。2021 年 7 月 27 日至 30 日不同处理涝渍综合排水指标（SFEW$_{80}$）变化如表 7-27 所示。

表 7-27　2021 年 7 月 27 日至 30 日不同处理涝渍综合排水指标（SFEW$_{80}$）变化

日　　期		7 月 27 日		7 月 28 日		7 月 29 日		7 月 30 日		合计
观测时间		8:00	20:00	8:00	20:00	8:00	20:00	8:00	20:00	
累计降雨量/mm		4.2	27.4	95.0	186.8	201.2	202.4	202.6	216.9	
T1	田面水深/mm			0	14.4	0	0	0	0	
	饱和根层/mm			80.0	80.0	45.1	8.8	0	0	
	SFEW$_{80}$/(cm·d)			40.0	47.2	22.6	4.4			114.2
T2	田面水深/mm			6.6	8.8	0	0	0	0	
	饱和根层/mm			80.0	80.0	55.3	14.7	0	0	
	SFEW$_{80}$/(cm·d)			43.3	44.4	27.7	7.4			122.7
T3	田面水深/mm			13.8	21.3	0	0	0	0	
	饱和根层/mm			80.0	80.0	61.1	24.9	3.5	0	
	SFEW$_{80}$/(cm·d)			46.9	50.7	30.6	12.5	1.8		142.5

7.2.2.7 不同处理生长发育和产量分析

从三年的试验结果看，三个处理石榴植株生长指标及产量无明显差异。

结论：对于怕涝渍的高效经济作物种植区，采用灌排蓄渗结合的旱作物高效节水灌溉模式，在腰沟内设置 DN90 旱作农田蓄雨排涝降渍轻型渗井 1 个/亩，在墒沟内设置 DN75、间距 10.0～12.0 m 的喷微灌农田蓄雨降渍渗井 4～6 个/亩，较为适宜，可以减少投资。

7.3 徐州易涝农田灌排蓄渗降系统治理创新技术模式效益分析

7.3.1 节水效应

适时适量的灌溉,灌水定额得到优化,旱田土壤含水量处于一个合理的范围,若遇降雨,比传统的旱作节水灌溉技术,农田可以更多地调蓄雨水,进而减少灌溉次数和灌溉定额,减少排水;水田按照沟田协同控制灌排技术管理,若遇降雨可以调蓄更多的雨水,若遇暴雨,可充分利用水稻的耐淹特性,在允许耐淹水深下调蓄,既能减少区域的排涝压力,又能多利用雨水,减少灌水量和排水量。

按照徐州每亩农田每年比常规灌溉方式多利用 100 mm 有效降雨量,全市每年可减少外调水量 6 亿 m^3,节水效益显著。

7.3.2 减灾效应

以水稻灌排蓄结合为例,按照稻田调蓄 10 年一遇日雨量 200 mm 计算,一个 30 万亩(2 万公顷＝2 亿 m^2)的水稻灌区,调蓄水量可达 4 000 万 m^3,相当于一个 2 亿 m^2 的大型水库的防洪库容,可以显著地减轻区域防洪排涝压力。

徐州市现状水稻种植面积为 280 万亩,其调蓄水量可达 3.72 亿 m^3,可以显著地减轻全市低洼易涝区的防洪排涝压力。旱作物区通过采用灌排蓄渗降结合的沟洫畦田技术模式,可增加对地下水的补给,减少地表径流,有助于减少极端暴雨造成的区域洪涝损失。

7.3.3 减排效应

水稻沟田协同控制灌排技术排水试验表明,控制排水可以每年平均减少 45% 的农田氮素输出,减少 35% 的总磷输出,控制排水的资源环境效应明显。

7.3.4 增加地下水资源储量

采用农田灌排蓄渗降系统治理技术可以拦蓄田间雨水径流量,补给浅层地下水,按照每年增加 100 mm 降雨量补给地下水,全市 900 万亩农田可以增加地下水资源量 6 亿 m^3,对于徐州地下水漏斗区地下水位的回升具有重要意义。

7.3.5 减少水土流失

采用农田灌排蓄渗降系统治理技术可以减少农田排水量,按照每年减少 100 mm 径流量计算,全市 900 万亩农田可以减少排水量 6 亿 m^3,降低农田土壤侵蚀模数,按照 100 t/(km^2 • a)计算,每年减少水土流失量为 60.03 万 t/a,每年减少河道淤积 50 万 m^3,减少河道疏浚治理成本 300 万元/年。

7.3.6 省工节本效应

应用农沟自动控制蓄排水闸、田间自动控制进水管、田间自动控制排水口门等设施,平均节省灌排水管理用工 2.5(工·日)/(亩·年),以管理用工 50 元/(工·日)计,可节约人工成本 125 元/(亩·年),按照全市每年推广水稻田应用面积 250 万亩计算,共节约用工成本 3.125 亿元/年,其省工节本效益显著。

7.4 协调推进耕地质量保护与提升

在农田灌排蓄渗降系统治理模式应用区域,为改变现状农田存在的"浅"(耕层变浅)、"瘦"(土壤有机质含量降低)、"板"(土壤结构破坏,土壤板结严重)等问题,应认真贯彻落实《江苏省耕地质量管理条例》,扎实开展耕地质量提升示范区建设项目,通过该项目实施,有效消减耕地土壤障碍因子,促进农用化肥施用总量和施用强度持续"双减",实现化肥减量增效,耕地质量提升,推动农业绿色生产方式的转变。现以 2021 年徐州市铜山区省级耕地质量提升与化肥减量增效示范区建设项目为例进行介绍。

7.4.1 目标任务

坚持以问题为导向,选择障碍因子明显、相对集中连片、交通方便、示范带动性强的区域,打造特色鲜明、重点突出的耕地质量提升与化肥减量增效示范区;集成优化技术模式,在耕地质量提升与化肥减量增效示范区,以"改、培、保、建、控"为路径,集成推广土壤改良、地力培肥、治理修复技术等模式,重点推广有机肥+配方肥、秸秆还田+机械深耕+配方肥、深耕翻+冬小麦一次性施肥与水稻机插秧+侧深施肥等技术模式;逐步稳定提升耕地质量,有效遏制示范区域土壤次生盐渍化、养分非均衡化、贫瘠化等问题;改良土壤,培肥地力,促进耕地地力提升,全面提高农产品品质;切实解决耕地地力提升突出问题,有效消减耕地土壤障碍因子,提高耕地质量等级,提升耕地综合产出能力。

7.4.2 实施范围

通过优选实施区域,确定在棠张镇、张集镇、房村镇和柳泉镇开展耕地质量提升与化肥减量增效示范区建设,综合施策,集成推广优化技术模式。其中,棠张镇示范区包括跃进、高庄、新庄和铁营等村,实施面积为 3 000 亩,主要应用作物为小麦、水稻,核心示范区在跃进村,示范面积为 200 亩;张集镇示范区包括邓楼、吴邵和下张等村,实施面积为 3 000 亩,主要应用作物为小麦、水稻,核心示范区在邓楼村,示范面积为 200 亩;房村镇示范区包括房村、李楼和马家等村,实施面积为 3 000 亩,主要应用作物为小麦、水稻,核心示范区在房村村,示范面积为 200 亩;柳泉镇示范区包括柳泉、八丁和前郁等村,实施面积为 3 000 亩,主要应用作物为小麦、玉米,核心示范区在柳泉村,示范面积为 200 亩。同时向项目镇及周边镇种植大户、家庭农场、农民专业合作社以及农业科技公司等新型经营主体和社会化服务组织辐射。通过该项目的实施,有效消减耕地土壤障碍因子,促进农用化肥施用总量和施用强度持续"双减",实现化肥减量增效,耕地质量提升,推动农业绿色生产方式的转变。

7.4.3 实施内容

(1)取土与田间试验。统筹测土配方施肥和耕地质量等级调查评价,全区取土 180 个,在主要农作物上开展肥料试验共 11 个,主要有肥料利用率、有机肥替代化肥、主要农作物主推配方与校正、水肥一体化、新型肥料等相关试验,确保田间试验质量,提高试验成功率。要做到试验、示范、对比"三田"配套,确保数据科学、准确,不断完善主要农作物科学施肥技术体系。摸清小麦、水稻施肥技术参数,优化施肥养分配比,从而实现化肥减量增效与耕地质量提升和农产品品质的改善。

(2)示范展示。突出示范引领带动作用,树立示范展示宣传牌 4 个,安排在棠张镇跃进村、张集镇邓楼村、房村镇房村村和柳泉镇柳泉村,每个示范点 200 亩以上,做到"四有":有简明展示牌、有挂钩指导专家、有适用技术模式、有推进措施,强化有机与无机配合、农机农艺融合。

(3)物化补助。以绿色生态为导向,根据实际需要,科学确定示范区建设过程中应用的物化产品。对示范应用的商品有机肥、配方肥、新型肥料和水溶肥料等进行物化补贴,其中,商品有机肥、配方肥、新型肥料和水溶肥料等产品分别为 29 万元、120 万元、29 万元、22 万元等。补助标准:商品有机肥每吨补贴 400 元,配方肥、新型肥料和水溶肥料等免费发放,数量以招标结果为准。

(4)效果跟踪监测。在 4 个耕地质量提升与化肥减量增效示范区内,选择有代表性的地块,分别规范设立 3 个耕地质量提升跟踪监测点,除调查统计农户施肥情况外,在项目实施前后分别取样测试土壤有机质、容重、耕作层厚度、pH 值、土壤速效养分等土壤理化性状,跟踪监测并评价项目实施后培肥改土和增产增收效果,科学评价项目实施效果。监测评价项目实施前后培肥改土和增产增收效果,探索主要农作物施肥技术参数,从而实现耕地质量提升。

7.4.4　经费预算

项目总投资 210 万元,全部为省以上农业生态保护与资源利用专项资金预算。项目资金主要用于上述基础性工作、物化补助、社会化服务以及技术推广服务等方面,具体见表 7-28。

表 7-28　2021 年铜山区耕地质量提升与化肥减量增效示范区建设项目资金表

项目建设内容		数量	补助标准	小计/万元
基础工作	采样与测试			
	田间试验			
	标牌树立	4 个	5 000 元/个	2
物化补助	商品有机肥	725 t	400 元/t	29
	配方肥	400 t	3 000 元/t	120
	新型肥料	72 t	4 000 元/t	29
	水溶肥料	14.7 t	15 000 元/t	22
技术推广服务	技术培训	200 人·次	100 元/(人·次)	2
	培训资料	20 000 人·次	0.6 元/(人·次)	1.2
	下乡指导租车费			1
	现场观摩	2 亩	4 000 元/亩	0.8
社会化服务	侧身施肥补助	400 项·次	50 元/(项·次)	2
	总结、检查、审计、验收			1
合计				210

7.4.5 绩效目标

绩效目标见表7-29。

表 7-29 绩效目标表

序号	绩效目标类型	绩效目标名称	目标值	实现值
1	数量指标	土壤样品采集数量	180	180
2	数量指标	田间试验数量	11	11
3	生态效益指标	土壤有机质含量提升幅度	≥5%	5.5%
4	生态效益指标	耕地质量等级	持平或提升	提升
5	质量指标	年度资金执行率	≥90%	100%
6	服务对象满意度指标	服务对象满意度	≥90%	95%

7.5 大力推行高效施肥

在农田灌排蓄渗降系统治理模式应用区域,为减少对浅层地下水质可能带来的不良影响,应大力推行高效施肥。高效施肥指既能显著提高肥料利用率又能降低生产成本、保护生态环境的施肥技术。如"三替一减"技术,即新型肥料部分替代传统肥料、有机肥料部分替代化肥、机械施肥替代人工施肥,能减少施肥次数和总量,达到降低肥料施用成本,提高肥料利用率,减少肥料流失、挥发和淋溶的目的,实现减肥不减产、经济效益与生态效益同步推进。

7.5.1 农田化肥施用限量原则

(1)绿色引领

以绿色理念为引领,以绿色保护为基础,以绿色科技为支撑,实现农业可持续发展。

(2)精准施肥、分类指导

① 重点流域的化肥施用量应不超过最高施肥量,宜采用适宜推荐施肥量。

② 重要水体周边的化肥施用量应不超过推荐施肥量,宜采用环境友好施肥量。

③ 饮用水源区的化肥施用量应不超过环境友好施肥量。

(3)技术配套

综合采取各种措施,推行测土配方、合理替代、机械深施、水肥耦合、土壤培肥等技术,把过量的氮磷化肥用量降下来,同时注意培育土壤以减少农田对化肥投入的依赖,达到减少农田化肥施用、稳定提升耕地综合产能、优化生态环境质量的目标。

(4)因地制宜、综合施策

统筹考虑土肥水种等生产要素和耕作制度,根据不同地区经济条件和不同作物需肥特点,科学选择适宜的化肥减量增效技术和措施。

7.5.2 化肥施用限量要求

主要农作物达到一定目标产量时适宜的氮磷化肥总用量范围和主要作物化肥施用限量要求参见表7-30。

表 7-30 主要粮食作物和果菜茶化肥施用限量指标

作物	土壤类型	限量值/(kg/亩)					
		最高施肥量		推荐施肥量		环境友好施肥量	
		氮(N)	磷(P_2O_5)	氮(N)	磷(P_2O_5)	氮(N)	磷(P_2O_5)
籼稻	黏土	14	4	12	3	9	2
	砂土	16	6	14	5	12	4
粳稻	黏土	19	4	16	3.5	13	2
	砂土	20	6	17	5	14	4
中强筋小麦	黏土	17	6	15	5	12	4.5
	砂土	18	6	16	5	14	4.5
弱筋小麦	黏土	14	5.5	12	4.5	9	4
	砂土	15	5.5	13	4.5	10	4
油菜	—	18	4	15	3.5	10	3
番茄	—	25	12	20	10	18	9
辣椒	—	20	10	16	9	12	8
茄子	—	22	10	18	9	16	8
小白菜	—	8	4	6	3.5	5	3
莴苣	—	10	5	8	4.5	7	4
甘蓝(含花菜)	—	12	5	10	4.5	9	4
芹菜	—	10	5	8	4	7	3.5
黄瓜	—	35	15	30	12	28	10
西(甜)瓜	—	12	4.5	10	4	9	3.5
葡萄	—	20	8	15	6.8	12.6	5.6
桃树	—	20	8	16	6.8	11.9	5.6
梨树	—	19	7	16	6	12.6	4.9
茶树	—	27	4	16	3.4	15	2.8

7.5.3 高效施肥技术

7.5.3.1 测土配方施肥技术

（1）根据土壤肥力状况、作物需肥规律和肥料效应,确定作物达到一定目标产量时所需施用的化学肥料用量。

（2）根据当季种植作物目标产量、作物需肥规律及土壤养分状况,以斯坦福公式(地力差减法)计算氮肥用量,采用土壤养分丰缺指标法计算磷钾用量,采用县域测土配方施肥专家系统拟合施肥配方,设计确定当地主推配方或地块个性化肥料配方。

（3）应将所需的各种肥料进行合理安排,基追肥用量、氮磷钾施用配比、不同生育期肥料运筹及施用方法可按照《测土配方施肥技术规范》(NY/T 1118—2006)的要求执行。

7.5.3.2 有机肥部分替代技术

（1）以有机肥料替代部分化学肥料,通过施用有机肥料减少化学肥料投入,协调土壤养分供应。

（2）有机肥料替代化肥氮磷的比例，果、蔬、茶等经济作物原则上不超过50％，粮食作物原则上不超过30％，生产有机食品时有机肥施用比例不受此限制。

（3）有机肥料品种宜为腐熟的粪尿肥、堆沤肥、绿肥、杂肥和商品有机肥、生物有机肥、全元生物有机肥或有机无机复混肥等，商品有机肥应符合《有机肥料》（NY/T 525—2021）要求，重点防止大肠杆菌、抗生素、重金属等有毒有害物质超标。

（4）有机肥料施用量宜为全部肥料用量（有效养分）的30％～50％，化肥用量宜为全部肥料用量（有效养分）的50％～70％。

（5）宜采用沟施、穴施、环施、机械施用等方式施肥，施后及时覆土。

（6）降雨集中期不宜施肥。

（7）沿湖地区有机肥部分替代化肥后，氮磷养分总量不能超过氮磷化肥限量值，并关注氮磷在土壤中的持续积累带来的环境风险。

7.5.3.3　机械深施技术

（1）小麦播种和基肥施用宜采用小麦种肥同播机，减少化肥氮用量的20％～30％。

（2）水稻宜采用机插秧侧深施肥一体化机械对粒状的缓混肥料或配方肥料进行侧深施用。

（3）土壤肥力高、质地黏性的地区可采用一次性施肥。土壤肥力中等、质地壤性的地区可采用"一基一追"两次施肥法。土壤肥力低或新增补充耕地、质地砂性的地区可采用"一基两追"三次施肥法。

（4）肥料品种宜为颗粒状配方肥、复混肥或缓控释肥。

7.5.3.4　缓控释肥施用技术

（1）宜施用水稻专用缓控释尿素、缓控释掺混肥。

（2）氮肥施用量在测土配方施肥推荐施氮量的基础上可减少10％～15％。

（3）氮肥宜一次性深施或分两次施入。

（4）宜利用插秧施肥一体化机械，在插秧时同步一次性全部深施。

（5）氮肥分两次施入，宜为插秧时期和孕穗拔节期各施1次。基肥宜施用缓控释肥，占总氮量的70％～80％为宜，在作物孕穗拔节期根据作物长势进行1次追肥，宜施用尿素，占总施氮量的20％～30％。

7.5.3.5　水肥一体化技术

（1）蔬菜、果树和茶园化肥施用宜采用"有机肥＋配方肥＋水肥一体化"技术，水肥一体化技术主要在追肥时应用。蔬菜按照《蔬菜水肥一体化技术通则》（DB32/T 3113—2016)的要求执行。

（2）露天种植的果菜茶在降雨集中期（6—9月）不宜施肥。

7.5.4　土壤培肥技术

7.5.4.1　秸秆还田技术

（1）稻麦轮作农田实施秸秆全量机械粉碎还田。

（2）秸秆田面留茬平均高度≤15 cm，秸秆切碎长度≤10 cm。

（3）麦秸采用深翻耕还田，作业深度应达到20～25 cm；稻秸采用旋耕还田，旋耕作业深度应达到 12~15 cm。还田作业后秸秆还田率应达到 85% 以上。作业流程和要求按照《麦秸秆还田集成机插秧生产技术规范》(DB32/T 3126—2016)和《稻秸秆还田集成小麦(施肥)播种机械化生产技术规程》(DB32/T 3127—2016)的要求执行。

(4) 高肥力土壤粳稻基蘖肥与穗肥氮肥运筹比例宜采用 5∶5;中等肥力土壤宜采用 5.5∶4.5;低肥力土壤宜采用 6∶4。

7.5.4.2 轮作换茬培肥技术

(1) 在常年小麦种植地区实施稻-绿肥、稻-油、稻-豆等轮作,实行用地与养地相结合。

(2) 绿肥品种以传统绿肥(如紫云英、苕子等)、经济绿肥(如蚕豆、豌豆、苜蓿、黑麦草等)为主,也可种植田油菜。第 1 次种植绿肥应接种根瘤菌。

(3) 绿肥生长期间可适当撒施磷钾肥,用量不超过当地小麦正常磷钾肥用量。

(4) 绿肥于水稻种植前 1 个月内翻耕还田,翻耕深度不小于 20 cm。

7.5.4.3 冬季休耕培肥技术

(1) 冬季深耕晒垡,耕翻深度 20 cm 以上。

(2) 地力贫瘠的田块应施用有机肥,有机肥用量不超过 200 kg/亩,晴天撒施后及时耕翻入土。

7.5.5 徐州蔬菜种植有机肥替代化肥技术模式

徐州各地按照"精准施肥、环保施肥、经济施肥"的要求,以农业绿色发展为导向,以蔬菜有机肥替代化肥、改进施肥方式为着力点,开展有机肥替代化肥试点县建设,不断创新完善技术模式,提高土壤有机质,提升耕地质量。

7.5.5.1 "有机肥＋配方肥"模式

针对蔬菜种植化肥过量和施肥结构不合理等问题,结合土壤养分现状和蔬菜需肥特性,实行农牧结合,就地就近利用有机肥资源,增施有机肥,优化化肥运筹,示范引导菜农科学施肥。

(1) 基肥增施有机肥。亩基施商品有机肥 800~1 000 kg,配方肥 30~40 kg,具体用量根据蔬菜品种和地力确定,配方肥配比根据蔬菜品种确定,精准施肥减少化肥用量。

(2) 追肥配方肥。根据蔬菜种类、需肥规律等,在蔬菜生长中后期追施适量配方肥,追肥数量、追肥次数根据不同作物而定。

(3) 农户堆制有机肥。利用畜禽粪便、作物秸秆、尾菜等原料进行堆沤发酵处理制成腐熟有机肥,应用于蔬菜种植地,培肥地力、减少作物对化肥的依赖。

7.5.5.2 "有机肥＋水肥一体化"模式

在蔬菜、果品种植区推广水肥一体化灌溉设备技术,基肥采用有机肥,追肥采用水肥一体化,达到精确、及时、均匀自动化施肥,提高水肥利用效率,节约用肥、用工、用水。

7.5.5.3 "有机肥＋机械深施"模式

推广有机肥机械深施技术,以基肥为主,减少施肥劳动强度,基肥采用机械深施(≥15 cm),追肥采用机械开沟(≥5 cm)条施覆土。采用政府购买服务方式,扶持培育生产性服务组织,开展有机肥施用全过程服务、托管式服务、专业化服务,对机械施用有机肥实行补助作业。

8 结论与展望

8.1 取得研究成果

（1）以镇（街道）为单位，完成了全市涝渍风险区评估区划，绘制了徐州市易涝渍风险度分区图。

（2）以全省首批水资源刚性约束"四定"试点县实施方案为基础，落实"以水定地"，研究制定了沛县各镇灌溉发展规模和作物种植面积，应用于《沛县农田灌溉发展规划（2021—2035 年）》。

（3）开展小麦、玉米、大豆、油菜对涝渍胁迫敏感性试验，研究水胁迫条件下 4 种作物生长和产量的响应特征，确定主要生育阶段适宜的涝渍综合排水指标。

（4）对本研究项目研发的 10 种专利技术设施开展了应用试验，验证其应用效果和应用条件，给出了各种设施的制作、安装的技术要点，对不足之处进行了技术改进，提出了适宜的技术应用模式。

（5）以"十六字"治水思路为指导，以区域"以水定地"可用水资源量作为最大的刚性约束目标，优化农业水资源配置方案，根据区域农业可分配水量、耕地面积、用水管控指标、供排水条件，确定区域灌溉发展规模和农业种植布局；依据农田水土条件和作物生长所需的农田水分适宜指标（灌溉指标、涝渍综合排水指标），通过灌排蓄渗降工程技术创新，统筹农田灌水、蓄雨、排涝、降渍、防污和灌溉水有效利用，实现农业水土资源高效集约利用，提出了徐州易涝农田灌排蓄渗降系统治理创新技术体系，形成了 5 种不同类型区适宜的系统治理模式。

8.2 技术创新

（1）提出了易涝农田灌排蓄渗降系统治理创新技术体系，形成了 5 种不同类型易涝农田的系统治理模式及适宜农业种植布局。

（2）研发试验验证了农田灌排蓄渗降水利专利产品的灌溉和蓄排水效果，给出了各种设施的制作、安装的技术要点，得出了适宜的技术应用模式，解决了国内现状农田灌排蓄渗降关键技术设施缺乏问题，实现农田水分精准管理。

（3）试验研究了小麦、玉米、大豆、油菜等主要农作物对涝渍胁迫的敏感性，确定了主要生育阶段适宜的涝渍综合排水指标。

（4）落实"以水定地"，研究制定了沛县各镇灌溉发展规模和作物种植面积，应用于《沛县农田灌溉发展规划（2021—2035 年）》。

（5）分析了徐州涝渍灾害特点及成因，对徐州渍涝风险进行了评估区划，绘制了徐州市易涝渍风险度分区区划图。

8.3　不足

（1）通过轻型渗井会将部分氮磷等污染物带入浅层地下水，需进一步研究其污染风险并提出控制措施。

（2）本研究成果限于田间尺度，在区域尺度上的效果有待进一步深入。

8.4　讨论

徐州市的浅层地下水（全新统孔隙水、中上更新统孔隙水）可直接接受大气降水、农灌入渗和河沟侧渗，排泄途径主要是潜水蒸发、侧向流出和人工开采。根据《江苏省徐州市地下水资源开发利用规划报告》（2004），浅层孔隙水多年平均降水入渗补给量为 120 899.6 万 m^3/a，农灌水入渗量为 8 504.23 万 m^3/a，河沟水体侧渗量为 2 963.16 万 m^3/a，总补给量为 132 367.0 万 m^3/a，可开采量为 86 438.36 万 m^3/a，由于补给条件好，多年均无明显的趋势性升降。徐州市浅层地下水资源较丰富，为贯彻落实党的二十大报告提出的"全方位夯实粮食安全根基"及 2023 年中央一号文件"坚决守牢确保粮食安全底线"精神，在特别干旱年份或灌溉水源不足地区，是否可以允许开采浅层地下水作为抗旱应急水源或灌溉水源，以确保粮食安全，并在降水丰富季节采用河沟拦蓄、沟洫畦（圩）田及农田轻型渗井，加大回补浅层地下水量，以实现农田水资源时空均衡调节？

8.5　展望

本研究成果可以按照作物设计水分控制指标，实现田间自动控制灌溉、蓄水、排水、降渍，具有先进性和实用性，推广应用本研究成果对徐州市乃至黄淮海平原农田灌排蓄渗降系统治理具有重要指导意义。

参 考 文 献

［1］陈守煜.工程可变模糊集理论与模型:模糊水文水资源学数学基础［J］.大连理工大学学报,2005,45(2):308-312.

［2］程伦国,朱建强,刘德福,等.涝渍胁迫对大豆产量性状的影响［J］.长江大学学报(自科版),2006,3(2):109-112.

［3］黄振芳,刘昌明.基于博弈论综合权重模糊优选模型在地下水环境风险评价中的应用［J］.水文,2010,30(4):13-17.

［4］江苏省水利勘测设计研究院有限公司.江苏省淮河流域重点平原洼地除涝规划报告［R］.徐州:江苏省水利勘测设计研究院有限公司,2008.

［5］罗文兵,孟小军,李亚龙,等.南方地区水稻节水灌溉的综合效应研究进展［J］.水资源与水工程学报,2020,31(4):145-151.

［6］牟萍,艾萍.熵权和属性识别模型在水利现代化评价中的应用［J］.水利经济,2011,29(5):1-4.

［7］潘富康.必须重视渍害的防治［J］.治淮,1993(12):28-29.

［8］沛县水务局,南京水利科学研究院.沛县水资源刚性约束"四定"试点实施方案［Z］.徐州:沛县水务局,南京水利科学研究院,2022.

［9］全国农业气象标准化技术委员会(SAC/TC539).农田渍涝气象等级:GB/T 32752—2016［S］.北京:中国标准出版社,2017.

［10］史桂菊,钱学智,郑长陵,等.徐州市水文特征研究［J］.中国科技纵横,2012(10):212-214.

［11］唐文学,王勇成.徐州地区多年降水特征及变化趋势分析［J］.中国水运(下半月),2012,12(2):163-164.

［12］王建文,闻源长,肖梦华.南方地区水肥调控下水稻灌区节水减污效果研究［J］.水利科学与寒区工程,2018,1(11):15-19.

［13］向永玲,方正武,赵记伍,等.灌浆期涝渍害对弱筋小麦籽粒产量及品质的影响［J］.麦类作物学报,2020,40(6):730-736.

［14］徐州市水利局.徐州市水利志［M］.徐州:中国矿业大学出版社,2004.

［15］徐州市水务局.徐州市水资源公报(2018—2021)［R］.徐州:徐州市水务局,2018—2021.

［16］徐州市水务局,徐州市水利建筑设计研究院有限公司.徐州市农田灌溉发展规划(2021—2035)［Z］.徐州:徐州市水务局,徐州市水利建筑设计研究院有限公司,2023.

［17］徐州市统计局,国家统计局徐州调查队.徐州统计年鉴2020［M］.北京:中国统计出版社,2020.

[18] 许海涛,王友华,许波,等.水涝渍害对夏玉米生理特性和主要产量性状指标的影响[J].大麦与谷类科学,2018,35(6):7-11,29.

[19] 许怡,吴永祥,王高旭,等.稻田不同灌溉模式的节水减污效应分析:以浙江平湖为例[J].灌溉排水学报,2019,38(2):56-62.

[20] 杨斌,陈潇,张永健,等.太湖流域水稻节水减排灌溉技术应用分析[J].中国水利,2018(7):55-57.

[21] 张海涛,谢新民,杨丽丽.水利现代化评价指标体系与评价方法研究[J].中国水利水电科学研究院学报,2010,8(2):107-113.

[22] 张旭晖,朱海涛,杨洪建,等.江苏渍涝灾害影响程度评估[J].江苏农业科学,2016,44(9):407-411.

[23] 张永强,孙建印,张百战,等.徐州市旱涝特征及对农业生产的影响[C]//中国科学技术协会.淮河流域综合治理与开发科技论坛文集.北京:中国科学技术出版社,2011:141-147.

[24] 朱成立,郭相平,刘敏昊,等.水稻沟田协同控制灌排模式的节水减污效应[J].农业工程学报,2016,32(3):86-91.

[25] 朱明月.江苏省主要气象灾害特征及风险评估研究[D].南京:南京大学,2013.